U0304994

女大学生素质教育系列丛书

女性与理财

冯　华　潘培培　主编

王永泉　副主编

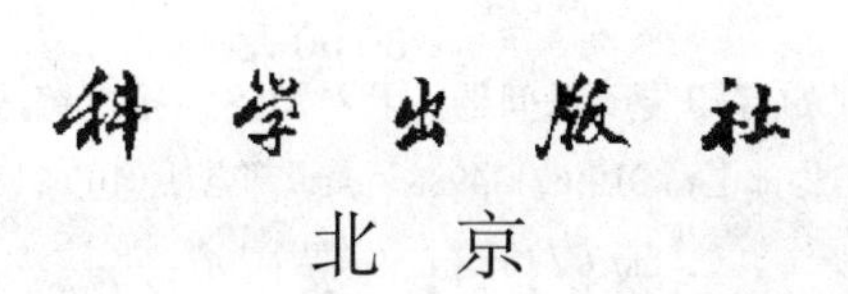

北　京

内 容 简 介

随着社会的发展，女性无论是在社会经济生活中，还是在家庭中扮演着越来越重要的角色。积累和创造财富已成为当代女性追求幸福生活的重要途径，而理财水平的高低是决定个人贫富的关键因素。那么，只有全面了解女性的理财特点，树立正确的理财观念，掌握系统的理财知识和策略，女性才能成功理财，实现人生的梦想和目标。本书比较详细地阐述了女性的理财特点，系统地介绍了理财的基础知识，以及企业理财实务和家庭理财策略。

本书既可作为各类普通院校面向全校学生尤其是女性学生的选修课教材，也可供广大有意于提高个人或企业理财水平的非财务背景的知识女性参考阅读。

图书在版编目（CIP）数据

女性与理财 / 冯华，潘培培主编．—北京：龙门书局，2013
（女大学生素质教育系列丛书）
ISBN 978-7-5088-4057-4

Ⅰ．①女…　Ⅱ．①冯…　②潘…　Ⅲ．①女性－财务管理－通俗读物
Ⅳ．① TS976.15-49

中国版本图书馆 CIP 数据核字（2013）第110075号

责任编辑：王　彦 / 责任校对：马英菊
责任印制：吕春珉 / 封面设计：一克米

科学出版社 出版
北京东黄城根北街16号
邮政编码：100717
http：//www.sciencep.com

铭浩彩色印装有限公司 印刷
科学出版社发行　　各地新华书店经销
*
2013年12月第　一　版　　开本：787×1092　1/16
2020年 1 月第四次印刷　　印张：17 1/4
字数：396 000

定价：39.00 元
（如有印装质量问题，我社负责调换〈铭浩〉）
销售部电话 010-62134988　编辑部电话 010-62130750

前言

随着社会的发展，女性在社会经济生活中扮演着越来越重要的角色。积累和创造财富已成为当代女性追求幸福生活的重要途径，而理财水平的高低是决定个人贫富的关键因素。那么，只有全面了解女性的理财特点，树立正确的理财观念，掌握系统的理财知识和策略，女性才能成功理财，实现人生的梦想和目标。女大学生是女性中的优秀群体，对其理财能力的培养是全面发展女大学生的素质教育与养成，提高女性人才培养质量的重要内容。

为了满足女性人才特别是女大学生全面素质提升的需要，我们编写了《女性与理财》一书，编写时参考借鉴了国内外同类教材、著作以及通俗读物，结合多年的教学实践，力求体现以下特点：

一、内容体系完整

目前，从国内外的同类书籍看，有的立足于企业理财，有的立足于家庭理财，还有一些虽然内容涉及了企业理财和家庭理财，但体系散乱，逻辑不够严谨，缺乏系统性。本书将企业理财和家庭理财有机地结合起来，系统地介绍两者具有共性的知识和基本的价值观念，完整地介绍企业理财和家庭理财的基本原理和知识，使读者能全面地掌握理财的基本方法和技能。

二、实用性强

本书按照案例引入、理论介绍、案例分析、技能培养的顺序和思路编写，做到理论介绍系统够用，案例分析详细实用，从而达到提高理财能力的目标。

三、编写形式新颖

本书突破传统的教材编写形式，设置了灵活多样的小栏目，如小贴士、知识链接，增强了可读性与可视性。

四、突出女性特点

本书在案例选取、编写体例、内容安排等方面，充分考虑女性的社会角色、性别特征和理财特点，力求突出女性特点。

本书适合高等院校各类专业的女性理财知识的教学使用，也可供对理财有兴趣的女性朋友阅读参考。

本书主编冯华负责全书的统筹和修改；冯华编写第一章；潘培培编写第二章的第一、二节及第八章至第十章；李艳艳、秦怡编写第二章的第三节；王永泉编写第三章；王凤燕编写第四章；张爱云编写第五章；汪娟编写第六章；李翠翠编写第七章。

本书在编写过程中参阅和借鉴了大量国内外的书籍和教材，参考、引用了许多专家、学者的研究成果，特此表示衷心的感谢！

由于编者水平所限，书中疏漏和不足之处在所难免，恳请各位读者朋友批评指正。

第一篇 理财基础

第二篇 企业理财

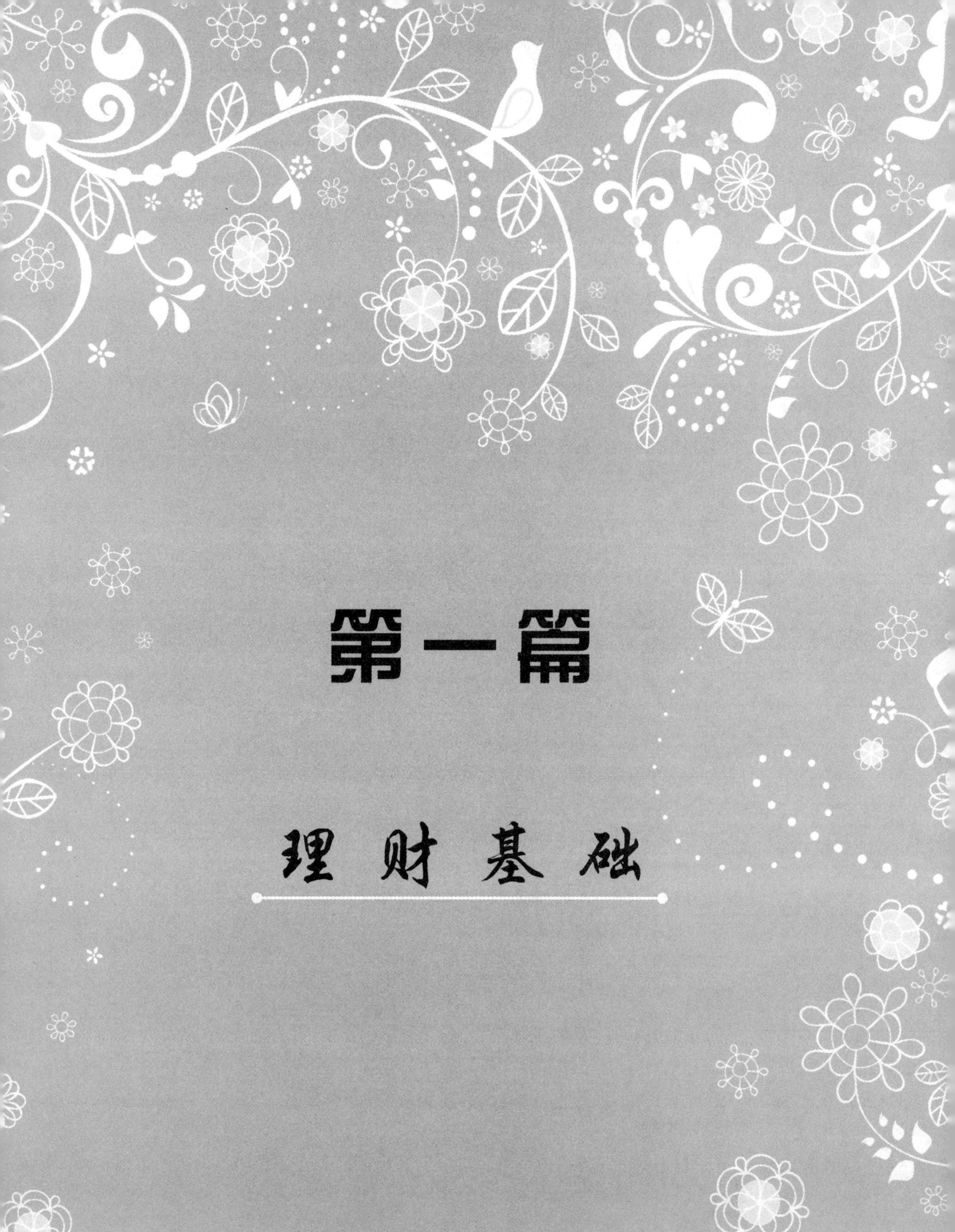

第一篇

理 财 基 础

第一章

理财概述

学习目标

知识目标

※ 理解企业理财和家庭理财的含义

※ 理解企业理财目标的特点

※ 掌握家庭理财目标的内涵

※ 掌握企业理财和家庭理财的内容

※ 了解女性理财的特点及理财误区

能力目标

※ 能够树立正确的理财观念，并运用到理财决策中去

导入案例

会赚钱不等于会理财

张女士，与其前夫事业成功，两人的身价都数以千万计。然而，如此会赚钱的夫妇两人却家庭破产了，而两人更是因此而劳燕分飞。其原因就是，张女士完全不会理财。对于家庭财产的分配，她安排得非常不合理，她不做投资，也不购买保险。她完全不思考合理配置财产资源让财富增值的问题，只知道疯狂购物，世界各地都留下了她shopping的足迹。她钟情于各种大牌的限量版，崇尚奢华。就这样，一方面财富无法增值，一方面花钱如流水，拥有非凡赚钱能力的人也破产了。

思考：怎样做才能增强一个家庭的经济实力，保证其财务安全？

第一节 理财的基本概念

一、理财的含义

所谓理财就是对于资产的经营和管理，资产包括有形资产和无形资产。从广义的

角度讲，理财就是对资产进行配置的过程；狭义地讲，理财是要最大效能地利用闲置资金，提升资金的总体收益率。

根据不同的理财主体，理财可以分为企业理财和家庭理财。对于从事工商业活动的主体而言，理财就是“企业理财”。对个人或家庭来讲，理财就是“个人理财”、“家庭理财”。

（一）企业理财的含义

企业理财，又称为企业财务管理，是企业组织财务活动，处理财务关系的一项经济管理工作，是企业管理的重要组成部分。它通过对企业筹资、投资、资金营运和利润分配等活动进行分析、预测、计划和控制，从而实现企业的理财目标。

（二）家庭理财的含义

通常我们把个人理财和家庭理财连带考虑，不加以严格的区分，尽管两者并不完全相同，但是个人理财和家庭理财两个概念难以独立理解。当一个人处于单身阶段，理财主体是个人，进入家庭婚姻阶段后，以家庭为主体进行理财是最普遍的理财行为，是个人理财的核心，因此，我们不再刻意区分个人理财和家庭理财，而是将它们一起称为家庭理财。

家庭理财就是管理家庭的财富，从而提高家庭财富效能的经济活动。也就是通过收集整理和分析家庭的财务信息，根据家庭的财务状况、理财目标、风险承受能力等情况，制定和实施家庭消费、保险、投资、税务、退休养老等规划，以期在保证家庭财务安全稳定的基础上实现家庭财务自由。

家庭理财通常利用企业理财和金融的方法对家庭财务进行计划和管理，增强家庭经济实力，提高家庭抗风险能力，增大家庭财富效用。从广义的角度来讲，合理的家庭理财也有利于节省社会资源，提高社会福利，促进社会的稳定发展。

（三）家庭理财与企业理财的区别

家庭理财与企业理财同属于理财的范畴，比如都严格遵循货币时间价值理念；都注重风险控制；都需要运用各类投资工具。但是，由于二者的理财主体和对象不同，在理财目标、内容、方法和程序上存在许多差异：

1）理财主体不同。企业理财的主体是企业，它是为实现企业的利润最大化、财富最大化、价值最大化的目标而进行的理财活动。而家庭理财是为家庭服务的，旨在最大限度提高家庭财富的效用，达到家庭财务安全和财务自由的目的。

2）侧重点不同。企业理财注重对资金收支有关的活动的管理，包括筹资、投资、资金运营和利润分配等方面。而家庭理财偏重家庭生命周期各个阶段的理财规划的制定，包括消费、教育、保险、投资、税收、养老和财产传承等方面。

3）所运用的理财工具品种范围不同。企业理财主要运用股票、债券、基金、期货、期权、外汇等金融工具，而家庭理财经常使用储蓄、保险、黄金、收藏品、房产等多种投资工具。

二、理财的目标

无论是企业理财还是家庭理财都是通过有效地利用资源来实现财务目标的过程。理财目标是一切财务活动的出发点和归宿。

（一）企业理财的目标

企业理财目标是在特定的理财环境中，通过组织财务活动，处理财务关系所要达到的目的，明确理财目标是做好企业理财工作的前提。一般而言，最具代表性的企业理财目标包括三种模式：

1．利润最大化目标

利润最大化目标就是把追逐利润最大化作为企业的理财目标，它是基于西方经济学理论的传统模式。在这种模式下，人们以利润最大化为标准来分析评价企业的行为和业绩。

以利润最大化作为企业理财的目标，有其合理的一面。企业追求利润最大化，就必须加强管理，控制成本，增加收益，从而优化企业资源配置，提高经济效益。但是，以利润最大化为目标存在以下缺点：

1）利润最大化没有考虑货币的时间价值。

2）没有考虑风险因素，企业为了实现高额利润往往需要承担过大的风险。

3）片面追求利润最大化，可能会导致企业短期行为，影响企业的长远发展。

4）利润会在一定程度上受主观因素的影响，容易被操纵。

2．股东财富最大化目标

股东财富最大化是指企业通过采取合理的财务运营策略，为股东带来最多的财富。在股份公司中，股东财富是由其所拥有的股票数量和股票市场价格两方面决定的。在股票数量一定时，股票价格达到最高，股东财富也就达到最大。因此，股东财富最大化也可以表示为股票价格最大化。

与利润最大化目标相比，将股东财富最大化作为企业理财目标的积极作用体现在以下方面：

1）由于取得收益的时间因素和风险因素直接决定了股票的内在价值，对股票的价格产生重要影响。因此，股东财富最大化目标充分考虑了货币的时间价值和风险因素。

2）股票价格不仅受目前利润的影响，预期未来的利润同样会对它产生重要影响，实现股东财富最大化在一定程度上能避免企业在追求利润方面的短期行为，保证企业的长期发展。

3）对上市公司而言，股东财富最大化目标比较容易量化，便于考核和奖惩。

以股东财富最大化作为理财目标也存在一些问题：

1）通常只适用于上市公司，对非上市公司则难以适用。

2）由于公司业绩不是影响股票价格的唯一因素，股价是诸多因素综合影响的结果，因而股东财富不能用股票价格完全准确地反映出来。

3）它重点强调的是股东利益，而对其他相关利益主体的利益重视不够，可能导致股东与其他利益主体之间的矛盾和冲突。

3．企业价值最大化目标

企业价值就是企业全部资产的市场价值，即企业各种资产所能创造的预期未来现金流量的现值。企业价值反映了企业潜在的或预期的获利能力和成长能力。

以企业价值最大化作为理财目标，具有以下优点：

1）企业价值最大化目标考虑了货币的时间价值和投资的风险价值。

2）企业价值最大化能够克服企业的短期行为，有利于企业长期、稳定、健康地发展。

3）企业价值最大化目标使得股东利益和企业其他利益主体的利益相一致。

4）企业价值最大化有利于社会资源合理配置。

其主要缺点则是企业价值的确定比较困难，特别是对于非上市公司。

企业选择哪一种模式的理财目标，是由其所处的经济环境和自身条件决定的。具体而言，经济发展水平、经济政策、金融市场条件以及企业治理结构等因素决定了企业的理财目标。

（二）家庭理财目标

家庭理财的根本目标是通过对家庭资产的有效安排和利用，提高家庭的经济实力，最终实现家庭的财务安全和财务自由。

1．财务安全

所谓财务安全是指家庭或个人现有的财富完全可以满足其未来的财务支出和实现其他生活目标的需要。这也是理财的核心目的，即平衡现在和未来的支出，使人的一生中的收入和支出基本平衡，不会因为某个时期缺乏收入而陷入放弃某项正常支出的境地。

相关链接

你的家庭财务安全吗？

问自己几个问题：

1）你有稳定、充足的收入吗？

2）你每月花了多少钱？钱都花在什么地方了？如果突然失业，或者突然失去劳动能力，能保证自己和家人还过着像现在一样的生活吗？

3）你希望退休后过清苦的日子还是拥有幸福的晚年？退休后，养老保险金够你生活吗？

4）你是否享受社会保障？

5）是否有适当、收益稳定的投资？

6）是否有合适的住房？

7）现在有多少活期存款、定期存款、多少投资？十年前一万元能够让一个普通家庭生活多久？十年后呢？

资料来源：张红丽．女性理财误区．卓越理财，2010 年第 3 期．

2．财务自由

财务自由是指家庭或个人的收入主要来源于投资而不是被动工作，而且投资收入可以完全覆盖家庭或个人发生的各项支出。财务自由是财务目标的较高层次，资产的被动收入能够覆盖日常支出，这样就不必为了生活而工作，可以做自己喜欢的事情。这是每个人都希望实现的梦想。

衡量财务自由程度，一般通过财务自由度指标来判断：

财务自由度＝投资性收入（非工资收入）/ 日常消费支出 ×100%

如果财务自由度大于 100%，则表示家庭财务自由度大；反之，财务自由度小。

例如，一个家庭的投资性收入为每月 10 000 元，其日常消费支出为 8000 元，则

财务自由度＝10 000/8000×100%＝125%

指标计算结果表明该家庭财务自由度比较大。

小贴士

被动收入

所谓被动收入（passive income），就是不需要花费多少时间和精力，也不需要照看，就可以自动获得的收入。乍看上去有点像“不劳而获”，实际上，在获得“被动收入”之前，往往需要经过长时间的劳动和积累。被动收入是获得财务自由和提前退休的必要前提。租金、利息、股利、版税等收入均属于被动收入。

【课堂活动】 财务安全与财务自由之间存在怎样的关系？

三、理财的内容

（一）企业理财的内容

企业理财是基于企业在生产过程中客观存在的财务活动和由此产生的财务关系，因此，企业理财的内容包括组织财务活动和处理财务关系两个方面。

1．企业财务活动

企业的财务活动包括筹资、投资、资金运营和利润分配等一系列行为。

1）筹资活动。筹资是指企业通过各种渠道，运用不同方式，从企业外部或从企业内部筹措企业经营所需要的资金的财务活动。

2）投资活动。投资是指企业把资金投放到实物资产或金融资产上，以期在未来获得收益的行为。

3）资金运营活动。资金运营活动是指企业进行日常经营而引起的财务活动，如企业在采购原材料、支付工资、销售产品等活动中产生资金的收支行为。

4）利润分配活动。因对经营利润和投资收益进行分割和分派而引起的资金的收支即属于利润分配活动。

2．企业财务关系

企业在组织各项财务活动的过程中，会同各有关方面发生经济关系，这种由于企业理财活动而发生的各种经济关系称为企业财务关系。处理好这些关系是企业理财成功的保障。企业的财务关系可以概括为以下几个方面：

1）企业同其所有者之间的财务关系。这主要指企业的所有者向企业投入资金，企业向其所有者支付投资报酬所形成的经济关系。

2）企业同其债权人之间的财务关系。这主要指企业向债权人借入资金，并按借款合同的规定按时支付利息和归还本金所形成的经济关系。

3）企业同其被投资单位的财务关系。这主要是指企业以购买股票或直接投资的形式向其他企业投资所形成的经济关系。

4）企业同其债务人的财务关系。这主要是指企业将其资金以购买债券、提供借款或商业信用等形式出借给其他单位所形成的经济关系。

5）企业与供货商、客户之间的关系。主要是指企业在购买供货商的商品或劳务，以及向客户销售商品或提供服务的过程中所形成的经济关系。

6）企业内部各单位的财务关系。这主要是指企业内部各单位之间在生产经营各环节中相互提供产品或劳务所形成的经济关系。

7）企业与职工之间的财务关系。这主要是指企业向职工支付劳动报酬的过程中所形成的经济关系。

8）企业与税务机关之间的财务关系。这主要是指企业要按税法的规定依法纳税而与国家税务机关所形成的经济关系。

（二）家庭理财的内容

就家庭理财的整体而言，它包含三个基本的内容：首先是确定家庭理财目标；其次是掌握家庭收支及资产负债状况；最后是如何利用投资渠道来增加家庭财富。

一般来说，家庭理财包括七个方面的具体内容：

1．现金规划

现金规划主要是对家庭财产的流动性风险进行管理，是为满足家庭短期需求而进行的管理日常的现金及现金等价物和短期融资的活动。

2．保险规划

保险规划是对家庭财产的风险和家庭成员的生命健康风险进行的管理，通过社会保险、企业补充保险和商业保险的适当组合，达到转移和分散风险的目的。

3．税收规划

税收规划是对家庭收入面临的重复收税、税负过重风险的管理。在法律允许的范围内，事前选择税收利益最大化的纳税方案处理家庭的理财活动，充分利用税收优惠政策，以减少家庭税收负担或延缓纳税时间，实现税后家庭收入的最大化。

4．退休养老规划

退休养老规划是对家庭主要经济收入的来源者因退休而引起家庭经济收入减少风险的管理。它是指人们为了在将来拥有高品质的退休生活，而从现在开始进行的财富积累和资产规划。

5．消费支出规划

消费支出规划主要是基于一定的财务资源下，对家庭消费水平和消费结构进行规划，以达到适度消费、稳步提高生活质量的目标。它包括日常消费规划、购房规划、购车规划和教育规划。

6．投资规划

所谓投资规划是根据家庭的财务目标和风险承受能力，通过选择不同的投资工具及投资组合，合理地配置资产，使投资收益最大化，实现家庭投资理财目标的过程。一个完整的投资规划过程包括：进行投资规划需求分析、制定投资规划方案以及调整优化投资规划方案。

7．财产传承规划

财产传承规划是指当事人在其健在时通过选择遗产管理工具和制定遗产分配计划，将拥有或控制的各种资产或负债进行安排，确保在自己去世或丧失行为能力时能够实现其特定目标。

【课堂活动】 如何合理确定企业的理财目标?

第二节 女性与理财

随着社会的发展，女性无论是在社会经济生活中，还是在家庭中都扮演着越来越重要的角色。积累和创造财富已成为当代女性追求幸福生活的重要途径，而理财水平的高低是决定个人或家庭贫富差距的关键因素。那么，只有全面了解女性的理财特点，树立正确的理财观念，掌握系统的理财知识和策略，女性才能成功理财，实现人生的梦想和目标。下面着重从家庭理财的角度，介绍女性理财的特点、理财的误区和理财观念。

一、女性的理财特点

由于生理条件、心理状况、性别角色等因素的影响，不同性别的人从事理财活动会呈现出不同的行为特点。通常，女性在理财时主要表现出以下特点：

（一）严谨而细致

精打细算，注重细节，这是女性在理财活动中经常表现出来的行为特征。女性具有与生俱来的细心、精明的性格，并且女性持家过日子，深知其中的不易，也养成了精打细算的思维方式，她们在家庭消费（比如购物、旅游）和投资理财（比如存款、购买保险、债券等）方面同样表现出细心、精明的风格。特别是在家庭面临经济困难时，女性如果能发挥自己精打细算的优势，合理节省支出，将会为自己和整个家庭理财打下良好的基础。但是，女性往往只看重眼前的蝇头小利，却忽视长期的理财规划。

（二）稳健而谨慎

与男性相比，女性对风险持有更加谨慎的态度，对于高收益但高风险的投资总是心存惧怕和疑虑（比如股票、外汇、期货等），不会轻易投入其中，而更倾向于稳健型投资项目。远离风险，稳健投资是一般的女性对待投资的普遍态度。女性对家庭收入开支情况十分了解，更加重视维持现实生活的需求，因此，女性在投资理财时注重量入为出，偏向于稳健保守，能很好地控制投资风险，投资之前往往三思而行，计划性较强。正因为如此，女性投资者的投资回报很难达到最大化，也较少出现血本无归。另外，从信用卡的透支消费中可以明显地看出，女性出现透支的情况比男性少，而长期透支或超期未归还欠款的则更少。量入为出，谨慎投资是女性理财的显著特点。但是，由于理财的态度过于保守，致使女性拒绝高风险的投资尝试，以寻求资金的安全性，但忽略了通货膨胀这个无形的杀手，长期下来增值甚微，甚至连本金都保不住。

（三）专注而有耐性

家庭理财过程中，女性比男性更喜欢面对多种备选方案，经过反复尝试，她们一旦做出了决策，就会坚持不懈。例如，进行证券投资时，女性比男性更加专心，交易次数少于男性，其持有的投资组合波动幅度小。特别是当市场出现波动时，女性更倾向于等待。正是缘于女性具有耐性，许多投资专家认为女性更适合做中长期投资。但是，女性很难抓住短期投资机会，无法享受短期行情带来的收益。

（四）敏感而感性

女性具有不同寻常的敏感特质，她们对于经济衰退、通货膨胀、收入降低、房地产贬值等诸多经济和金融因素比男性更敏感也更加关注。在面对负面事件时，女性似乎比男性更具有忧患意识。因而女性理财对于风险防控方面比较重视，善于未雨绸缪，提前规划。许多女性相信自己的直觉，特别是对人的判断方面。女性对非语言的暗示

小贴士

羊群效应

头羊往哪里走，后面的羊就跟着往哪里走。

“羊群效应”是指人们经常受到多数人影响，而跟从大众的思想或行为，也被称为“从众效应”，用来比喻人都有一种从众心理。从众心理很容易导致盲从，而盲从往往会陷入骗局或遭到失败。

更为敏感，如身体语言和面部表情的表现，她们会非常敏锐地从中捕捉到某种信息，以此作出判断。尤其在选择理财顾问时，女性的这种优势可能发挥作用。但是，女性在投资理财过程中常常缺乏理性分析，容易感情用事，从众心理较强，常常陷入“羊群效应”的困境。

（五）善于听取专家意见，愿意委托理财

女性与男性相比，对自身理财能力的认识更加客观，不容易受到过度自信的影响，很少认为自己无所不能，也不像男性那样具有争强好胜的冲动。女性更愿意听取理财专家意见，容易沟通和接受建议。据银行和理财咨询服务机构的调查，前去咨询及委托理财的客户多数是女性。但是，过分依赖理财顾问，缺乏自主判断和主见，可能因理财顾问的失误导致损失。

相关链接

男女性别的“金钱DNA”

男性和女性不论是在对待金钱的价值观还是如何消费金钱、投资金钱上都有着很大的不同，有的专家将此种现象称之为男女性别上的“金钱DNA”。虽然男性与女性并不是来自不同的星球，但男性和女性在理财和投资上确实有着不同的轨迹。从出生那天起，美国的男性和女性在如何看待金钱和如何消费金钱上所接受的教育观念就有着不同，这也是为何美国的男性和女性会形成不同的投资理财观念和特点的原因。

美国的女性从小就被灌输成人后负有养育子女责任的观念，她们可以不必工作，只要能照顾好丈夫和孩子就可以。更多的女性在投资理财上将金钱看成是拥有良好生活质量的一种方式，女性当家理财更关注日常衣食住行的花销，这种特性被称之为金钱现实主义。美国的男性从小就被教育成人后要肩负养家糊口的重任，要能养得起老婆、孩子。更多的美国男性在投资理财上是将金钱视为财富积累的一种工具，男性因此比女性更少于花钱，而更加注重投资。男性的这种特性被称之为金钱未来主义。同样是花钱，女性偏重在改善生活和用在孩子的身上，而男性则偏重用钱换来更多的财富价值，如投资住房和退休基金。

资料来源：乔磊．男女金钱DNA大不同．理财周刊．2011年第13期．

二、女性理财的误区

女性在日常生活和理财活动中，常常会陷入一些误区，国家理财规划师张红丽在《女性理财误区》一文中对此进行了比较详细的论述：

误区1：理财就是投资赚钱

谈到理财，一般女性想到的是投资赚钱。当然，理财包括投资赚钱，但不仅仅是

这些。赚钱只是一时之事，而理财是一生的财务安排和规划。理财的根本目的不是赚多少钱，而是保证财务安全，追求财务自由。

投资可能赚也可能赔，而理财追求的是家庭或个人财务稳定安全，投资收益平稳。理财是战略，讲究布局、资产管理和财富配置。

误区 2：理财就是省钱，要降低生活质量

在不少爱消费的女性观念中，认为“理财”等于“节约”，进而联想到理财会降低花钱的乐趣与生活品质，没办法吃美食、穿名牌，甚至被归类为小气的守财奴一族。对于喜爱享受消费快感的年轻女性来说，心理上难免会不屑于理财，或觉得离她们太遥远。钱越多，生活质量越好，享受层面越丰富，在工作之余，享受人生，是非常必要的，但如果没有计划，大手大脚乱花钱消费，会在真正需要用钱的时候无能为力。

也有一些女性朋友明明收入不低，却舍不得消费，能挣钱不会花钱，过度节约。理财的目的是为了生活得更好，过度省钱和过度储蓄同样不可取。

理财另一个目标就是确保在自己的经济能力范围内，花同样的钱，过更高质量的生活，而不是为了未来而降低当下的生活质量。要合理运用我们手中的金钱，量入为出，适当提高生活水平，快乐幸福享受每一天。

误区 3：理财太复杂，做不来

理财需要一定的技巧，但更需要正确的观念、时间和耐心。而女性朋友在耐心方面有天生的优势，只要在理财上多用点心思，比想象的要简单很多。只要迈出第一步，理财就容易的多了。

理财第一步，就是了解家庭财务现状。最好通过记账掌握家庭里有哪些资产，哪些债务，每月固定收入和日常支出各是多少，有哪些投资，投资收益情况和投资比例各是多少，有哪些保险，如果家庭收入较高的成员失业该如何继续维持家庭生活质量。

误区 4：我没钱，没必要理财

不少刚刚参加工作的女性朋友认为：“理财是有钱人的事，我的钱都不够自己花，哪需要理啊。”恰恰相反，越是没钱，越应该理财，越应及早掌握理财技巧，通过理财“脱贫”，开始适合自己的人生理财规划。

误区 5：忽略保障，忽略自己

据有关数据显示：女性总体投保率要低于男性。很大比例的家庭保单都是女主人充当投保人，被保险人却往往是子女、丈夫，而不是自己。

受中国传统文化影响，部分女性在家庭中以孩子和爱人为重心，把自己放在不重要的位置，要么只给孩子买保险，要么给孩子和爱人买保险，而忽略了自己。

对于孩子来说，母亲才是他们最大最无私的保护伞，女性们保护好自己，才能更好地照顾家人。尤其现代女性，在家庭经济与生活中举足轻重，起着不可或缺的作用，她们更应该为自己和未来的家庭幸福生活做好保险规划。只有自己拥有最基本的保障后，其他的理财计划才可能实现。

误区 6：只心动不行动

许多女性已经认识到理财的必要性，但是只是心动，迟迟不见行动。主要原因是个人懒惰或不知从何入手开始理财。

首先，要克服懒惰习惯。你不理财，财不理你，只有辛勤付出，才能使家庭财富逐渐增长，家庭财务健康安全。第二，从记账开始。多关注理财信息，多学习理财知识，做好理财计划。一方面，有效地花钱，让有限的钱发挥最大效用，既满足日常生活所需，又提高生活质量；另一方面，通过开源节流投资等增加收入，不断积累财富，达到自己的财务目标。

相关链接

理财从年轻开始

小王，22 岁，本科毕业，工作刚半年，未婚，月收入 2600 元左右；小刘，25 岁，专科毕业，工作 3 年，未婚，月收入 1800 元左右。按常理说，小王每月收入 2600 元，比小刘多 800 元。她应该比小刘“更具备理财的条件”，事实真是这样么？她们两人均是每月月初单位开支，半年后，小刘存下了 3000 多元，小王只存下了不到 600 元。小刘每月将结余中的 200 元拿出进行基金定投，收益率约 6%～8%。如表 1-1 所示。

表 1-1 收入支出表 单位：元

人物	月收入	衣	食	住	行	通讯	其他	合计	结余
小王	2600	400 商场购置	600 食堂＋饭馆	700 单位附近二居中的一居	200 公交＋偶尔打车	200	400 休闲、旅游	2500	100
小刘	1800	200 批发市场购置	400 自己做，带饭	350 与朋友合租三居中的一间	50 自行车＋公交	100	100 休闲	1200	600

三、树立正确的理财观念

正确观念 1：理财是一个长期过程，不同时期有不同的理财重点

理财是一个规划、一个系统、一个与生命周期一样漫长的过程，而不是简单地找到一个发财的门路或做出一项英明的投资决策。人们要通过这个系统和过程保障自己终生生活无忧，理想地度过一生。如图 1-1 所示。

正确观念 2：要根据自己的风险承受能力选择理财工具

建立风险意识，充分认识各种投资工具的投资风险。低风险的投资品种，如银行存款、国债等，难以产生高回报；高风险的投资品种，如股票、实业投资，有产生高回报的可能，但也能导致巨额亏损。理财需要根据自己的风险承受能力合理选择不同的理财工具，才能有效控制风险，发挥其作用。

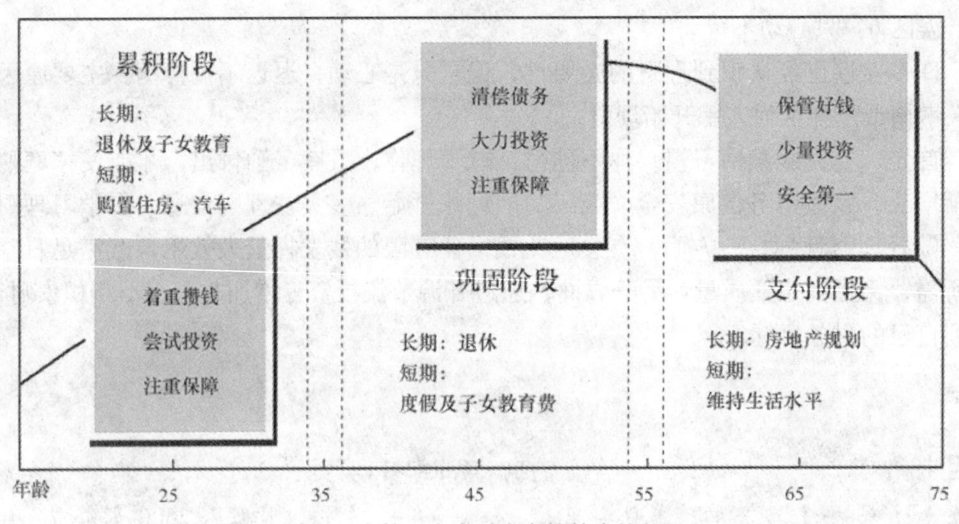

图 1-1 人的一生中财富净值的走势状况

正确观念 3：资产的安全性应放在第一位，获利性放在第二位，还要保证良好的流动性

由于投资者的情况各不相同，因此无法提供适用于所有人的理财方案，但是有一些理财的基本原则需要共同遵循，其中非常重要的一条原则就是“安全第一，获利第二”。投资理财时，要在充分考虑资产安全的前提下，选择收益合理的理财方案，不能片面追求高收益而忽略资产安全。同时，要保持资产具有良好的流动性，以保障生活需要和应对突发事件的需要。

正确观念 4：（保障型）保险是一种重要的保障手段

在理财的金字塔上，保险是理财的基石，是风险管理的工具。在人的一生中，随时都有可能发生各种各样的意外，这些意外就是生活中的风险事件。除此之外，在我们的经济生活中也存在各种风险，让我们的生活陷入困难和窘迫之中。因此，我们必须学会管理和控制风险。

【课堂活动】 如何理解投资与理财的关系？

相关链接

人气好的几个理财网站

金融界（www.jrj.com.cn）：包括证券、期货、保险、外汇、个人理财、新闻等方面的内容。

主妇网（www.izhufu.com）的家庭理财频道：为每一个主妇，提供最优质的理财方案财智网（www.imoney.com.cn），这是一家专门提供家庭理财服务的网站，其保险部分几乎囊括了国内所有保险公司的全部产品介绍。而理财软件部分则涵盖了新时代家庭理财的很多内容，包括日常收支、储蓄、往来、个人贷款、保险、证券投资，还有的具有家庭金融顾问功能。

女性理财网（www.nxlc123.cn）：是国内首家女性休闲理财网站，提供热点财经资讯、理财技巧、理财窍门，包括基金、股票、创业、女性时尚、消费等方面资讯。

证券之星（www.stockstar.com）：是国内第一家金融证券网站，也是中国最大的金融证券类网站之一。

本章重点

1．所谓理财就是对于资产的经营和管理，资产包括有形资产和无形资产。从广义的角度讲，理财就是对资产进行配置的过程；狭义地讲，理财是要最大效能地利用闲置资金，提升资金的总体收益率。

2．企业理财，又称为企业财务管理，是企业组织财务活动、处理财务关系的一项经济管理工作，是企业管理的重要组成部分。

3．家庭理财就是管理家庭的财富，从而提高家庭财富的效能的经济活动。也就是通过收集整理和分析家庭的财务信息，根据家庭的财务状况、理财目标、风险承受能力等情况，制定和实施家庭消费、保险、投资、税务、退休养老等规划，以期在保证家庭财务安全稳定的基础上实现家庭财务自由。

4．企业理财的目标有三种代表性的模式：利润最大化、股东财富最大化、企业价值最大化。

5．家庭理财的最终目标是实现家庭财务安全和财务自由。

6．企业理财的内容包括组织企业财务活动和处理财务关系两个方面。

7．女性理财特点主要有：严谨而细致、稳健而谨慎、专注而有耐性、敏感而感性和善于听取专家意见。

复习思考题

一、名词解释

1．企业理财

2．家庭理财

二、简答题

1．家庭理财与企业理财有何区别？

2．企业理财的过程中，需要协调哪些财务关系？

3．家庭理财的基本目标是什么？

4．女性理财经常陷入的误区有哪些？

第二章

理财基础知识

学习目标

知识目标

※ 掌握货币时间价值的概念和相关计算

※ 掌握风险的概念、特征、分类和计量

※ 掌握个人所得税征收范围、税率、计算方法

※ 掌握个人所得税筹划的方法和技巧

能力目标

※ 能够树立货币时间价值和风险的理念，并运用到投资理财决策中

※ 能够运用税筹划方法进行个人所得税筹划

导入案例

生活中关于货币时间价值的运用

货币时间价值问题存在于我们日常生活中的每一个角落，我们经常会遇到这类问题。

比如你现在手里有100元钱，你可以选择花掉它，也可以选择将它存入银行，还可以选择将它用于投资。假如你选择了存入银行，当前银行利率是10%，那么一年后，你可从银行取出110元，与一年前相比，手中多出了10元钱。这10元钱是怎么来的呢？它又代表着什么呢？这就涉及本章所要讨论的一个问题：货币的时间价值。再比如你想买一套公寓，就会考虑是花100万元买一套现房合算，还是花95万元买一年以后才能入住的期房合算呢？若你此时需要按揭贷款，当面对着各家银行推出的林林总总的商业房贷计划，你又如何从中选择一个适合自己的计划呢？与之类似的，若你想买一辆汽车，就会考虑是花20万元现金一次性购买好呢，还是每月支付6000元共付4年更合算呢？

以上所有这些疑问的背后都隐含着一个简单的财务学原理：货币是具有时间价值的，今天的一元钱比一年后的一元钱要更值钱。

思考：货币时间价值如何影响理财决策？

第一节 货币的时间价值

货币的时间价值是贯穿理财活动始终的一条主线。理解、掌握和应用货币时间价值的原理，具有极其重要的意义。

一、货币时间价值的含义

货币的时间价值是指货币经历一定时间的投资和再投资所增加的价值。由于货币时间价值的存在，不同时点的等量货币具有不同的价值。正如人们所知，“今天 1 元钱的价值大于 1 年后 1 元钱的价值”。

投资理财活动是在一定的时间范围内进行的，各种收益和支出发生于不同的时点，由于客观存在着时间价值，不同时点的货币不再具有可比性，只有同一时点上的货币相加减、相比较才有意义。因此，要正确计算不同时期的财务支出，科学评价投资理财活动的盈亏状况，必须根据时间价值原理，将不同时点的货币进行换算，在此基础上，进行财务决策。

【课堂活动】 所有的货币都具有时间价值吗？

二、货币时间价值的计算

（一）单利与复利

利率又称利息率，是衡量资金增值量的基本单位，表示为资金增值量与投入资金的比值。从资金的借贷关系分析，利率则是资金的使用价格，即从借款人的角度来看，利率是使用资金的单位成本，是借款人使用贷款人的资金而向贷款人支付的价格；从贷款人的角度来看，利率是贷款人借出资金所获得的报酬率。如果用 i 表示利率、用 I 表示利息额、用 P 表示本金，则利率可用公式表示为：$i=I/P$。基本的计息方法分为单利和复利。

1）单利。指以本金为基数计算利息，而产生的利息不加入本金计算利息。计算公式为：利息＝本金 × 利率 × 期限。

2）复利。指在每经过一个计息期后，都要将所生利息加入本金，以计算下期的利息。即通常所说的“利滚利”。

【课堂活动】 单利与复利有何区别？一笔利率是 5% 的 20 年存款，分别按单利和复利计算，本利和的差异有多大？

（二）复利的终值与现值的计算

货币时间价值一般是按复利方式进行计算。

1．复利终值

复利终值（future value），又称将来值或本利和，是指现在一定量的货币在未来某

一特定时点上的价值。复利终值的计算公式为

$$FV_n=PV(1+i)^n \tag{2-1}$$

式中：FV_n—复利终值

PV—复利现值（本金）

i—利率

n—计息期数

【例 2-1】 现将 1000 元存入银行，每年复利一次，利率为 3%，5 年后的终值应为

$$FV_5=1000\times(1+3\%)^5=1159\text{（元）}$$

在式（2-1）中，$(1+i)^n$ 称为复利终值系数，可表示为 $(F/P, i, n)$，通过查“复利终值系数表”可以获得。

复利终值的计算公式可写成：$FV_n=PV(1+i)^n=PV(F/P, i, n)$。

2. 复利现值

复利现值，是指未来一定量的货币在当前时点上的价值。可以由终值公式倒求本金计算。将终值换算为现值，叫做贴现。复利现值的计算公式为

$$PV=FV_n/(1+i)^n=FV_n(1+i)^{-n} \tag{2-2}$$

在式（2-2）中，$(1+i)^{-n}$ 称为复利现值系数，可表示为（$P/F, i, n$），通过查“复利现值系数表”可以获得。

【例 2-2】 若计划 3 年后获得 2000 元，收益率为 5%，现在应投资多少元？

$$PV=2000/(1+5\%)^3=1728\text{（元）}$$

小贴士

投资的“72 法则”

所谓的“72 法则”，就是以 1% 的复利来计息，经过 72 年以后，你的本金就会变成原来的一倍。简单地说，“72 法则”就是用 72 除以复利收益率，就能获得本金翻倍所需要的时间。比如，年复利收益率是 9%，那么本金翻倍的时间就是 8 年（72÷9=8）。

虽然利用 72 法则不像查表计算那么精确，但误差很小，可以忽略不计。

（三）年金终值和现值的计算

年金是指在相等的时间间隔里每期都发生的等额的收付款项。零存整取、利息、租金、养老保险等通常表现为年金的形式。年金按收付款项发生的时点不同，可以分为普通年金、先付年金、递延年金、永续年金。

1. 普通年金

普通年金又称为后付年金，是指一定时期内每期期末等额收付的系列款项。

1）普通年金终值。普通年金终值 FVA_n 是每期期末等额的系列收付款项的复利终值之和。计算公式为

$$FVA_n=A\sum_{t=1}^{n}(1+i)^{(t-1)}=A\frac{(1+i)^n-1}{i}$$

式中$\frac{(1+i)^n-1}{i}$叫做年金的终值系数，表示为（F/A，i，n），可以通过查“年金的终值系数表”得到。

【例 2-3】 假设某企业 5 年中每年年底存入银行 10 万元，存款利率为 8%，计算第五年末的到期值。

$$FVA_5=10\times(F/A，8\%，5)=10\times5.867=58.67（万元）$$

2）普通年金现值。普通年金现值 PVA_n 是每期期末等额的系列收付款项的现值之和。计算公式为

$$PVA_n=A\sum_{t=1}^{n}\frac{1}{(1+i)^t}=A\frac{(1+i)^n-1}{i(1+i)^n}$$

上式中$\frac{(1+i)^n-1}{i(1+i)^n}$叫做年金的现值系数，表示为（$P/A$，$i$，$n$），可以通过查“年金的现值系数表”获得。

【例 2-4】 现在存入一笔钱，准备在以后 5 年中每年末得到 5000 元，年利率为 7%，现应存入多少钱？

$$PVA_5=5000\times(P/A，7\%，5)=5000\times4.100=20\,500（元）$$

2．先付年金

先付年金又称为预付年金或即付年金，是指在一定时期内，每期期初等额收付的系列款项。先付年金终值计算公式为

$$FVA_n=A\times(F/A，i，n)\times(1+i)$$

先付年金现值计算公式为

$$PVA_n=A\times(P/A，i，n)\times(1+i)$$

【例 2-5】 某人每年年初存入银行 1000 元，存款利率为 5%，计算第 5 年末的本利和。

$$FVA_n=1000\times(F/A，5\%，5)\times(1+5\%)=1000\times5.526\times1.05=5802.3（元）$$

【例 2-6】 某人租用一处房产，每年年初付租金 5000 元，租期 5 年，年利率为 8%，计算所付全部租金的现值。

$$PVA_n=5000\times(P/A，8\%，5)\times(1+8\%)=5000\times3.993\times1.08=21\,562.2（元）$$

3．延期年金

延期年金又称为递延年金，是指在最初若干期没有收付款项的情况下，后面若干期等额的系列收付款项。假设最初 m 期没有收付款项，后面 n 期有等额的收付款款项，那么，延期年金终值的计算公式为

$$FVA_n=A\times(F/A，i，n)$$

延期年金现值的计算公式为

$$PVA_n=A\times(P/A，i，n)\times(P/F，i，m)$$

【例 2-7】 某企业向银行借入一笔贷款，贷款的年利率为 9%，银行规定前 4 年不用还款，从 5 年起连续 10 年每年年末等额偿还本息 10 万元，计算该笔款项的现值。

$$\begin{aligned} PVA_n &= 10\times(P/A,\ 9\%,\ 10)\times(P/F,\ 9\%,\ 4) \\ &= 10\times 6.418\times 0.708 \\ &= 45.44\ （万元） \end{aligned}$$

4．永续年金

永续年金是指无限期支付的年金，即一系列没有到期日的现金流。由于永续年金持续期无限，没有终止时间，因此没有终值，只有现值。永续年金可视为普通年金的特殊形式，即期限趋于无穷的普通年金。

永续年金现值计算公式为

$$PVA_n = A/i$$

【例 2-8】 某投资者购买了一种无期限债券，每年年末获得利息 1000 元，利率为 8%，计算利息的现值。

$$PVA_n = 1000/8\% = 12\,500\ （元）$$

（四）货币时间价值计算中的特殊问题

1．内插法的原理

这里着重介绍内插法的应用。前面介绍的各种计算，都涉及通过查表的方式以求得有关系数的问题。这种方法可以将复杂的计算过程转化为简单的加、减、乘、除运算，然而一个系数表无论编制得多么精确，也不可能在利率 i 以及期限两个方面是完全连续的，总有一些系数是表上查不到的，这时候就需要借助于内插法。所谓内插法，就是先在表上查出相邻的两个系数，并假设该种系数与利率 i 或期限 n 之间呈线性关系，然后依据线性比例关系将介于这两个已知系数之间的待查系数求出。内插法也用于计算复利利率和收益率。

【例 2-9】 求（P/A，11%，10）=？

首先，在表中查出两个系数。这两个系数必须符合以下条件：①分别位于待查系数的左右，使待查系数介于两者之间；②两个系数应相距较近，以使误差控制在允许的范围内。依据上述条件，查出：（P/A，10%，10）=6.1446 和（P/A，12%，10）=5.6502。

$$(P/A,10\%,11) = 6.1446 - \frac{11\% - 10\%}{12\% - 10\%}\times(6.1446 - 5.6502) = 5.8974$$

2．名义利率与实际利率

利率是应该有时期单位的，如年利率、半年利率、季度利率、月利率、日利率等，其含义是，在这一计息时期内所得利息与本金之比。但实务中的习惯做法是，仅当计息期短于一年时才注明时期单位，没有注明时期单位的利率指的是年利率。

如前所述，按照复利方式，如果每年计息次数超过一次，则每次计息时所得利息还将同本金一起在下次计息时再次生利。因此，一年内所得利息总额将超过按年利率、每年计息一次所得利息。在这种情况下，所谓年利率则有名义利率和实际利率之分。

名义利率，是指以“年”为基本计息期，每次计息的周期利率与每年的计息期数的乘积，即以单利的方式计算的年利率。如每半年利率为3%，一年计息两次，年利率则为3%×2=6%，即名义利率为6%。

实际利率，是指以复利方式计息时的年利率，即在一年内实际所得利息总额与本金之比。显然，当且仅当每年计息次数为一次时，名义利率与实际利率相等。

如果名义利率为r，每年计息次数为m，则每次计息的周期利率为r/m。如果本金为一元，按复利计息方式，一年后的本利和为$(1+r/m)^m$，一年内所得利息为$(1+r/m)^m-1$。则

$$i=(1+r/m)^m-1$$

式中：i为实际利率；r为名义利率；m为一年内的计息次数。

第二节 风 险 原 理

在市场经济条件下，风险无处不在，如何合理地预测、分析和控制风险，是理财学的重要任务之一。

一、风险的概念

（一）风险的定义

风险是指人们在生产、生活或对某一事项做出决策的过程中，未来结果的不确定性，这种不确定性既包括正面效应的不确定性，也包括负面效应的不确定性。从经济角度而言，前者为收益，后者为损失。

如果一项行动有多种可能的结果，其将来的财务后果是不确定的，那就叫有风险。如果这项行动只有一种后果，就叫没有风险。例如，将一笔款项存入银行，一年后得到的本利和是确知的，几乎没有风险；而将一笔款项用于一个投资项目，将来的财务成果是不确定的，这就存在风险。在实务中，对风险和不确定性不作区分，把风险理解为可测定概率的不确定性。

（二）风险的特点

1．客观性

风险是一种状态，不论人们是否意识到其存在，它总是时时处处都存在，不以人的意志为转移。人们只能在一定的时间和空间内改变风险存在和发生的条件，降低风险发生的频率和损失幅度，而不能彻底消除风险。

2．普遍性

自从人类出现后，就面临着各种各样的风险。比如个人面临生、老、病、死、意外伤害等风险；企业面临自然风险、技术风险、经济风险、政治风险等。总之，风险

已渗入到社会、企业、个人生活的方方面面，无时无处不存在风险。

3. 偶然性

虽然风险是客观存在的，且大量风险的发生具有必然性。但就某一具体风险而言，它的发生又是偶然的，是一种随机的现象。表现为：风险事故是否发生不确定、何时发生不确定、发生的后果不确定。根据以往的大量资料，利用概率论和数理统计的方法可测算出风险事故发生的概率及其损失幅度，并可构造出损失分布的模型，这成为风险估测的基础。

4. 可变性

风险在一定条件下是可以转化的。这种转化包括：

1）风险量的变化。随着人们对风险认识的增强和风险管理方法的完善，某些风险在一定程度上得以控制，能够降低其发生频率和损失幅度。

2）某些风险在一定的空间和时间范围内被消除。

3）新的风险产生。

二、风险的分类

一般意义上的风险分类，有很多分类方法，这里介绍几种与理财活动有密切关系的分类方法。

（一）按风险的性质分类

按风险的性质分类，可以分为纯粹风险、投机风险和收益风险。

纯粹风险是指只有损失可能而无获利机会的风险，即造成损害可能性的风险。其所致结果有两种，即损失和无损失。在现实理财活动中，纯粹风险是普遍存在的，如自然灾害、意外事故等都可能导致巨大损害。但是，这种灾害事故何时发生、损害后果多大等，往往无法事先确定。

投机风险是指既可能造成损害，也可能产生收益的风险，其所致结果有三种：损失、无损失和盈利。比如有价证券，证券价格的下跌可使投资者蒙受损失，证券价格不变无损失，但是证券价格的上涨却可使投资者获得利益。投机风险带有一定的诱惑性，可以促使某些人为了获利而甘冒损失的风险。

收益风险是指只会产生收益而不会导致损失的风险，例如接受教育可使人终身受益，但教育对受教育的得益程度是无法进行精确计算的，而且，这也与不同的个人因素、客观条件和机遇有密切关系。对不同的个人来说，虽然付出的代价是相同的，但其收益可能是大相径庭的，这也可以说是一种风险，有人称之为收益风险。

（二）按损失的原因分类

按损失的原因分类，风险可以分为自然风险、社会风险、经济风险、技术风险、政治风险及法律风险。

自然风险是指由于自然现象或物理现象所导致的风险。如洪水、地震、风暴、火灾、泥石流等所致的财产损失的风险。

社会风险是由于个人行为反常或不可预测的团体的过失、疏忽、侥幸、恶意等不当行为所致的损害风险。如罢工、暴动等。

经济风险是指在产销过程中，由于有关因素变动或估计错误而导致的产量减少或价格涨跌的风险等。如市场预期失误、经营管理不善、消费需求变化、通货膨胀、汇率变动等所致经济损失的风险等。

技术风险是指伴随着科学技术的发展、生产方式的改变而发生的风险。如公司现有设备陈旧，技术面临淘汰等风险。

政治风险是指由于政治原因，如政局的变化、政权的更替、政府法令和决定等的颁布实施，以及种族和宗教冲突、叛乱、战争等引起社会动荡而造成损害的风险。

法律风险是指由于颁布新的法律和对原有法律进行修改等原因而导致经济损失的风险。

（三）按风险涉及的范围分类

按风险涉及的范围分类，风险可以分为公司特有风险和市场风险。

公司特有风险，也叫非市场风险，是指企业由于自身经营及融资状况对投资人形成的风险，是发生于个别公司的特有事件造成的风险，如罢工、新产品开发失败、没有争取到重要合同、诉讼失败等。公司特有风险仅仅影响一家企业或少数类似企业，投资者可以通过分散化投资来分散这种风险。

公司特有风险又可分为经营风险和财务风险。

经营风险是指公司的生产经营的不确定性带来的风险，它是任何商业活动都有的，也叫商业风险。现实生活中有很多因素会导致公司营业收入大幅度波动。如20世纪70年代由于世界原油价格上涨，使人们更倾向于使用省油的日产车，美国汽车的销售量大受影响，公司营业收入和利润下降。能够导致公司营业收入和利润波动的因素很多，归纳起来主要有：需求变化，成本及价格变化，意外事件，公司成本的固定程度即经营杠杆的大小等。

财务风险是指由于举债而给公司财务带来的不确定性，又称为筹资风险。财务风险主要来源于公司息税前资金利润率和借入资金利息率孰高孰低的不确定性；财务风险程度的大小受借入资金对自有资金比例的影响。对财务风险的管理关键是要保证一个合理的资金结构，维持适当的负债水平。

市场风险是指那些对所有的公司产生影响的因素所引起的风险。如战争、通货膨胀、经济衰退、高利率等引起的风险。例如，利率上升使公司的借款利息支出增多，减少公司的盈利甚至使公司亏损。为避免这一损失，投资者需要在投资决策中尽可能地估计利率上升的可能性及程度，并要求适当的风险补偿。由于市场风险的影响范围往往是一个市场或一个国家，甚至是世界性的，因此，市场风险一般不可以通过分散化投资来降低或消除；而市场风险又往往会影响所有资产的价格。

三、风险的计量

风险是客观存在的，广泛地影响着人们的理财活动。正视风险并将风险程度进行较为准确的衡量，便成为理财学的一项重要工作。

风险的计量，需要使用统计学中离差或标准差的计算方法。

相关链接

离差或标准差方法的计算原理

如果把证券的收益率作为一个随机变量，则在多次重复的经济条件下，证券某一水平的投资收益率会有一个相对固定的可能性，这就是证券在特定条件下某一特定投资收益率发生的概率。在不同条件下出现不同的结果，拥有不同的概率，那么通过求出证券投资收益率的期望值，就可以了解证券投资最可能得到的收益率。证券投资风险是衡量证券未来收益不确定性的手段。实际收益率与预期收益率差异越大，风险越大。可以看出，证券投资风险的计量与随机变量方差的计算有着相同的性质，所以可以用方差来计量证券投资风险。

使用离差或标准差来计量风险大小，要重点考虑概率、期望收益率、标准离差、标准离差率等因素。

（一）确定概率及概率分布

为了更好地管理风险，我们需要对可能的结果及每种结果有多大可能性发生有所了解：对将来的估计通常建立在历史和理论资料的基础上，用这些资料来计算每一事件未来发生的可能性。所有可能结果及其可能性的说明构成了“概率分布”。对于风险管理者而言，最重要的概率是那些关于损失发生的频率和损失程度的概率。

一个事件的概率是指这一事件的某种结果可能发生的机会。如果把某一事件所有可能的结果都列示出来，对每一结果给予一定的概率，便可构成概率分布。

任何概率都要符合以下两条规则：

1）所有的概率即 p_i 都在 0 和 1 之间，即 $0 \leqslant p_i \leqslant 1$。

2）所有结果的概率之和应等于 1，即 $\sum p_i = 1$ 。

概率分布有两种类型，一种是不连续的概率分布，其特点是概率分布在几个特定的点上，概率分布图形成几条个别的直线。另一种是连续的概率分布，其特点是概率分布在连续图像的两点之间的区间上，概率分布图形成由一条曲线覆盖的平面。

【例 2-10】 甲公司某投资项目有 A、B 两个方案，其投资额均为 10 000 元，其收益的概率分布如表 2-1 所示。

表 2-1　甲公司收益概率分布表

经济情况	概率（p_i）	收益额（随机变量 X_i）	
		A 方案 / 元	B 方案 / 元
繁荣	$p_1=0.2$	$X_1=2000$	$X_1=3500$
正常	$p_2=0.5$	$X_2=1000$	$X_2=1000$
衰退	$p_3=0.3$	$X_3=500$	$X_3=-500$

表 2-1 表明，甲公司该项目投资 A、B 两个方案均可能遇到经济繁荣、正常、衰退三种可能，其可能性大小依次为 0.2、0.5、0.3，在这三种经济情况下都分别有三个数额不同的收益。

（二）计算收益期望值

概率分布使得我们不仅可以度量未来预期的变化性，还可以度量那些预期。我们对于未来的最佳推测通常表示为平均数。样本平均数等于所有观测结果总和除以观测数。有些情况下平均数被定义为每种可能结果与其概率之积的总和。

对于有风险的投资项目来说，其收益可看做是一个有概率分布的随机变量，可以用期望值来进行度量。期望值是随机变量的均值，指某一投资方案未来收益的各种可能结果，以各自的概率为权数计算出来的加权平均值，反映预计收益的平均化。

期望值的计算公式为：

$$E(R_i)=R_i=\sum_{i=1}^{n} R_{ij}P_{ij}$$

式中，R_i 为证券 i 的预期收益率；R_{ij} 为证券 i 的第 j 个收益率；P_{ij} 为证券 i 的第 j 个收益率发生的概率，n 表示可能结果的总数。

根据表 2-1 的资料，可以分别计算 A、B 两方案的收益期望值。

A 方案：$E\ (R_A)=2000\times0.2+1000\times0.5+500\times0.3=1050$（元）

B 方案：$E\ (R_B)=3500\times0.2+1000\times0.5+(-500\times0.3)=1050$（元）

A、B 两方案的收益期望值都是 1050 元，但其概率分布不同。A 方案的收益分布比较集中，收益率变动范围在 500～2000 元之间；B 方案收益分布相对分散，收益额变动范围在－500～3500 元之间。这说明两方案预期收益相同，但风险不同。

以上计算也表明，概率分布越集中，实际可能的结果就会越接近预期收益，实际收益率低于预期收益率的可能性就越小，投资的风险程度就越小。

（三）计算方差和标准差

风险方差反映概率分布中各种可能结果对期望值的偏离程度。

计算公式为

$$\delta_i^2=\sum P_{ij}\times(R_{ij}-P_{ij})^2$$

式中：δ_i^2 为证券 i 的方差；方差的平方根即为标准离差，简称离差。

将例 2-10 中 A、B 两方案的资料代入上述公式求得两方案的方差如下：

A 方案的方差$=(2000-1050)^2\times0.2+(1000-1050)^2\times0.5+(500-1050)^2\times0.3$
$=27\ 2504.88$

A 方案的标准离差＝522.02

B 方案的方差$=(3500-1050)^2\times0.2+(1000-1050)^2\times0.5+(-500-1050)^2\times0.3$
$=1\ 922\ 493.17$

B 方案的标准离差＝1386.54

标准离差以绝对数衡量决策方案的风险，在期望值相同的情况下，标准离差越大，风险越大；反之，标准离差越小，则风险越小。由计算结果可知：A 方案比 B 方案的风险绝对量要小得多。

（四）计算标准离差率

标准离差率越高，则投资风险越高。

其计算公式为

$$V=\frac{\delta}{E}$$

标准离差率是以相对数来衡量待决策方案的风险，一般情况下，标准离差率越大，风险越大；相反，标准离差率越小，风险越小。标准离差率指标的适用范围较广，尤其适用于期望值不同的决策方案的风险程度的比较。

根据以上公式，仍沿用例 2-10 案例，A 方案的标准离差率为

$$V(\mathrm{A})=522.02/1050=49.72\%$$

B 方案的标准离差率为

$$V(\mathrm{B})=1386.54/1050=132.05\%$$

计算结果表明：A 方案的风险比 B 方案要小得多。

（五）β 系数

总风险可以分解为非系统性风险与系统性风险，承担风险就要求给予报酬，由于非系统性风险能通过多元化投资加以消除，因此，承担风险需要补偿的是系统性风险。度量系统性风险的指标就是 β 系数。

β 系数是指可以反映单项资产收益率与市场上全部资产的平均收益率之间变动关系的一个量化指标，即单项资产所含的系统风险对市场组合平均风险的影响程度，也称为系统风险指数。它是通过对历史资料进行统计回归分析得出的个别投资（证券）相对于市场全部投资（证券）波动的具体波动幅度。β 系数有多种计算方法，实际计算过程十分复杂，但幸运的是 β 系数一般不需投资者自己计算，而由一些投资服务机构定期计算并公布。一般来说，大多数股票的 β 值在 0.5～1.5 之间。

相关链接

了解β系数

β系数可以为正也可以为负。为正，说明个别投资证券的变化与市场的变化方向相同；反之，则变化方向相反。

若$\beta>1$，则说明个别投资证券的市场风险的变化程度大于整个市场全部证券的风险，这类股票称为进攻型股票；

若$\beta<1$，则说明个别投资证券的市场风险的变化程度小于整个市场全部证券的风险，这类股票称为防守型股票；

若$\beta=1$，则说明个别投资证券的市场风险的变化程度与整个市场全部证券的风险相同，这类股票称为中性型股票。

对于进攻型股票，其股性必然较为活跃，其收益预期将高于市场的平均水平，但其风险也会大于市场的平均水平，这种股票在牛市的行情中，往往处在领涨领跌的境地；而防守型股票的收益和风险均在市场的平均水平之下。偏好进攻型股票的投资者一般属激进型，反之则属稳健型。

四、风险与收益的关系

任何投资者宁愿要确定的某一报酬率，也不愿意要不确定的某一报酬率，这种现象就叫做风险反感。但不同的投资者对待风险和报酬关系的态度是不同的，对风险与

相关链接

资本资产定价模型

资本资产定价模型阐述了充分多元化的组合投资中资产的风险与要求收益率之间的均衡关系，即在市场均衡的状态下，某项风险资产的预期报酬率与预期所承担的风险之间的关系。

美国经济学家威廉·夏普在20世纪60年代发展了β系数的概念，并率先将这一概念应用于风险分析。资本资产定价模型通常写成

$$K_i=R_F+\beta_i\times(K_m-R_F)$$

式中：K_i为第i种证券或第i种证券组合的必要收益率；R_F为无风险收益率；β_i为第i种证券或第i种证券组合的β系数；K_m为所有证券或所有证券组合的平均收益率。

例如某公司股票的β系数为1.5，无风险利率为6%，市场上所有股票的平均收益率为10%，那么，该公司股票的收益率应为

$$K_i=R_F+\beta_i\times(K_m-R_F)$$
$$=6\%+1.5\times(10\%-6\%)=12\%$$

计算结果表明，只有该公司股票的收益率达到或超过12%时，投资者才肯进行投资。

报酬的选择侧重点也各异。敢于冒风险者更看重高风险背后的高收益；对风险极度反感者更注重降低风险。

风险和报酬的基本关系是风险越大要求的报酬率越高，即风险与收益成正比关系。各项目的风险大小是不同的，在投资报酬率相同的情况下，人们都会选择风险较小的投资，结果使这类投资因市场竞争加大而风险增加，必要报酬率会下降。市场竞争的最终结果是：高风险的项目必须有高报酬，否则，就没有人投资；低报酬的项目必须风险低，否则，也没有人投资。

所谓风险收益率是指投资者因为冒风险进行投资而要求的、超过货币时间价值的那部分额外的收益率。风险收益总额可用下式来表示：

总收益＝无风险收益＋额外风险收益

在西方金融学和财务管理学中，有许多模型论述风险和收益率的关系，其中一个重要的模型为资本资产定价模型（capital asset pricing model，简写为 CAPM）。

五、风险管理技术

风险管理技术分为控制法和财务法两大类，前者的目的是降低损失频率和减少损失程度，重点在于改变引起风险事故和扩大损失的各种条件；后者是事先做好吸纳风险成本的财务安排。

（一）控制法

控制法是指避免、消除风险或减少风险发生频率及控制风险损失扩大的一种风险管理方法。主要包括：

1．规避

放弃某项活动以达到回避因从事该项活动可能导致风险损失的目的，这样的行为称为规避。如拒绝与不守信用的厂商进行业务往来；放弃可能明显导致亏损的投资项目等。它是处理风险的一种消极方法，通常在两种情况下进行：一是某特定风险所致损失频率和损失幅度相当高时；二是处理风险的成本大于其产生的效益时。避免风险虽简单易行，有时能够彻底根除风险，但有时因回避风险而不得不放弃某些经济利益，增加了机会成本。此外，规避也通常会受到限制，如新技术的采用、新产品的开发等都可能带有某种风险，而如果放弃这些计划，企业就无法从中获得高额利润。

2．预防

预防是指在风险发生前为了消除和减少可能引起损失的各种因素而采取的处理风险的具体措施。具体方法有两种：一是控制风险因素，减少风险的发生；二是控制风险发生的频率和降低风险损害程度。减少风险的常用方法有：进行准确的预测；对决策进行多方案优选和相机替代；及时与政府部门沟通获取政策信息；在发展新产品前，充分进行市场调研；采用多领域、多地域、多项目、多品种的投资以分散风险。

3. 抑制

抑制是指风险事故发生时或发生后采取的各种防止损失扩大的措施。抑制是处理风险的有效技术。

4. 风险中和

风险中和是风险管理人采取措施将损失机会与获利机会进行平分。如企业为应付价格变动的风险，可以在签订买卖合同的同时进行现货和期货买卖。风险的中和一般只限于对投机风险的处理。

5. 集合或分散

集合或分散是集合性质相同的多数单位来直接负担所遭受的损失，以提高每一单位承受风险的能力。就纯粹风险而言，可使实际损失的变异局限于预期的一定幅度内，适用大数法则的要求，可采取向保险公司投保的方法分散。就投机风险而言，可以通过购并、联营等手段，以此增加单位数目，提高风险的可测性，达到把握风险、分担风险、降低风险成本的目的。

（二）财务法

财务法是通过提留风险准备金，事先做好吸纳风险成本的财务安排来降低风险成本的一种风险管理方法，即对无法控制的风险事前所做的财务安排。它包括自留或承担和转移两种方法。

1. 自留或承担

自留是经济单位或个人自己承担全部风险成本的一种风险管理方法，即对风险的自我承担。包括“风险自担”和“风险自保”两种。风险自担是指风险损失发生时，直接将损失摊入成本或费用，或冲减利润；风险自保是指企业预留一笔风险金或随着生产经营的进行，有计划计提资产减值准备等。

采取自留方法，应考虑经济上的合算性和可行性。一般来说，在风险所致损失频率和幅度低、损失短期内可预测以及最大损失不足以影响自己的财务稳定时，宜采用自留方法。但有时会因风险单位数量的限制而无法实现其处理风险的功效，一旦发生损失，可能导致财务调度上的困难而失去其作用。

2. 转移

风险转移是经济主体为避免承担风险损失而有意识地将风险损失或与风险损失有关的财务后果转嫁给另一单位或个人承担的一种风险管理方式。风险转移分为直接转移和间接转移。

直接转移是风险管理人将与风险有关的财务或业务直接转嫁给他人，主要包括转让、转包等。转让是将可能面临风险的标的通过买卖或赠与的方式将标的所有权让渡给他人；转包是将可能面临风险的标的通过承包的方式将标的经营权或管理权让渡给他人。

间接转移是风险管理人在不转移财产或业务本身的条件下将财产或业务的风险转移给他人，主要包括租赁、保证、保险等。租赁是通过出租财产或业务的方式将与该项财产或业务有关的风险转移给承租人；保证是保证人和债权人约定，当债务人不履行债务时，保证人按照约定履行债务或承担责任的行为；保险则是通过支付保费购买保险将自身面临的风险转嫁给保险人的行为。例如，企业通过分包合同将土木建筑工程中水下作业部分的风险转移出去，将带有较大风险的建筑物出售等。

【课堂活动】 讨论财务法和控制法的利弊，分析其各自的适用情况。

第三节 税收筹划

一、税收筹划的基本知识

（一）税收筹划的概念

无论在哪个国家，都要求纳税人依法纳税，对不履行纳税义务的人要进行法律制裁。但是，在不违背税法的前提下，纳税人是否就没有办法合法地减轻自己的税收负担呢？纳税人是否就必须被动地按税务部门的要求缴纳税款呢？答案是否定的，纳税人有依法纳税的义务，但也有按照法律规定，经过合理的、甚至巧妙的安排以实现税收负担最小化的权利。这种经过合理的、甚至巧妙的安排以实现税收负担最小化的行为，即为税收筹划。

（二）税收筹划的特征

1. 合法性

合法性是税收筹划最本质、最基本的特征，只有在合法的基础上，才可以考虑降低税收负担，尽可能地少缴税款。

2. 筹划性

筹划表示事先规划、设计、安排。在经济活动运行机制中，纳税义务通常具有滞后性，企业在交易行为发生后，才缴纳增值税、消费税或营业税；个人或企业在收益实现或分配以后，才缴纳所得税。这就在客观上为纳税人提供了在纳税之前事先做出筹划的可能性。

3. 财务利益最大化

税收筹划最主要的目的，归根结底是要使纳税人的税收负担最小，可支配财务利益最大，即财务利益最大化。

二、税收筹划的基本方法

（一）利用税收优惠政策

税收优惠概括起来，主要有以下几种形式：

1. 减免税

减免税是指国家出于照顾或奖励的目的，对特定的地区、行业、企业、项目等给予纳税人减征或完全免征税收的情况。

小贴士

常见的个人所得税减免税

我国个人所得税法规定，个人购买国债和国家发行的金融债券所获得的利息免征个人所得税；个人获得的稿酬所得，可按应纳税额减征30%。

2．税率差异

税率差异是指对性质相同或相似的税种或征税对象适用不同的税率。利用税率差异，自然人纳税义务人通过选择投资规模、投资方向、组织形式和居住国等减少纳税。

（二）税收递延

税收递延即延期纳税，即允许纳税人在规定的期限内，分期或延迟缴纳税款。对于纳税人来说，延期纳税有利于资金周转，由于货币时间价值的存在，降低了实际纳税额。由于税收的重点是流转税和所得税，而流转税的计税依据是收入，所得税的计税依据是应纳税所得额，它是纳税人的收入减去费用后的余额，所以税收递延的基本思路可以归纳为：一是推迟收入的确定，二是尽早确定费用。

（三）税负转嫁

税负转嫁是税务筹划的特殊形式。一般来说，税收的最初纳税人和税收最后的承担者往往并不一致，最初的纳税人可以将其所纳税款部分或全部地转嫁给其他人负担，这种纳税人将其所缴纳的税款转移给他人负担的过程就叫税负转嫁。

三、个人所得税的税务筹划

（一）个人所得税的税务筹划范围

个人所得税是对个人（自然人）取得的各项应税所得征收的一种税。按照我国个人所得税法规定，个人所得税的纳税义务人，包括中国内地公民、在中国有所得的外籍人员和香港、澳门、台湾同胞。

《中华人民共和国个人所得税法》中列举了11项个人所得税的征税范围。

1）工资、薪金所得。

2）个体工商户的生产、经营所得。

3）对企事业单位的承包经营、承租经营所得。

4）劳务报酬所得。

5）稿酬所得。

6）特许权使用费所得。

7）利息、股息、红利所得。

8）财产租赁所得。

9）财产转让所得。

10）偶然所得。

11）经国务院财政部门确定征税的其他所得。

【课堂活动】 请举例说明个人所得税的征税范围。

（二）个人所得税的税务筹划方法和技巧

1．组织形式转换

(1) 个人独资企业转换为合伙企业

个人独资企业和合伙企业以纳税年度内的收入总额减除成本、费用以及损失后的余额，作为投资者个人的生产经营所得，按照“个体工商户的生产经营所得”适用5%～35%的五级超额累进税率，计算征收个人所得税。

对于个人独资企业来说，其企业收入归投资者一人所有，即独资企业的纳税人为投资者个人；合伙企业的收入归全体合伙人共有，每位合伙人都为个人所得税的纳税人。由于适用超额累进税率，因此假定企业所得一定的情况下，个人独资企业所适用的税率很可能会高于合伙企业所得所适用的税率。

因此，变更企业注册形式，变个人独资企业为合伙企业，有时可以达到降低税负的目的。

【案例2-1】 个人所得税的税务筹划案例

张女士在2009年从单位辞职后自己投资成立了一个家政服务公司，注册为个人独资企业，其老公和儿子有时也会在公司帮忙。随着经营收入的增加，所交的个人所得税也大比例地增加。2009年、2010年两年的收入分别为8万元、15万元，两年的成本费用分别为4万元、6万元。张女士奇怪地发现收入增长了近1倍，所交的个人所得税却增长了7倍之多。

案例分析：

按照税法规定，自2008年3月1日起，个人独资企业和合伙企业投资者的生产经营所得依法计征个人所得税时，个人独资企业和合伙企业投资者本人的费用扣除标准统一确定为24 000元/年，即2000元/月。（注：自2011年9月1日起采用新的税率表。）

2009年应纳个人所得税＝(80 000－40 000－24 000)×20%－1250＝1950元

2010年应纳个人所得税＝(150 000－60 000－24 000)×35%－6750＝16 350元

通过两年的对比，2010年较2009年相比，收入仅增加了不到一倍，但多交个人所得税14 400元，增加了7倍之多。

理财建议：

《个人所得税法》规定，合伙企业的投资者按照合伙企业的全部生产经营所得和合伙协议约定的分配比例确定应纳税所得额，合伙协议没有约定分配比例的，以全部生产经营所得和合伙人数量平均计算每个投资者的应纳税所得额。

据此，若张女士把他的老公和儿子也吸收为投资者，由个人独资企业变更为三人合伙企业，则

2010 年每人应纳个人所得税额

$=[(150\ 000-60\ 000)\div 3-24\ 000]\times 10\%-250=350$ 元

三人合计纳税 $350\times 3=1050$ 元

经过筹划，2010 年收入比 2009 年增加近一倍，但所交个人所得税却比 2009 年还要少 900 元。

(2) 合伙企业与有限责任公司制的转换

有限责任公司是企业所得税的纳税人，适用税率为 25%、20%、15%。小型微利企业适用 20% 的税率，高新技术企业适用 15% 的税率，其他法人企业适用 25% 的税率。而合伙企业缴纳的是个人所得税，生产经营所得适用五级超额累进税率，为 5%~35%。

小贴士

哪种组织形式税收负担重？

对于小型的有限责任公司来说，因其投资所得要交纳企业所得税和个人所得税，所以税收负担比较重，从税收筹划角度来讲，将有限责任公司变更为合伙企业，投资者就可以获得较多的税收收益。相反，如果合伙企业的规模较大，年应纳税所得额较多，其个人所得税适用税率很可能按最高的 35% 征税，进行税收筹划时则可以考虑将合伙企业变更为有限责任公司。

【案例2-2】 盛大公司税收筹划案例

盛大公司是由 4 人组成的合伙企业，企业经营状况较好，2012 年应纳税所得额为 200 万元，试为盛大公司做出税收筹划方案。

案例分析：

按照个人所得税法规定，4 位投资者需对应纳税所得额进行平均，计算缴纳个人所得税。则

4 位投资者平均分摊的应纳税所得额 $=2\ 000\ 000\div 4=500\ 000$ 元

4 位投资者每人应缴纳的个人所得税 $=500\ 000\times 35\%-14\ 750=160\ 250$ 元

4 位投资者共缴纳个人所得税 $=160\ 250\times 4=641\ 000$ 元

由于合伙企业适用的为 5%～35% 的超额累进税率，当合伙企业规模较大或经营状况较好时，很容易进入最高一档税率，所以造成税收负担较重。

理财建议：

将合伙企业变更为有限责任公司，可以考虑为每位投资者发放工资，为保持投资者所得不变，则考虑每人每月发放 41 666.6 元（2 000 000 元 ÷4÷12 月），这样投资者的工资按七级超额累进税率，扣除 3500 元基本扣除限额后，适用税率 30%，略低于合伙企业的 35%，但如果考虑企业的留存收益和其他税前分配项目之后，则所为投资者所发放的工资可能适用更低的个人所得税税率。

按 30% 的个人所得税税率计算，则

每位投资者年应纳个人所得税

=[(41 666.6－3500)×30%－2755]×12＝104 339.76 元

4 位投资者共缴纳个人所得税＝104 339.76×4＝417 359.04 元

这样可以减少缴纳个人所得税 223 640.96 元。又由于公司制企业实际发生的工资可以在计算应纳税所得额时据实扣除，此次筹划已将未扣除工资前的应纳税所得额全部作为工资分配，所以基本不需要交纳企业所得税，从而将合伙企业变更为有限责任公司，达到了减轻税收负担的目的。

2．工资、薪金福利化

根据企业所得税法的规定，企业发生的职工福利费支出，不超过工资薪金总额 14% 以内的部分，准予据实扣除。这样如果将一部分现金性工资薪金转化为提供福利，即通过提供各种补贴，虽然同为企业的费用，但却能够降低员工的名义工资薪金。

小贴士

工资中哪些津贴补贴不纳税？

根据个人所得税法相关规定，职工独生子女补贴、托儿补助费、差旅费津贴、误餐补助等不征收个人所得税。

【案例2-3】 将工资、薪金福利化降低个人所得税

王女士为某公司部门管理人员，月工资 8000 元。为工作方便，王女士在公司附近租房居住，月租金 1500 元。由于经营出差在外，经常在外用餐，一个月的餐费近 2000 元。王女士有必要进行个人所得税筹划吗？

案例分析：

如果不进行税收筹划，王女士每月应纳个人所得税为

(8000－3500) ×20%－555＝345 元

税后工资为 7655 元，但扣除租金和餐费以后，只结余 4155 元。

理财建议：

可将王女士工资降到4500元，但由公司提供住房并对出差在外的餐费给予报销。这样，王女士每月应纳个人所得税为

$$(4500-3500)\times3\%=30 \text{ 元}$$

税后工资为4470元，由于房租和餐费均由公司负担，虽然名义工资降低，但实际结余却有所增加。

这种筹划方法适用于工资水平较高的纳税人，通过降低名义工资降低适用税率，可以降低纳税人的税收负担。

3. 降低边际税率降低年终奖金税负

国家税务总局《关于调整个人取得全年一次性奖金等计算个人所得税方法问题的通知》规定，行政机关、企业事业单位等扣缴义务人根据其全年经济效益和对雇员全年工作业绩的综合考核情况向雇员发放的一次性奖金，包括年终加薪、实行年薪制和绩效工资办法的单位根据考核情况兑现的年薪和绩效工资，应单独作为一个月工资、薪金所得计算纳税。

【案例2-4】 奖金多发一元，个税多缴千元

发年终奖本是件高兴的事，但是小张却感到很郁闷。在市区一家公司工作的她由于业绩突出，公司给她发了55 000元的年终奖。让她感到不解的是，同事小刘的年终奖比她少2000块钱，但实际到手的钱却比她多3250元。

案例分析：

这是为什么呢？原来，按照相关规定，个人取得年终奖金采取分摊计税的方法计征个税，先将当月取得的全年一次性奖金除以12，按照商数确定适用税率和速算扣除数后，计算应纳税额。

如果当月工资所得高于税法规定的费用扣除额（3500元），年终奖应纳税额＝雇员当月取得全年一次性奖金奖 × 适用税率－速算扣除数。

如果当月工资所得低于税法规定的费用扣除额（3500），应将年终奖减除当月工资薪金所得与费用扣除额后的余额，按上述办法确定适用税率和速算扣除数。应纳税额＝(个人当月取得年终奖－个人当月工资所得与费用扣除额的差额)× 适用税率－速算扣除数。

假设小张、小刘的月工资都为4000元，那么，小张年终奖55 000元，55 000÷12＝4583.33，对应的税率和速算扣除数分别为：20%和555，小张应缴纳的个人所得税为：55 000×20%－555＝10 445，实际收入44 555元。

小刘年终奖53 000元，53 000÷12＝4 416.67，对应的税率和速算扣除数分别为：10%和105，应缴纳的个人所得税为53 000×10%－105＝5195，实际收入47 805元。

尽管小张比小刘奖金多发了2000元，拿到手却少了3250元。

理财建议：

年终奖扣税出现“不等式”，这是由于个人所得税采用的是超额累进税率造成的。在个人所得税税率表的临界点上有可能出现多发1元，要多缴几百甚至几千元税款的情况。因此，1.8万、5.4万、10.8万等几个数字的上下，都有可能产生税前多的，税后到手的钱反而少的现象。因而，奖金不是越多越好，为避免上一个“新台阶”，单位在发年终奖之前，应该好好筹划一下。

小贴士

分摊计税法一人一年只许用一次

在一个纳税年度内，对每一个纳税人取得全年一次性奖金的分摊计税方法只允许采用一次，即雇员取得的除全年一次性奖金以外的其他各种名目的奖金，一律与当月工资薪金收入合并按税法规定缴纳个人所得税。

相关链接

个人所得税税率

（一）工资、薪金所得，适用超额累进税率，税率为3%～45%，见表2-2。

表2-2　个人所得税税表（一）

级　数	全月应纳税所得额	税率/%	速算扣除数/元
1	不超过1500元的部分	3	0
2	超过1500元至4500元的部分	10	105
3	超过4500元至9000元的部分	20	555
4	超过9000元至35 000元的部分	25	1005
5	超过35 000元至55 000元的部分	30	2755
6	超过55 000元至80 000元的部分	35	5505
7	超过80 000元的部分	45	13 505

（二）个体工商户的生产、经营所得和对企事业单位的承包经营、承租经营所得，适用5%～35%的超额累进税率。见表2-3。

表2-3　个人所得税税表（二）

级　数	全年应纳税所得额	税率/%	速算扣除数/元
1	不超过15 000元的部分	5	0
2	超过15 000元至30 000元的部分	10	750
3	超过30 000元至60 000元的部分	20	3750
4	超过60 000元至100 000元的部分	30	9750
5	超过100 000元的部分	35	14 750

（三）稿酬所得，适用比例税率，税率为20%，并按应纳税额减征30%。

（四）劳务报酬所得，适用比例税率，税率为20%。

根据《个人所得税法实施条例》的解释，上述所说的“劳务报酬所得一次收入畸高”，是指个人一次取得劳务报酬，其应纳税所得额超过20 000元。对应纳税所得额超过20 000元至50 000元的部分，依照税法规定计算应纳税额后再按照应纳税额加征五成；超过50 000元的部分，加征十成。

（五）特许权使用费所得，利息、股息、红利所得，财产租赁所得，财产转让所得，偶然所得和其他所得，适用比例税率，税率为20%。

本 章 重 点

1. 货币的时间价值是指货币经历一定时间的投资和再投资所增加的价值。它是扣除了风险报酬和通货膨胀补贴后的平均资金利润率。

2. 复利是指在每经过一个计息期后，都要将所生利息加入本金，以计算下期的利息。

3. 复利终值是指现在一定量的货币在未来某一特定时点上的价值，计算公式为：$FV_n=PV\ (1+i)^n$。复利现值是指未来一定量的货币在当前时点上的价值，计算公式为：$PV=FV_n/(1+i)^n=FV_n(1+i)^{-n}$。将终值换算为现值，叫做贴现。

4. 年金是指在相等的时间间隔里每期都发生的等额的收付款项。年金按付款时间不同，分为普通年金（后付年金）、先付年金、递延年金、永续年金。

5. 市场经济条件下的风险无处不在。风险是指人们在生产、生活或对某一事项做出决策的过程中，未来结果的不确定性。风险具有客观性、普遍性、偶然性、可变性等特点。与理财活动相关的风险分类有：纯粹风险、投机风险和收益风险；自然风险、社会风险、技术风险、政治风险及法律风险；公司特有风险、经营风险、财务风险和市场风险。

6. 风险的计量需要使用统计学中离差或标准差的计算方法。计算的程序是：首先，确定概率及概率分布；其次，计算收益期望值；再次，计算反映概率分布中各种可能结果对期望值偏离程度的方差和标准差；最后，计算标准离差率。

7. 风险和报酬的基本关系是风险越大要求的报酬率越高。风险收益率是投资者因冒风险进行投资而要求的、超过资金时间价值的那部分额外的收益率。风险收益总额可用下式来表示：总收益＝无风险收益＋额外风险收益。

8. 风险管理的基本技术有两种，一是控制法，指避免、消除风险或减少风险发生频率及控制风险损失扩大的一种风险管理方法。措施有规避、预防、抑制、风险中和、集合或分散。二是财务法，指通过提留风险准备金，事先做好吸纳风险成本的财务安排来降低风险成本的一种风险管理方法，包括自留或承担和转移两种措施。

9．税收筹划是指按照法律规定，经过合理的，甚至巧妙的安排以实现税收负担最小化的行为。

10．税收筹划的基本方法有利用税收优惠政策、税收递延和税负转嫁。

11．个人所得税的税务筹划方法和技巧主要有：组织形式转换，工资、薪金福利化和降低边际税率降低年终奖金税负。

复习思考题

一、名词解释

1．复利　　2．复利终值　　3．复利现值　　4．年金

5．年金终值　　6．年金现值　　7．税收筹划　　8．个人所得税

二、简答题

1．个人所得税筹划有哪些方法和技巧？

2．什么样的税收筹划是有效的？

三、计算分析题

1．何芳投资建了一家工厂，现在需要使用一台设备。现在购买价款为10万元，可使用5年，期末无残值。若租用，需每年年初付租金2.5万元。假设年利率为8%。问：买与租何者为优？

2．某人准备投资一项目，该项目需要在建设初期一次性投入100万元当年建成投产，项目寿命周期为10年，预计每年净收益15万元，期末无残值收入。假设资金成本率为10%。问：该项目是否应该投资？

四、案例分析题

李维的贷款决策案例

李维经营了一家饰品批发商店，他看好了批发市场附近的一处房产，准备购买，用于出租。房屋价款为150万元。李维计划从银行贷款，贷款年利率为8%，期限10年。银行提出了四种还款方案供其选择。

第一种：每年年末偿还利息12万元，到期一次偿还本金。

第二种：每年年末等额偿还本息27万元。

第三种：前4年不用还款，从第5年起，每年年末等额偿还本息45万元。

第四种：前3年每年年末等额偿还15万元，第4～10年，每年年末等额偿还30万元。

请回答：

1．通过计算分析，李维应选择哪种付款方式？

2．若李维用收取的租金偿还银行贷款的本息，每年至少收取多少租金，才能保证10年还清银行贷款？

第三章

理财的基本工具及应用

学习目标

知识目标

※ 了解储蓄、股票、债券、基金、保险等投资工具的内涵及特点

※ 熟悉信托、银行理财、期货、黄金、房地产等投资工具的基本内容

※ 掌握投资理财的主要方法和策略

能力目标

※ 学会运用各种投资工具进行投资理财活动

※ 初步具备设计投资理财规划方案的能力

导入案例

我国台湾连战先生祖上一直是名门望族，现在家族资产达到数百亿台币以上，究其原因，连战家族的发家并不是简单地依靠经商做买卖，而是凭借科学的理财投资。40 多年前，他家把所有的家产投资于股票和房地产，并耐心等待，在此期间很少买卖，他家长期投资的平均收益达到每年 20% 以上，因而创造了“富甲一方”的神话。

连家的理财主要由连战母亲赵兰坤来打理，她是连家实际的当家人。她从不按一般的富人的投资思路把钱存入银行，而是积极主动地进行投资理财。当时“台北中小企业银行”董事长陈逢源与连战的父亲连震东是台南老乡，私交甚好。因此，赵兰坤便购买了“台北中小企业银行”的原始股，并担任了公司董事。后来又依据市场趋势陆续购买了彰化银行、国泰人寿等几十家股票，这些股票后来为连家带来了丰厚的回报。

由于连家持有金融公司股票，因此获取贷款相对比较容易。赵兰坤在进行股票投资的同时，开始通过向银行申请贷款，积极涉足台北的房地产业，做大连家资产规模。连家在台北陆陆续续购买了大量的房地产，并只租不卖持续投资。据台湾相关资料记载，登记在连战名下的有约合 6 万多平方米的

6 块土地，价值至少达到 200 多亿新台币。

这种看似“无为而治”的理财方式，体现了一种买进之后长期持有的科学投资理念。

思考：上述案例中连战家族采用了怎样的积极理财工具？

第一节　储 蓄 理 财

储蓄是指个人或企事业单位将现金存放在银行、邮局及其他经中国人民银行批准的可以吸收存款的金融机构，以期实现资金的安全性、部分或全部流动性及时间价值的一种资产保全和增值的资金运用行为。

一、储蓄的种类及利息计算

（一）储蓄的种类

按储蓄的行为主体分为居民储蓄和企业储蓄。居民储蓄是个人及家庭自愿将其部分收入不用于消费，而是积累起来的部分资金。企业储蓄在国外有时又称为公司储蓄，是指企业的保留盈余，即纳税后的企业收入减去分给股东的股息后的剩余。根据各国的实际情况来看，企业储蓄在国民储蓄当中普遍占有较大比重。

按储蓄的币种分为人民币储蓄和外币储蓄，其中外币储蓄又可分为外钞储蓄和外汇储蓄。人民币储蓄是指以人民币为存款货币的储蓄，外币储蓄是指以人民币以外的货币为存款货币的储蓄。

按存款的目的分为普通存款和特殊目的存款，特殊目的存款如教育储蓄、银证通储蓄、住房储蓄、代发工资储蓄等。

按期限或存取的权限分为活期储蓄、定活两便储蓄、整存整取定期存款、通知存款、大额定期存单（CD）等。

小贴士

大额定期存单

大额定期存单（CD）是指票面金额、存取、利率均固定的一种具有债券性质的储蓄，按是否可转让分为可转让 CD 和不可转让 CD。

（二）储蓄的利息计算

1. 利息的概念

利息是资金所有者由于向储户借出资金而取得的报酬，它来自生产者使用该笔资金发挥营运职能而形成的利润的一部分，是货币资金在向实体经济部门注入并回流时所带来的增值额。对于银行的储蓄存款利息，特指储户在银行存款一定时期和具有一定数额的存款后，银行按国家规定的利息率支付给储户超过本金的那部分资金。

相关链接

我国存款利息计算的相关规定

1）存款的计息起点为元，元以下的角分不计利息。利息金额算至分位，分以下尾数四舍五入。除活期储蓄在年度结息时并入本金外，各种储蓄存款不论存期多长，一律不计复息，即我国银行实行的是规定存期内的单利制度。

2）逾期支取的定期储蓄存款超过原定存期的部分，除约定自动转存外，按支取日挂牌公告的活期储蓄存款利率计算利息。

3）定期储蓄存款在存期内如遇利率调整，仍按存单开户日挂牌公告的相应定期储蓄存款利率计算利息。

4）活期储蓄存款在存入期间遇有利率调整，按结息日挂牌公告的活期储蓄存款利率计算利息。

5）到期支取按开户日挂牌公告的整存整取定期储蓄存款利率计算并给付利息。

6）提前支取按支取当日挂牌公告的活期储蓄存款利率计算并给付利息。

7）大额可转让定期存款到期时按开户日挂牌公告的存款利率计付利息。不能办理提前支取，不计逾期利息。

8）存期的计算遵循“计头不计尾”的规定，每月按30天计算。

2. 利息计算

1）计算活期储蓄利息：每年结息一次，7月1日利息并入本金起息。未到结息日前清户者，按支取日挂牌公告的活期储蓄存款利率计付利息，利息算到结清前一天止。计算公式为：利息＝本金 × 利率 × 存期。

【例3-1】 支取日为2010年6月20日，存入日为2007年3月11日，支取日－存入日＝3年3个月9天，按储蓄计息对于存期天数的规定，换算天数为3×360＋3×30＋9。

2）计算零存整取的储蓄利息：到期时以实存金额按开户日挂牌公告的零存整取定期储蓄存款利率计付利息。逾期支取时其逾期部分按支取日挂牌公告的活期储蓄存款利率计付利息。

零存整取定期储蓄计息方法有几种，一般家庭宜采用“月积数计息”方法。其计算公式是：利息＝月存金额 × 累计月积数 × 月利率，其中：累计月积数＝(存入次数＋1)÷2× 存入次数。

据此推算一年期的累计月积数为（12+1）÷2×12=78，以此类推，3年期、5年期的累计月积数分别为666和1830。储户只需记住这几个常数，就可按公式计算出零存整取储蓄利息。

【例3-2】 某储户2005年3月1日开立零存整取户，约定每月存入100元，定期1年，开户日该储种利率为月息4.5‰，按月存入至期满，其应获利息为100×78×4.5‰=35.1（元）。

3）计算整存零取的储蓄利息：与零存整取储蓄相反，采用该方法，储蓄余额由大到小反方向排列，利息的计算方法和零存整取相同。计算公式为：每次支取本金=本金÷约定支取次数；到期应付利息=[（全部本金+每次支取本金）÷2]×支取本金次数×每次支取的时间间隔×月利率。

4）计算存本取息的储蓄利息：储户于开户的次月起每月凭存折取息一次，以开户日为每月取息日。储户如有急需可向开户银行办理提前支取本金（不办理部分提前支取），按支取日挂牌公告的活期储蓄存款利率计付利息，并扣除每月已支取的利息。逾期支取时，其逾期部分按支取日挂牌公告的活期储蓄存款利率计付利息。该储种的利息计算方法与整存整取定期储蓄相同，在算出利息总额后，再按约定的支取利息次数平均分配。计算公式为：每次支取利息数=（本金×利率×存期）/支取利息次数。

【课堂活动】 某储户2012年7月1日存入A金融机构10万元存本取息储蓄，利率年息为5.10%，存期5年，约定每年取息一次，试计算该储户的利息总额和每次支取利息额。

（三）利息所得税

利息税是“储蓄存款利息所得个人所得税”的简称，主要指对个人在中国境内存储人民币、外币而取得的利息所得征收的个人所得税。

利息所得税的计算公式为：应纳税额=全额利息×适用税率。

利息税的计算过程中，税率调整前后必须分段计算利息税。例如，储蓄存款在1999年10月31前孳生的利息所得，不征收个人所得税；储蓄存款在1999年11月1日至2007年8月14日孳生的利息所得，按照20%的比例税率征收个人所得税；储蓄存款在2007年8月15日后孳生的利息所得，按照5%的比例税率征收个人所得税；储蓄存款在2008年10月9日后（含10月9日）孳生的利息，暂免征收个人所得税。

二、储蓄理财的方法和技巧

（一）降低利息损失

储蓄无疑是家庭理财运用的最为广泛的工具，而存款的利息收入也被认为是最为安全和稳定的投资收益。下边是储蓄理财的几种方法。

1．12 张存单法

有些白领可能有自己的存钱计划，每个月都会攒下一笔钱，这时比较好的存款方法是月月存储法，故称 12 张存单法。其做法是，根据个人的经济实力，每月节余不定数目的资金，选择一年期限开一张存单，当存足一年后，手中便有 12 张存单。在第一张存单到期时，取出到期本金与利息，和第二年所存的资金相加，再存成一年期定期存单。以此类推，则时时手中有 12 张存单。这样所有闲钱都享受定期款的利息，而一旦急需，也可支取到期或近期的存单，减少利息损失。

2．四分存储法

如持有 10 万元，则可分存成 4 张定期存单，每张存单的资金额呈梯形状，以适应急需时不同的数额，如将 10 万元分别存 1 万元、2 万元、3 万元、4 万元这四张 1 年期定期存单。此种存法，假如在一年内需要动用 1.5 万元，就只需支取 2 万元的存单。这样就可避免 10 万元全部存在一起，需取小数额却不得不动用“大”存单的情况，也就减少不必要的利息损失。

3．阶梯存储法

假设持有 6 万元，可分别用 2 万元存 1～3 年期的定期储蓄各一份。1 年后，可用到期的 2 万元，本息合计再开一个 3 年期的存单，以此类推，3 年后持有的存单则全部为 3 年期，只是到期的年限不同，依次相差 1 年。这种储蓄方式可使年度储蓄到期额保持等量平衡，既能应对储蓄利率的调整，又可取 3 年期存款的较高利息。这是一种适于筹备教育基金与婚嫁资金等的中长期投资存款方法。

4．组合存储法

这是一种存本取息与零存整取相组合的储蓄方法。以 50 000 元为例，可以先存入存本取息储蓄户，在一个月后，取出存本取息储蓄的第一个月利息，再开设一个零存整取储蓄户，然后将每月的利息存入零存整取储蓄。这样，不仅得到存本取息储蓄利息，而且其利息在存入零存整取储蓄后又获得了利息。

（二）降低存款本金损失

存款本金的损失，主要是在通货膨胀严重的情况下，如存款利率低于通货膨胀率，即会出现负利率，存款的实际收益小于 0，此时若无保值贴补，存款的本金就会发生损失。储户可根据自己的实际情况，分别采用不同措施，以减轻损失。

1）如无特殊需要或缺乏有把握的高收益投资机会，不要轻易将已存入银行一段时间的定期存款随意取出。因为即使在物价上涨较快、银行存款利率低于物价上涨率而出现负利率时，银行存款还是按票面利率计算利息的。如果不存入银行，又不买国债或进行别的投资，现金放在家里，那么连名义利息（银行支付的存款利息）都没有，损失将更大。

2）若存入定期存款一段时间后，遇到比定期存款收益更高的投资机会，如国债或其他债券的发行等，此时，储户可将继续持有定期存款与取出存款改作其他投资这两者的实际收益做一番计算比较，从中选取总体收益较高的投资方式。

3）对于已到期的定期存款，应根据利率水平及利率走势、存款的利息收益率与其他投资方式收益率的比较，以及储蓄存款与其他投资方式在安全、便利、灵活性等方面进行综合比较，结合每个人的实际情况（如工作性质、灵活掌握投资时间的程度、对风险的承受能力等）进行重新选择。

4）在利率水平较高，或当期利率水平可能高于未来利率水平，即利率水平可能下调的情况下，对于那些不具备灵活投资时间（如每天早出晚归的上班族）的人来说，继续转存定期储蓄是较为理想的。在市场利率水平较低或利率有可能调高的情况下，对于已到期的存款，或可选择其他收益率较高（如国债）的方式进行投资。

总之，只要储户根据利率的水平及变动趋势的分析判断，并结合本人的实际情况，较好地选择投资方式与储蓄品种，就能够在一定程度上规避利率波动的风险，争取获取较高的收益。

（三）合理利用信用卡进行理财

1. 信用卡理财的理论优势

信用卡是商业银行向个人和单位发行的，凭此向特约单位购物、消费和向银行存取现金，具有消费信用的特制载体卡片，其形式是一张正面印有发卡银行名称、有效期、号码、持卡人姓名等内容，背面有磁条、签名条的卡片。通俗地说，信用卡就是银行提供给用户的一种先消费后还款的小额信贷支付工具。即当消费者的购物需求超出了其支付能力或者消费者不希望使用现金时，可以凭信用卡向银行借钱，这种借钱在一定期限内不需要支付任何的利息和手续费。

其实，信用卡除了简单的透支功能外，如果运用得好，它不仅能省钱，还可赚钱。主要体现在：借记卡存钱赚利息，信用卡透支省利息；方便且能积分；轻松记账指导消费；灵活调高信用额度等。可以说，使用信用卡，并不是简单的支出，懂得利用其各项功能，通过适当的负债，来换取资金的周转获利，才是掌握了投资理财的诀窍。

2. 信用卡理财注意事项

信用卡购物的确很方便，但如果女性使用不当，随时会导致以现金流不足为特征的财务危机，所以女性消费者使用信用卡，要注意以下问题。

1）信用卡会有一段免息还款期，如果善用这段时间，就可以用“未来的钱”购物，又免付利息。可是，如果没有在到期之前还清欠款，就会开始以消费全额计取利息。而且在欠款未清还前，新消费不会有免息期。

2）千万别堕入信用卡借款的陷阱。用信用卡在提款机借款的确十分方便，可是所涉及的手续费、利息，其实比私人贷款高很多。

3）如果一定要用信用卡，不妨比较一下不同信用卡公司的利息，选用较低息的信用卡进行消费，同时考虑把尚有欠款的信用卡进行转户，这种欠款转户大多数有一段免息期，可以节省一点利息费用。

4）及时归还信用卡欠款。时常迟还款、拖欠欠款，不但有逾期罚款，还会影响消费者的信贷评级，影响个人商业贷款或房屋按揭贷款。

5）不要因为贪图申请信用卡的礼物或积分而申请超过信用能力的信用卡或多张信用卡。多卡或申请超高额度的信用卡会改变理财和消费习惯，不论是礼物还是积分都是消费者消费金额的微小部分，以其为理财选项会“因小失大”，步入“消费误区”。

6）注意信用卡的安全申请和使用，防止被盗用的风险事故发生。

第二节 股票投资

一、股票概述

（一）股票的概念

股票是股份有限公司发行的、用来证明投资者的股东身份、并据以获取股息和红利并承担相应义务的凭证。股票属于有价证券和资本证券范畴，其为要式证券和证权证券。

（二）股票的特点

1. 收益性

股东持有股票获得的收益可分成两类。第一类来自于股份有限公司的股息和红利，第二类来自于股票流通的差价收益即资本利得。

小贴士

股息的来源

股息是指股票持有人依据所持股票从发行公司分得的盈利。一般来说，股份有限公司在会计年度结束后，从营业收入中扣减各项成本、费用支出、到期应偿还的债务和利息等，再缴纳税金，余下的就是公司的税后净利润。公司会将税后净利润中的一部分作为股息分配给股东。

2. 风险性

股票的风险性是指股票产生经济利益损失的可能性。尽管股票可能给持有者带来收益，但这种收益是不确定的，认购了股票就必须承担一定的风险，如果股价下跌，股票持有者会因股票贬值而蒙受损失。

3. 流动性

流动性是指股票可以自由地进行交易。股票所载有权利的有效性是始终不变的，因为它是一种无期限的法律凭证。只要公司没有终止经营，股票持有人的权利和义务就不会终止。这种关系实质上反映了股东与股份公司之间比较稳定的经济关系。股票代表着股东的永久性投资，意味着股票投资者不能要求股票发行公司将股票赎回。当然，股票持有者可以出售股票而转让其股东身份。可以说，流动性是股票存在的基础。

4．参与性

参与性是指股票的持有者有权参与公司的重大决策的特性。股票的持有人作为股份公司的股东有权参加股东大会，通过行使对重大决策的投票权来参与公司的经营管理。股东参与公司重大决策的权利的大小取决于其持有的股票份额，也就是股东的权益与其所持有的股票占公司股本的比例成正比。

小贴士

股诗：《老婆别哭》

《老婆别哭》是2008年下半年在网络上流传的一首诗歌，充分揭示了股票投资的风险性。

它的内容是：老婆别哭，我去了天堂，因为股指已跌落在地狱的下方，一辈子的财产被我亏光，我再也无颜见你和我的爹娘。老婆别哭，我去了天堂，漫天的星星可都是你的泪光，黑夜里我不是孤独的流浪，我听见散户们绝望的歌唱。老婆别哭，我去了天堂，天堂里再也没有鸟语花香，所以我恋恋不舍回头张望，绿水青山还是一片下跌苍凉。老婆别哭，我去了天堂，只是我舍不下曾经有的梦想，帮我把炒股的笔记本收好，我奢望在天堂里看到股票上涨。老婆别哭，我去了天堂，我只是想为你买一套不太大的新房，如今却成了不可能实现的幻想，记住来世我一定帮你把梦圆上。

（三）股票的种类

1．按股东享有权利的不同分类

(1) 普通股票

普通股票是最常见的一种股票，就是我们经常所说的股票。普通股票具有以下特征：股利完全随公司盈利的高低而变化；普通股股东参与公司的经营管理，当然绝大多数都通过股东大会等途径间接参与管理；普通股股东具有优先认股权；普通股股东在公司盈利和剩余财产的分配顺序上列在债权人和优先股票股东之后。

(2) 优先股票

优先股票是一种特殊股票，优先股票的股息率是固定的；其持有者的股东权利受到一定的限制，基本没有参与公司经营的权利，只有当公司的决策涉及优先股股东的利益时，才有可能发表意见；但在公司盈利和剩余财产的分配上比普通股股东享有优先权。公司在发行优先股时，可以根据不同的情况，设计出不同的优先股，包括累积优先股与非累积优先股、可转换优先股、参加优先股与非参加优先股、可赎回优先股等几种情况。

2. 按投资主体不同划分

(1) 国家股

国家股是指国有资产在股份有限公司中的股份，包括公司现有国有资产折算成的股份。在我国企业股份制改造中，原来一些全民所有制企业改组为股份公司，从性质上讲这些全民所有制企业的资产属于全民所有，因此在改组为股份公司时，也就折成所谓的国家股。另外，国家对新组建的股份公司进行投资，也构成了国家股。

(2) 法人股

法人股是指企业或公司法人以及具有法人资格的事业单位、社会团体以其依法可支配的资产投入公司形成的股份。法人股股票以法人记名。如果是具有法人资格的国有企业、事业单位及其他单位以其依法占用的法人资产向独立于自己的股份公司出资形成或依法定程序取得的股份，则可称为国有法人股。国有法人股也属于国有股权。

(3) 社会公众股

社会公众股是指社会公众依法以其拥有的财产投入公司时形成的可上市流通的股份。在社会募集方式情况下，股份公司发行的股份，除了由发起人认购一部分外，其余部分应该向社会公众公开发行。我国上市公司历史上曾经有两种社会公众股形式，即社会公众股和公司职工股两类。此外在法律法规不健全时期还存在过内部职工股这一自然人持股形式。

(4) 外资股

外资股是指股份公司向外国和我国香港、澳门、台湾地区投资者发行的股票。这是我国股份公司吸收外资的一种方式。大体上可以分为B股、H股、N股等，其中H股是中国内地上市公司在香港证券交易所上市交易的股票，N股是我国境内上市公司在纽约证券交易所发行的以人民币标明面值，供境外投资者用外币认购，在纽约证券交易所上市的股票。

小贴士

B　股

B股是指股份有限公司向境外投资者募集并在我国境内上市的股份，投资者限于外国和我国香港、澳门、台湾地区的投资者。B股以人民币标明股票面值，以外币认购、买卖。自2001年2月下旬起，允许境内居民以合法持有的外汇开立B股账户，交易B股股票。自从B股市场对境内投资者开放之后，境内投资者逐渐取代境外投资者成为投资主体，B股逐步由“外资股”演变为“内资股”。

（四）股票的价格

1. 股票的几种价格

广义的股票价格是指票面价格、发行价格、账面价格、清算价格、内在价格和市场价格的统称；狭义的股票价格主要是指股票的市场价格。

(1) 股票的票面价格

股票的票面价格又称面值，是股份公司在发行股票时所标明的每股股票的票面金额。它表明每股股票对公司总资本所占的比例以及该股票持有者在股利分配时所占有的份额。

(2) 股票的发行价格

股票的发行价格是指股份公司在发行股票时的出售价格。根据不同公司和发行市场的不同情况，股票的发行价格也各不相同，主要有面额发行、设定价格发行、折价发行和溢价发行四种情况。我国公司法规定，股票不能折价发行。

(3) 股票的账面价格

股票的账面价格也称为股票的净值，是证券分析家和其他专业人员所使用的一个概念。它的含义是指股东持有的每一股份在理论上所代表的公司财产价值，等于公司总资产和全部负债之差与总股数的比值。

(4) 股票的清算价格

股票清算价格是指股份公司因破产或倒闭后进行清算时每股股票所代表的实际价值。股票的清算价格一般低于股票的净值。因为企业在破产清算时其财产价值的售价一般都会低于实际价值，所以清算价格难以达到理论上的每股净资产值。

(5) 股票的理论价格

股票的理论价格，即股票的内在价值。股票的理论价格依据各种不同的估值理论和估值模型而有不同的价值结论。

(6) 股票的市场价格

股票的市场价格一般是指股票在证券市场上买卖的价格。股票的市场价格由股票的内在价值所决定，但同时受许多其他因素的影响，其中供求关系是最直接的影响因素，其他因素都是通过作用于供求关系而影响股票价格的，而且这些因素的影响程度几乎是不可预测的。由于影响股票价格的因素是复杂多变的，所以，股票价格也是经常起伏波动、变化不定的，是经常偏离其本身的价值的。

2. 影响股价的因素

影响股票价格的因素是多种多样的，因其与证券的基本分析和技术分析中的部分内容有交叉，下面仅就其主要因素进行简单分析。

(1) 宏观经济因素

宏观经济因素对各种股票价格具有普遍的、不可忽视的影响，它直接或间接地影响股票的供求关系，进而影响股票的价格变化。这些宏观经济因素主要包括：经济增长、经济周期、利率、投资、货币供应量、财政收支、物价、国际收支及汇率等。

(2) 政治因素

政治因素包括战争因素、政局因素、国际政治形势的变化以及劳资纠纷等。如海湾战争曾使英美等国与军工有关的公司股票价格上升，却使与石油相关的股票价格下跌。政局变动主要指政权的更替、政府主要领导人的生病或死亡、政府的极端行为、社会的安定、国家之间的贸易摩擦及其解决方式等，都会影响人们对收益的预期，从而促使股市价格波动。如1963年美国总统肯尼迪遇刺身亡，美国股市以下跌做出反应。

(3) 自然因素

自然因素主要是自然灾害，如地震、水灾、火灾、爆炸等难以预料的对经济生活有较大影响的天灾。自然灾害必然影响生产，影响财富总量，进而影响相关公司股东的收益，使股票价格下跌。

(4) 行业因素

行业因素将影响某一行业股票价格的变化，主要包括行业寿命周期、行业景气循环等因素。股票发行公司的经营状况与所在行业的发展周期紧密相关，不同的发展周期往往有不同的价格表现。

(5) 心理因素

心理因素是指投资者心理状况对股票价格的影响。影响人们心理状况的因素很多，其中有些是客观的，有些是主观的，特别是当投机者不甚了解事实真相或缺乏对股票行市的判断能力时，心理上波动很大，往往容易跟在一些大投资者后面，出现急于抛出或买进的状况，形成抛售风潮或抢购风潮，对股价影响很大。甚至于某些传闻也会使投资者人心惶惶，盲目抢购或抛售股票，引起股价的猛涨或暴跌。

小贴士

影响女性股票投资的心理因素

贪婪恐惧，即使是一个聪明的女性投资者，当她产生恐惧心理时也会变得愚笨；急切焦躁，股市风云莫测，投资者有时难免会心浮气躁，这种焦躁心理是炒股的大忌，它会使投资者操盘技术大打折扣，还会导致投资者不能冷静思考而做出无法挽回的错误决策；缺乏忍耐，有些投资者恨不得股票刚买入就大幅上涨，缺少长期投资的耐心，短线追涨杀跌，或者赚了一点蝇头小利就急忙抛出，这样往往会得不偿失；不愿放弃，证券市场中有数不清的投资机遇，但投资者的时间、精力和资金是有限的，不可能把握住所有的投资机会，这就需要投资者有所取舍，通过对各种投资机会的轻重缓急、热点的大小先后等多方面衡量，有选择地放弃小的投资机遇，才能更好把握更大的投资机遇。

(6) 公司自身的因素

公司自身的因素主要包括公司利润、股息及红利的分配、股票是否为首次上市、股票分割、公司投资方向、产品销路及董事会和主要负责人调整等。

3. 股票价格指数

股票价格指数就是用以反映整个股票市场上各种股票市场价格的总体水平及其变动情况的指标，简称为股票指数。它是由证券交易所或金融服务机构编制的表明股票行市变动的一种供参考的指示数字。它是政界领导人、新闻界人士、公司老板及广大投资者的投资参考指标。我国大陆市场的主要股票价格指数有上证综合指数、深证成份股指数、沪深300指数等，国外的主要股价指数包括道·琼斯股价指数、日经道·琼斯股价指数（日经平均股价）、《金融时报》股票价格指数等。

小贴士

我国股市投资风向标——上证综指

上证综合指数是上海证券交易所编制的，以上海证券交易所挂牌的全部股票为计算范围，以发行量为权数的加权综合股价指数。该指数以1990年12月19日为基期日，指数定为100点，自1991年7月15日开始发布。该指数反映上海证券交易所上市的全部A股和全部B股的股价走势。该指数的前身为上海静安指数，是由中国工商银行上海市分行信托投资公司静安证券业务部于1987年11月2日开始编制的。随着上市品种的不断丰富，上海证券交易所在这一综合指数的基础上，从1992年2月起分别公布A股指数和B股指数；1993年5月3日起正式公布工业、商业、地产业、公用事业和综合五大类分类股价指数。2005年股权分置改革启动后，又发布了新综指，以反映股改上市公司的价格变动情况。新综指于2006年第一个交易日发布，以2005年12月30日为基期日，以当日所有样本股票的市价总值为基期，基点为1000点。

二、股票投资决策分析

(一) 基本分析

1. 宏观经济分析

任何公司的经营管理及盈利状况都会受到外部政治、经济形势和政策等宏观因素的影响，因此宏观经济分析是证券投资基本分析的第一步，主要包括宏观经济因素分析和宏观经济政策分析。

(1) 国民生产总值

国内生产总值持续、稳定、高速增长，预示着国内企业的优秀代表上市公司利润的持续上升，从而国民收入和个人收入都不断得到提高，收入增加也将增加证券投资的需求，人们对经济形势形成了良好的预期，投资积极性得以提高，也增加了证券的需求，从而促使公司的股票和债券价格上扬。

（2）通货膨胀

适度的通货膨胀将使商品价格出现缓慢上涨，推动公司利润上升，从而增加可分派股息。股息的增加会使股票更具吸引力，对股票价格具有推动作用。过度的通货膨胀发生时，公司很难展开正常的生产经营活动，特别是原材料价格上涨过快，致使生产成本大幅上升。公司不能通过技术改造和加强管理等措施进行内部消化，又难以全部转嫁给消费者，利润必然下降，甚至出现亏损。投资者因此会对股票投资失去信心，股票市场行情随之下滑。

（3）利率

由于大多数公司都向银行借款以弥补自有资本的不足，因此当利率上升时，公司融资成本加重，利润相对降低，可分配的股利相对减少，从而使股票价格降低；利率降低则可使公司成本负担减轻，赢利相对增加，每股股利亦可提高，偿债能力也相对提高，从而提高股票价格。利率水平变动还会影响人们在股票投资和其他替代金融资产（如银行存款）上的资金分配，从而影响股票价格。利率高时，银行存款的收益率上升，投资者会将部分资金抽离股市，导致股票价格下跌。

一般而言，利率的升降与股票价格的变化呈反向运动的关系：利率降低，股票价格会上升；反之利率升高，股票价格会下跌。

（4）汇率

汇率变动对股票市场的影响是复杂的，汇率上升、本币贬值，出口型公司因产品竞争力增强而受益，其股票价格上扬；相反，依赖于进口的公司成本增加，利润受损，股票价格下跌。另外汇率上升、本币贬值，将导致资本流出本国，资本的流失将使得本国股票市场需求减少，从而市场价格下跌。

（5）国际收支

国际收支分为国际收支顺差和国际收支逆差。当国际收支存在顺差时，提供出口产品的行业景气度高，企业效益也相对比较兴旺。公众的收入相应有较大提高，证券市场的价格也能稳步上扬。反之亦反。

（6）财政政策

财政政策包括政府的支出和税收行为，是刺激或减缓经济增长的最直接方式。扩张性的财政政策主要通过增加社会需求来刺激证券价格上涨，而紧缩性的财政政策会使证券价格下跌。

（7）货币政策

货币政策是指通过控制货币的供应量而影响宏观经济的政策。货币政策包括扩张性和紧缩性的货币政策。扩张性的货币政策使证券市场价格上扬。而紧缩性的货币政策，会使市场利率水平提高，社会可流通资金减少，从而使股票价格下降。

(8) 产业政策

产业政策的主要内容包括有关产业的一般基础设施政策、有关产业之间资源分配政策、有关产业的组织政策等。产业政策主要是通过财政政策和货币政策的传导，实现其对股票市场的影响。即使在紧缩性的财政、货币政策下，国家优先和重点发展的产业，仍会得到税收、利率、贷款条件、财政补贴等方面的优惠。这些产业内的企业，在经济衰退时期也会保持一定的利润水平，而且有良好的发展前景。与这些产业有关的股票投资风险大大降低，这会增大投资者对股票投资的积极性，从而带动股票市场价格的上扬。

2. 行业分析

(1) 行业的概念

行业是指作为现代社会中基本经济单位的企业，由于其劳动对象或生产活动方式的不同，生产的产品或所提供的劳务的性质、特点和在国民经济中的作用不同形成的产业类别。行业分析的重要任务之一就是要挖掘最具投资潜力的行业，进而在此基础上选出最有投资价值的公司。

(2) 行业的主要类别

目前我国的行业类别主要有：能源、原材料、工业、可选消费、主要消费、医药卫生、金融地产、信息技术、电信业务、公用事业等。

(3) 行业的竞争程度分析

现实中各行业的市场都是不同的，即存在着不同的市场结构。市场结构就是市场竞争或垄断的程度，根据该行业中企业数量的多少、进入限制程度和产品差别，行业基本上可分为四种市场结构：完全竞争、垄断竞争、寡头垄断、完全垄断。

(4) 行业的生命周期分析

一个行业的发展过程可以被划分为起步、增长等几个时期，这就是行业生命周期。

行业生命周期分析指的是像将人的一生分为少年、中年、老年一样，将行业发展的整个过程划分为几个不同时期，并对各阶段的行业销售增长趋势、股利政策等特点进行分析。按照销售量的增长状况，将行业发展的过程划分为初步发展、不断成长、成熟稳定和衰退下降四个阶段。

(5) 行业兴衰的因素分析

1）技术进步。技术进步对行业的影响是巨大的，往往会催生新行业，同时迫使旧行业加速进入衰退期。传统行业通过技术创新获得深度和广度增长的机会。技术进步不仅靠新产品来推动产业的发展，而且还能通过新工艺来提高产业的生产效率，从而促进行业的加速发展，加快行业的进程。目前微电子、计算机、新材料、信息、激光、航天、核技术、海洋和生物技术等高技术产业群，正在广泛影响着产业的发展。

2）政府产业政策。政府对行业可以起到促进和限制两方面的作用。政府对行业的促进作用可以通过补贴、税收优惠、关税、保护某一行业的附加法规等措施来实现。这些措施有利于降低该行业的成本，并刺激和扩大其投资规模。由于生态、安全、企业规模和价格因素，政府会对某些行业实施限制性规定，这会加重该行业的负担。

3）社会习惯的改变。社会观念、社会习惯、社会趋势的变化对企业的经营活动、生产成本和利润收益等方面都会产生一定的影响，足以使一些不再适应社会需要的行业衰退而又激发新兴行业的发展。

4）经济全球化。经济全球化使每一个行业和企业都置身于全球性竞争中，同时也使各行业获得全球性的市场和资源。国际分工的基础出现了重要变化，一个国家的优势行业不再主要取决于资源禀赋，政府的效率、市场机制完善的程度、劳动者掌握知识与信息的能力、受到政策影响的市场规模等后天因素的作用逐步增强，从而导致行业的全球性转移。

3. 公司分析

(1) 公司行业地位分析

行业地位分析的目的是找出公司在所处行业中的竞争地位，如是否为领导企业。无论其行业平均利益能力如何，总有一些企业比其他企业具有更强的获利能力。企业的行业定位决定了其利益能力是高于还是低于行业平均水平，决定了其行业内的竞争地位。衡量公司行业竞争地位的主要指标是行业综合排序和产品的市场占有率。

(2) 公司区位分析

区位，或者说经济区位，是指地理范畴上的经济增长点及其辐射范围。上市公司的投资价值与区位经济的发展密切相关，处在经济区位内的上市公司，一般具有较高的投资价值。我们对上市公司进行区位分析，就是将上市公司的价值分析与区位经济的发展联系起来，以便分析上市公司未来发展的前景，确定上市公司的投资价值。

(3) 公司产品分析

1）产品的竞争能力分析。一个企业的产品优势对公司分析有至关重要的地位。只有具备了成本优势、技术优势、质量优势的产品才有市场竞争力。

2）产品的市场占有率。产品的市场占有率在衡量公司产品竞争力方面占有重要地位，主要通过公司产品销售市场的地域分布情况、公司产品在同类产品市场上的占有率两个指标来体现。

3）产品是否采用品牌战略。品牌具有产品所不能具有的开拓市场的多种功能：一是品牌具有创造市场的功能；二是品牌具有联合市场的功能；三是品牌具有巩固市场的功能。

(4) 公司的经营能力分析

公司的经营能力主要通过公司法人治理结构、经理层的素质、公司从业人员素质和创新能力分析、成长性分析来体现。

(5) 公司财务分析

公司财务分析，就是对证券发行公司的各种财务报表，运用比率法、比较法等分析方法，对其账面数字的变动趋势及其相互关系进行比较分析，以便了解一个企业的财务状况及其经营成果，以利于投资者做出正确的投资决策。

（二）技术分析

1．技术分析的定义

证券投资技术分析是直接从证券的历史交易入手，以证券价格的动态规律为主要对象，采用图形、图表以及指标等技术分析工具，结合证券交易价格、成交量、时间之间的关系和投资心理等市场因素进行分析，从而预测未来市场走势的证券分析方法。技术分析是一种定量分析，它实质上是一个数据分析和数据推演的过程。

2．技术分析的基本要素

技术分析主要分析证券的市场行为，而市场行为通常由价格、成交量、时间和空间四个方面的因素表现出来。价格因素是指证券价格的涨跌，成交量是指价格运动过程中伴随着的交易量，时间是指价格完成其运动过程的时间跨度，空间是价格运动最高和最低的界限。

3．技术分析的主要类型

一般来说，技术分析可以分为如下五大类：K 线类、形态类、切线类、指标类和波浪类。

(1) K 线类

K 线最初出现在日本的大米交易市场，又称为阴阳烛，现成为证券投资者进行技术分析时的入门技术分析方法。可依据绘制时间的不同分为分时 K 线、日 K 线、周 K 线、月 K 线、年 K 线等。多个 K 线构成 K 线组合，类似于多重证据印证推理结果。K 线组合方法的分析基础是“历史会重演”，通过一定的形态推测证券市场多空双方力量的对比，来进行证券未来走势的预测。单独 K 线形态有十几种，若干天的 K 线组合种类无法计数。从某种意义上说，K 线图是进行各种技术分析的最重要的图表。

(2) 形态类

形态类是依据价格图表中既定轨迹形态来预测证券未来趋势的分析方法。技术分析三大假设中有一条：“市场行为包含一切信息”。价格也好，成交量也好，其过去数值形成的形态是市场行为的重要组成部分，是市场对各种信息感受之后的综合表现，其包含着许许多多分析预测“密码”。从规范的形态中，投资者可以推测出市场环境、个股走势及系统性趋势的概率。证券市场的主要形态有 M 头、W 底、头肩顶、头肩底等十几种。

(3) 切线类

切线类是在以证券价格的数据为基础按一定方法和原则所绘制的图表中再绘出一些直线的分析方法。切线的画法是最为重要的，画的好坏直接影响预测的结果。切线主要是起支撑线或压力线的作用。目前，切线的画法有很多种，主要是趋势线、轨道线等，此外还有黄金分割线、百分比线等。

(4) 指标类

指标类是通过建立一个数学模型，依据数学计算公式，计算得到的体现证券市场的某个方面内在实质的指标值。指标反映的东西一般是无法从行情报表中直接看到的。给不同数值赋予不同的意义，它可为我们的操作行为提供指导方向。常见的指标有随机指标（KD）、相对强弱指标（RSI）、平滑异同移动平均线（MACD）、趋向指标（DMI）、能量潮（OBV）等。随着时间的推移，新的技术指标还在不断涌现。

（5）波浪类

波浪类方法源于波浪理论，它的奠基人是艾略特。艾略特在20世纪30年代就有了波浪理论的想法。波浪理论的要点是“上升五浪、下跌三浪”，循环往复，一直存在。简单地说，证券的价格运动遵循波浪起伏的规律，上升是5浪，下跌是3浪，浪型分不同层级。数清楚了各个波浪就能准确预见到牛市、熊市及牛熊转换。该理论的优点在于能提前预警，但缺点就是较难掌握，有“事后诸葛亮”之嫌。

以上五类技术分析方法都经过证券市场的长期实践考验，被证明是行之有效的。它们分别从不同的方面来理解和考虑证券市场，在使用时可相互借鉴，以确保证券投资的成功。

4．K线分析法

K线是根据证券价格或指数一定时间的走势中形成的四个价位，即开盘价、收盘价、最高价、最低价绘制而成的。从形状上看，K线是一柱状的线条，由实体和上下影线组成，中间的方块是实体，影线在实体上方的部分叫上影线，下方的部分叫下影线。从一根小小的K线图上我们可以了解此交易时间证券价格的波动情况。K线图分阳线和阴线两种。下边以日K线为例分析各种K线的含义。

（1）阳线

当天的收盘价高于开盘价的K线图称为阳线。实体矩形用红色或空心绘出。如图3-1所示，由于收盘价大于开盘价，所以矩形的上边代表收盘价，下边代表开盘价，上影线的最高点为最高价，下影线的最低点为最低价。

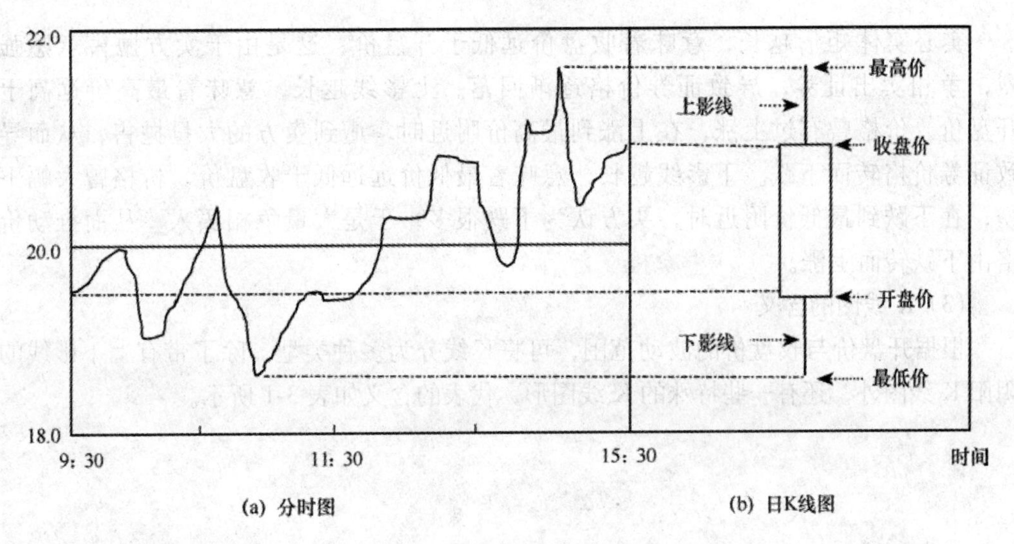

图3-1 阳线

空心实体矩形越长，意味着收盘价远高于开盘价，这是由于买方购买意愿强烈，争相买入导致证券价格逐渐攀升。上影线越长，意味着最高价远高于收盘价，价格在上升到最高价附近时，遭到卖方的大量抛售，从而导致证券价格转而下跌。下影线越长，意味着最低价远远低于开盘价，价格在下跌到最低价附近时，有买方大量争相买入，从而推动价格由下跌转而上涨。

(2) 阴线

当天的收盘价低于开盘价的 K 线图称为阴线。实体矩形用黑色或实心绘出。如图 3-2 所示，由于收盘价小于开盘价，所以矩形的上边代表开盘价，下边代表收盘价，上影线的最高点为最高价，下影线的最低点为最低价。

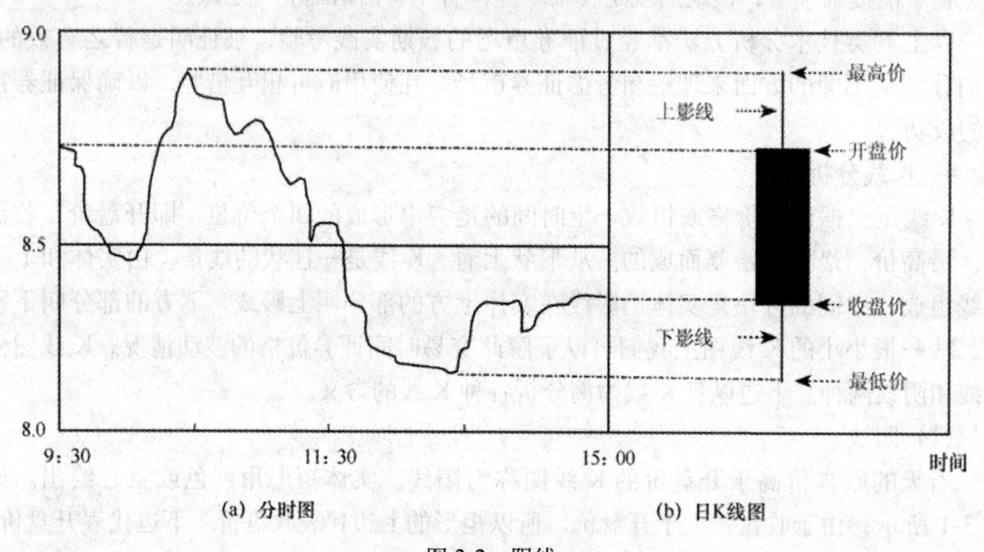

图 3-2　阴线

实心实体矩形越长，意味着收盘价远低于开盘价，这是由于卖方抛售意愿强烈，争相卖出证券，导致证券价格逐渐回落。上影线越长，意味着最高价远高于开盘价，价格曾有过上涨，在上涨到最高价附近时，遭到卖方的大量抛售，从而导致证券价格转而下跌。下影线越长，意味着最低价远远低于收盘价，价格曾大幅下跌，在下跌到最低价附近时，买方认为下跌很多，于是大量争相买入，从而推动价格由下跌转而上涨。

(3) K 线图的含义

根据开盘价与收盘价的波动范围，可将K线分为多种类型，除了带有上下影线的阴阳 K 线图外，还有一些特殊的 K 线图形，代表的含义如表 3-1 所示。

表 3-1 K 线图

K 线图形	K 线名称	K 线含义	K 线图形	K 线名称	K 线含义
	光头阳线	价格先跌后涨，以当天最高价收盘，买方力量强大		光头阴	以最高价开盘，买方试图拉起价格，但仍呈下跌态势
	光脚阳线	以最低价开盘，价格上涨，但遭到卖方抛压，价格少许回落，买方强大		光脚阴	开盘后价格试图上涨，但卖方抛售强烈，以当天最低价收盘
	光头光脚	以最低价开盘，买方强烈买入，推动价格上涨，以当天最高价收盘		光头光脚	以当天最高价开盘，遭到卖方强烈抛压，价格一路下跌至最低价收盘
	阳十字星	价格上涨有卖方抛售，下跌有买方承接买入，双方力量相当。常出现在上升途中或下跌末端		阴十字星	价格下跌有买方承接买入，上涨有卖方抛售，双方力量相当。常出现在下跌途中或上涨末端
	T 字型	卖方抛售导致价格下跌，有买方买入推动价格上升至开盘价，再无力上涨双方力量相当		倒 T 字型	买方买入导致价格上涨，但遭到卖方抛售，又跌至开盘价不再下跌，买卖双方力量相当

我们把每个交易日的 K 线在坐标系依时序排列，就可以得到该证券的日 K 线图（如图 3-3 所示）。从图中我们可以发现，证券价格是上下波动的，呈现一定的形态。通过分析 K 线图的形态，我们可以预测价格涨跌的转折时点和幅度大小。

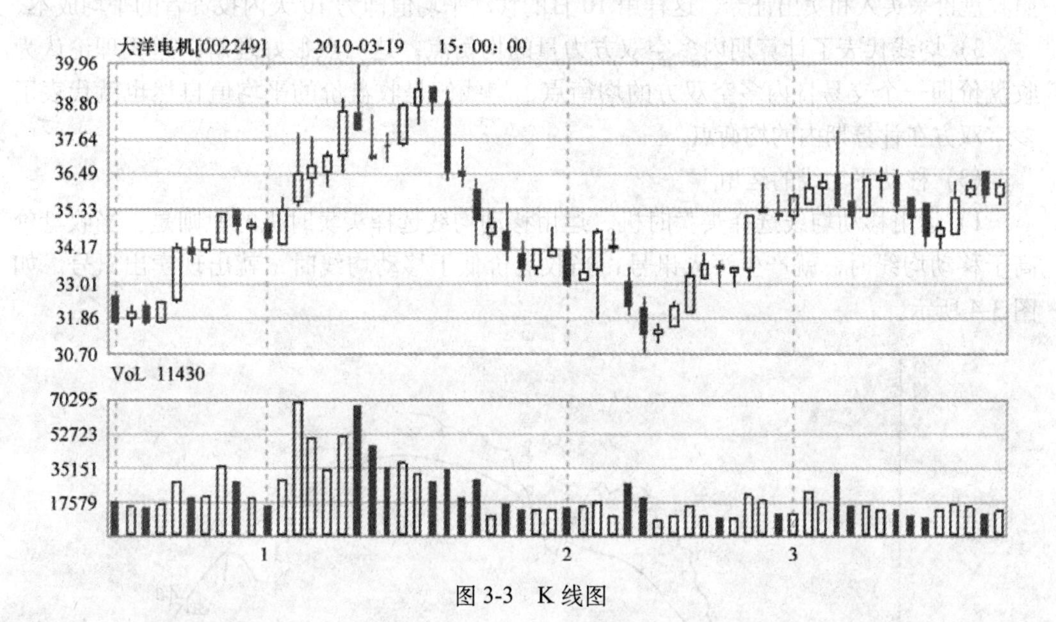

图 3-3 K 线图

5．移动平均线法

（1）移动平均线的计算方法

移动平均线（MA）简称均线，采用统计学中“移动平均”的原理，将一段时期内的证券价格或指数予以移动平均，计算出平均值并连成曲线，用来显示证券价格或指数的历史波动情况，进而反映未来发展趋势。

5 日移动平均价格的计算公式是

$$MA(5)=\frac{P_1+P_2+P_3+P_4+P_5}{5}$$

计算时，总是取最近五个交易日的收盘价求平均数，随着时间的推移，抛弃前一日的收盘价，增加最新一个交易日的收盘价。把每天计算的 5 日移动平均价格在坐标系中描绘出来，就构成了 5 日移动平均线。

同理，取最近的 10 日收盘价，我们可以得到 10 日移动平均线 MA(10)；取最近的 20 日收盘价，我们可以得到 20 日移动平均线 MA(20)；取最近的 60 日收盘价，我们可以得到 60 日移动平均线 MA(60)。实战中常用的有 5 日、10 日、20 日、30 日、60 日、120 日、250 日移动平均线等，在一组移动平均线中，时间少的为短线，反之为长线。

(2) 移动平均线的实质

1）均线代表了一段时间内证券价格的运动趋势。平均的基本作用在于消除偶然性因素留下必然性因素，移动均线通过移动平均的方法将价格变动中的偶然性因素去掉后，剩下的自然是价格运动的必然性因素即其运动趋势。从这个角度来讲，均线的运动方向即为价格的运动趋势，所以均线具有追踪趋势的功能。

2）均线代表了一段计算期内市场投资者的平均成本。以 10 日均线为例，第 10 日移动平均值是这 10 个交易日收盘价的平均价，我们可以假定一个交易日内所有投资者都按照收盘价来买入和卖出证券，这样第 10 日的移动平均值即为 10 天内投资者的平均成本。

3）均线代表了计算期内多空双方力量的均衡点。这一点很好理解，道氏理论认为收盘价即一个交易日内多空双方的均衡点，均线值是收盘价的平均值自然也就代表了多空双方在计算期内的均衡点。

(3) 移动平均线的运用

1）运用移动均线选择买卖时机。运用移动均线选择买卖时机的原则是：当收盘价高于移动均线时，就产生买入讯号；当收盘价低于移动均线时，就出现卖出讯号。如图 3-4 所示。

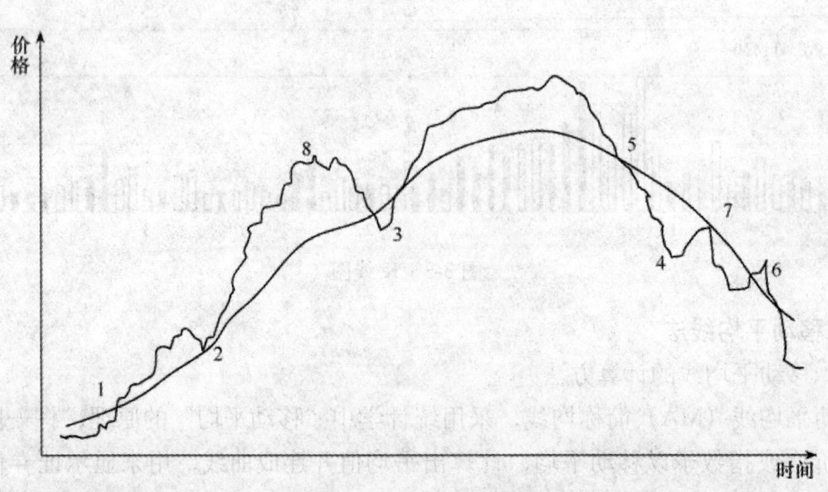

图 3-4 移动平均线法

图 3-4 中 1234 所在位置为暂时或中长期买入时机，5678 处为暂时或中长期卖出时机。

2）均线的组合运用。采用一条均线会出现频繁穿越现象，为了提高移动均线运用的效果，通常可以选择两条或多条均线组合使用，可以降低分析出错的概率。下面以短、中、长三条均线的组合运用来说明。如图 3-5 所示。

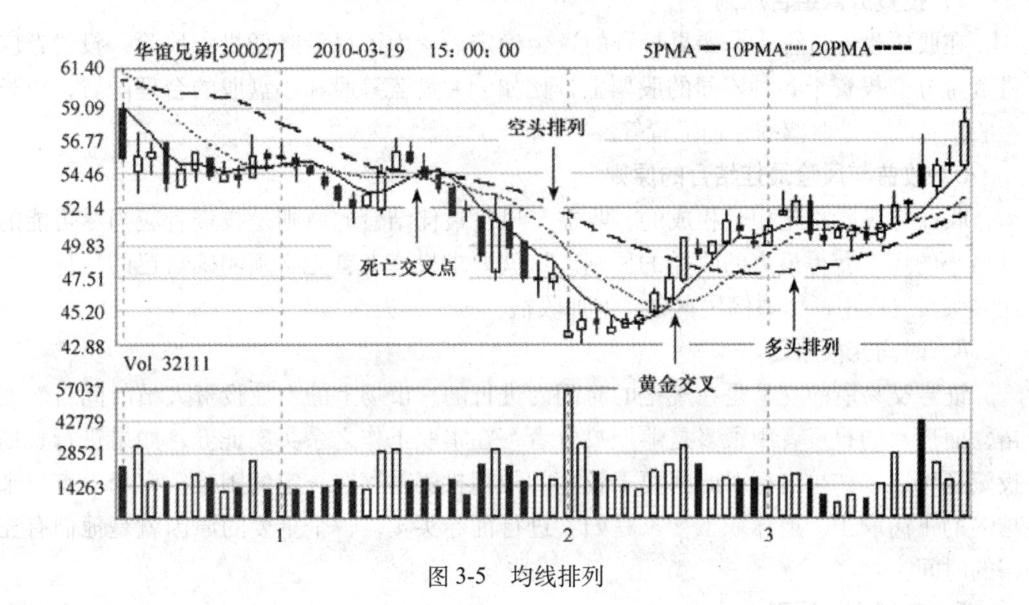

图 3-5　均线排列

第一，黄金交叉和多头排列。所谓黄金交叉是指短期均线上穿中、长期均线，上穿的位置即为黄金交叉点，这一点即是重要的买入信号。在此之后，如果短、中、长三条均线依次从上到下排列，我们就称之为多头排列。这种组合的操作策略是在黄金交叉点买入，一直持有直到价格向下突破长期均线为止。

第二，死亡交叉和空头排列。所谓死亡交叉是指短期均线下穿中、长期均线，下穿的位置即为死亡交叉点，这一点即是重要的卖出信号。在此之后，如果短、中、长三条均线依次从下到上排列，我们就称之为空头排列。这种组合的操作策略是在死亡交叉点卖出，一直到价格从下方上穿长期均线为止方可回补。

三、股票投资的策略

（一）股票投资原则

股票投资是投资者在承担一定风险的情况下以获取最大收益为目的的投资活动，同其他经济行为一样，也必须遵循一定的原则。

1．自有资金原则

因为股票投资的风险难以预料，尤其是系统性风险是不能以多样性的分散投资而加以规避的。如果投资者在投资证券时的资金是借贷资金，由于期限不确定、自主性差，一旦遇到股市暴跌，债权人追债会迫使投资者斩仓套现还债，使投资者蒙受巨大的损失。因此只有投资者的资金是自由且闲置的，才能在没有任何心理压力的情况下进行投资，从而为投资者科学、理性的投资决策创造良好的客观条件。

2．投资分散组合原则

在股票投资过程中，如果投资的资金确定后，为了尽量降低投资风险，投资者应将资金分散投资于各种不同的股票上，比如：大盘蓝筹股和小盘股的合理配置，成长性股票和收入性股票的合理配置等。

3．收益与风险最佳结合的原则

收益与风险总是相辅相成的。收益与风险最佳结合的原则是投资者应当尽可能的以最小的风险获得最大的收益的原则。这就要求投资者首先必须明确自己的目标，在证券买卖过程中，尽力保住本金、增加收益、减少损失。

4．时间充裕原则

证券交易所的交易是在规定的时间内进行的。市场上的专业投资人员时间自然充裕，而广大的投资者中很多是兼职投资者，在本职工作之余买卖证券，如果进行长期投资还可以，如果进行对时间要求较高的短期投资就存在一定的困难。市场上有越来越多的下岗职工、退休职工、家庭妇女进行证券买卖，一个重要的原因就是他们有充裕的时间。

5．克制贪心原则

股市有句格言，“无论是做多做空都能赚钱，唯贪婪者一无所获”。要想在证券投资中取得成功，投资者必须实事求是地确立自己的投资收益目标，必须始终保持良好的心态，努力战胜自我。人性中固有的一大弱点是贪婪，其贪婪的表现往往是不切实际地抬高自己的获利目标，不知道适时行动和适时获利了结，常常幻想以更便宜的价格买入和以更高的价格卖出，结果是常常踏空和被套。因此，对投资者来讲，坚持目标适度原则，保持一颗平常心是获得投资成功的重要条件。

（二）选择股票策略

1．根据公司经营业绩选股

某一股票是否有投资价值，归根到底取决于公司本身的经营业绩，经营业绩优良的公司的股票价格必然稳步上升。一个公司的业绩是否优良通过公司财务报表（包括公司的资产负债表、损益表、资金流量表等）、公司的主营业务、公司的管理制度和高级管理人员素质等来判断。

2．根据股票的内在价值与市价的差异选股

股票的内在价值一般高于股票面值低于股票市价，股票的内在价值是每股净资产，市价包括了市场上投资者的预期。股票的内在价值与市价差异越小，表明股票的上涨

相关链接

巴菲特的投资策略

巴菲特被喻为“当代最伟大的投资者”，其投资策略被公认为最成功的价值投资策略。巴菲特最重要的投资是在1965年买下传统纺织工厂——波克夏·哈萨威（Berkshire Hathaway）公司，1967年利用其现金进行企业转投资，至今40多年来，公司总值增加数千倍。巴菲特坚持每年在公司的股东大会上报告自己的投资成果及方法，被业界当成必读的经典之作，甚至于他的“共进午餐权”都会被拍卖。巴菲特一生固守理性的投资原则，只投资企业本身而非股票，以大大低于内在价值的价格集中投资于优秀企业的股票并长期持有。这种注重长期投资的策略为股东和投资者带来很高的投资回报。

空间越大；如果股票的内在价值与市价差异很大，表明股票的风险很大，股价可能随时暴跌；当然，如果市价低于内在价值，表明股票的投资价值巨大。

3．根据经济周期选股

不同行业的公司的股票价格在经济周期的不同阶段表现不同，有的公司对经济周期变动敏感，有的公司受经济周期变动影响不大。因此，投资者应当根据经济周期的不同阶段选股，经济繁荣时选敏感的公司，经济萧条时选不敏感的公司。

【课堂活动】 思考：经济周期的四个阶段对敏感公司的股票有怎样的影响?

4．根据公司类型和规模选股

公司依据不同的发展速度分为发展缓慢型、稳健适中型和发展迅速型。发展缓慢型的公司盈利能力较差，股票价格也在低位徘徊，投资者应当尽力避免。稳健适中型的公司盈利能力适中，股价稳步上升，投资者可能获利。发展迅速型公司盈利能力强，一般为规模较小的成长型企业，股价上涨迅速，具有很高的投资价值。

（三）选择股票购买时机的策略

证券投资有句名言：选股不如选时。投资者对股票进行了最精细的挑选，但时机选择的不对也有亏损的可能。因此，要想在证券市场上赚钱，时机的选择非常重要，而且要在股价变动之前采取行动才有利可图，否则可能会错过时机。

1．买进时机的选择

在股价的涨升阶段，没有明显的反转信号出现，或在股价的盘整阶段，量缩价稳，上升有量，则投资者可坚决持有。在股价的下跌阶段，如果股价下降趋势到达末期，并在底部区域横向整理时，就是长期投资者开始建仓的机会。

2．卖出时机的选择

在股价的涨升阶段，当涨势到末期或在股价的盘整阶段，当股价下限被跌破而成交量又大增时，投资者应根据事先确定的止损点卖出股票。在股价的下跌阶段，长期下跌趋势中的每一波中期反弹，或跌破重要的支持线时，投资者都要考虑出货。

（四）股票投资方法的选择策略

1. 分级投资策略

分级投资策略的操作方法是：当投资人选择某种股票为投资对象后，确定股价变动的某一等级或幅度（如确定为上升或下跌1元、2元或者3元均可）为一个等级。每次当股价下降一级时，便购进一个单位，当股价上升一级时出售一个单位数量。

例如，某一个投资者选择某公司的股票作为投资对象，确定每一等级为1元，第一次购买100股每股市价为10元，当市价下降到9元时又购进100股，降到8元时再购买100股，这样，投资者平均购买价格为9元。如果此后一段时间股价开始反弹，当上升到9元时卖出100股，上升到10元再卖出100股，最后的100股待价格上升到11元时才出售，这样平均出售价格为10元，经过这个过程，投资人可以盈利300元（未计佣金）。

2. 平均成本投资策略

平均成本投资策略的操作方法是：选定某种具有长期投资价值且价格波动较大的股票，在一定的投资期间内，不论股值上涨还是下跌，都坚持定期以相同的资金购入该种股票。

例如：投资者以某种股票为投资对象，确定的投资期为6个月，每月投资10 000元购买股票。投资情况如表3-2所示。

表3-2　平均成本投资情况

购买时间	市价/元	购入股数	累计购入股数	投资总额/元	所购股价总额/元
一月	20	500	500	10 000	10 000
二月	25	400	900	20 000	22 500
三月	20	500	1900	30 000	38 000
四月	10	1000	2900	40 000	29 000
五月	20	500	3400	50 000	68 000
六月	25	400	3800	60 000	95 000

每股平均价格＝各期的购买价格之和/投资月份数

＝(20＋25＋20＋10＋20＋25)/6＝20（元）

每股平均成本＝投资总额/累积购入股数＝60 000/3800＝15.79（元）

平均成本投资策略的优点在于：方法简单；既可避免在高价时买进过多股票的风险，又可在股票跌价时，有机会购进更多的股票；少量资金便可进行连续投入，并可享受股票长期增值的利益。当然，如股价一直处于跌势，采用这种方法必然会蒙受损失。因此，采用这种投资策略要选择公司经营稳定、利润稳步上升、具有长期成长性，而且价格波动幅度较大的股票进行投资。

（五）股票投资技巧策略

1. 顺势投资策略

顺势投资策略是在股票行市涨跌趋势明朗之初，及早确认趋势，顺势而为。对于那些小额股票投资者而言，谈不上能够操纵股市，要想在变幻不定的股市战场上获得收益，只能跟随股价走势，采用顺势投资策略。当整个股市大势向上时，以做多头或买进股票持有为宜；而股市不灵或股价趋势向下时，则以卖出手中持股而拥有现金以待时而动较佳。这种跟着大势走的投资作法，似乎已成为小额投资者公认的“法则”。凡是顺势的投资者，不仅可以达到事半功倍的效果，而且获利的几率也比较高；反之，如果逆势操作，即使财力极其庞大，也可能会得不偿失。顺势投资策略适合于小额投资者采用，因为小额投资者本身谈不上操纵行情，大多跟随股票走势，采用顺势做法。

2. 渔翁撒网投资策略

渔翁撒网投资策略也称“守株待兔投资策略”，这是一种短期投资的组合策略，但组合没有固定的比例。投资者可以根据自己的资金实力同时买进多种股票，然后根据自己提前设定的原则将上涨到一定程度的股票卖出，用以抵消所持其他股票遇到风险价格下跌的损失，使投资者能获得一定的稳定收益。渔翁撒网投资策略适用于股市经验丰富和资金雄厚的投资者，因为小额投资者受制于有限的资金，可购买的股票种类有限，因而达不到分散风险的效果。采用这种策略还要考虑经济大环境，如果经济前景不好，也可能意味着股市将出现整体跌势。在这种时候绝对不能采用此法，否则，投资人持有的只是一大堆只跌不涨的股票。

3. 止损策略

所谓止损策略是指停止损失保存实力的策略。由于股票价格复杂多变，投资者之所以买入是因为看好这只股票的后市，认为其要上涨，但实际情况都未必如此。为了锁定自己的损失，投资者可以在买股票之前给自己设定一个止损价位，一旦股价跌至该价位时，立即卖出。设定止损点的好处是用小部分的损失换来投资者账户具有较强流动性，止损后意味着还持有着现金，还有可能抓住下一次股价上升的机会。

止损在股市被称为“割肉”，这足以表明止损对于投资者来说是多么困难的一件事。因此，止损价位的确定是止损的关键，不同的投资者有不同的选择，常用的方法有以下几种：

（1）百分比法

百分比法是指投资者确定一个止损的百分比，如10%、20%等，假如某投资者以10元的价格买入某股，她选定的止损百分比位是20%，那么，她的止损价位就是8元[10×(1－20%)＝8]，也就是说，当股价下跌到8元时，该投资要卖出止损。

（2）均线位法

均线位法是指投资者以移动平均线位作为止损依据，如5日均线、10日均线、20

日均线、30 日均线，假设某投资者设定以 30 日均线位为止损位，即当股价向下跌破 30 日均线时，该投资者就要卖出止损。

(3) 整数价位法

整数价位法是指投资者以某个整数价位作为止损价位，如某投资者以 12.5 元的价格买入某股票，他可以将止损点位设为 12 元，当然也可以设为 10 元。

(4) 关键点位突破法

关键点位突破法是指投资者以某个关键的价位被成功向下突破为信号，卖出止损，这里的关键点位可以是前期支撑位，也可以是重要的心理关口，由投资者根据实际情况自行确定。例如上一波行情的最低价位是 9.8 元，这次操作过程中就可以设定 9.8 元为止损点。

止损策略适用于进行短期投资的投资者，对于进行长期投资的投资者，当买入的股票价格较低时也可以不考虑止损。

四、股票交易程序

股票交易程序与证券交易程序大同小异，下面以证券交易程序来阐述股票交易程序。证券投资者在证券交易所的交易程序一般包括以下几个环节：开立账户、委托买卖、竞价成交、结算等步骤。

(一) 开立账户

1. 开立证券账户

(1) 证券账户的种类

按照投资对象的不同，证券账户分为股票账户、债券账户、基金账户、期货账户等。

(2) 开立证券账户的要求

境内自然人申请开立证券账户时，必须由本人前往开户代办点填写自然人证券账户注册申请表，并提交本人有效身份证明文件及复印件。委托他人代办的，还需提供代办人的有效身份证明文件及复印件。目前境内投资者一般都开立 A 股账户，B 股账户需要以合法持有的美元和港元外汇为基础，市场规模不大，参与者较少。

2. 开立资金账户

在开立证券或股票账户后，还要开立资金账户。资金账户一般在证券经纪商处开立，投资者委托买入证券时，须事先在证券账户中存入交易所需资金。投资者存入的资金，证券交易后的资金交收及资金余额等情况，全部存储在证券经纪商独立的电脑系统内，并反映在投资者的资金账户中。自 2007 年 12 月 31 日后，我国客户证券交易结算资金实行第三方存管。第三方存管是指按照“券商托管证券，银行存管资金”的原则，将客户证券交易结算资金由过去的券商管理，转为现在的银行管理。证券公司将客户证券交易结算资金交由银行等独立的第三方存管，证券公司将不再接触客户证券交易结算资金，而由存管银行负责投资者交易清算与资金交收。

（二）委托买卖

1．委托买卖的过程

投资者将委托指令传给证券商；证券商通过其场内交易员将委托人的买卖指令输入计算机终端；各证券商的场内交易员发出的指令一并输入交易所计算机主机，由主机撮合成交；成交后由证券商代理投资人办理清算、交割和过户手续。

小贴士

委托指令的基本要素

委托指令主要包括下列基本要素：日期、时间、证券名称和代码、交易数量、交易价格、委托有效期、买卖区分等。

2．委托执行

证券商将客户委托传达至证券交易所交易撮合主机的过程称为委托执行，也叫申报或报盘。委托执行时遵循“时间优先、客户优先”的申报原则。时间优先是指证券商应按受托时间的先后次序为委托人申报，客户优先是指客户委托买卖申报与券商自营买卖申报在时间上相冲突时，应让客户委托买卖先行申报。

小贴士

委托买卖小知识

证券商在同时接受本公司两个以上委托人买进委托与卖出委托且数量、种类、价格相同时，不得自行对冲交易，仍需向证券交易所申报竞价。在委托未成交之前，委托人有权变更或撤销委托。证券商申报竞价成交后，买卖即告成交，成立部分不得撤销。

3．委托方式

委托方式依据委托价格是否有限制可分为市价委托和限价委托。

限价委托是指投资者要求证券经纪商在执行委托指令时，必须按限定的价格或比限定价格更有利投资者的价格买卖证券，如委托买入则必须以限价或低于限价买进证券，而委托卖出则必须以限价或高于限价卖出证券。初入市投资者可考虑采用限价委托。市价委托则强调成交的效率，是指投资者向券商发出委托指令时，要求其按证券交易所内当时的市场价格买进或卖出证券。

（三）竞价成交

证券市场的市场属性集中体现在竞价成交环节上，特别是在高度组织化的证券交易所内，会员经纪商代表众多的买方和卖方按照一定规则和程序公开竞价，达成交易。

1．竞价机制

证券交易所实行证券交易的集中竞价成交，竞价原则是：价格优先、时间优先。

（1）价格优先

买入申报时，买价高的申报优先于买价低的申报；卖出申报时，则卖价低的申报优先于卖价高的申报。

（2）时间优先

同价位买卖申报时，依照申报的时间顺序进行“排队”，这里的关键是申报时间的确定，电脑申报竞价时按计算机主机接受的时间顺序排列；书面申报竞价时，按中介经纪人接到的书面凭证顺序排列；口头申报竞价时按经纪人听到的顺序排列。

2．竞价方式

证券交易所的竞价方式有两种，即集合竞价和连续竞价，这两种方式在不同的交易时段上采用。集合竞价在每个交易日开盘前一段时间用于产生开盘价。产生开盘价之后，则以后的正常交易就采用连续竞价方式进行。

（四）结算

证券结算是指证券交易完成后，对买卖双方应收应付的证券和价款进行核定计算，并完成证券由卖方向买方的转移和对应的资金由买方向卖方的转移的全过程。证券结算包括证券和资金两个方面内容，是证券交易的最后一个环节。

相关链接

投资者的交易费用

投资者在委托买卖证券时，应支付各种费用和税收，通常包括佣金、过户费、印花税等。其中，佣金是证券经纪商的业务收入，是投资者在委托买卖成交以后按规定向证券经纪商支付的费用。从2002年5月1日开始，我国A股、B股、基金的交易佣金实行最高上限向下浮动制度，证券公司向客户收取的佣金不得高于证券交易所金额的3‰，市场上一般依据委托方式不同及投资规模采用差别佣金制度。过户费是委托买卖的股票、基金成交以后，买卖双方为变更股权登记所支付的费用。在上海证券交易所，A股的过户费为成交金额的1‰，最低为1元；在深交所，A股免收过户费；基金交易目前不收过户费。证券印花税是国家税法规定的一项税种，一般由证券经纪商在同证券投资者交割中代为扣收。自2008年4月24日起，A股交易和B股交易的印花税目前都按成交金额的1‰计取，单向征收（只向卖方征收）。

（五）过户

证券过户是股权和债权在投资者之间的转移。证券过户包括实物过户和自动过户两类情况。目前，上海证券交易所的过户手续采用电脑自动过户，买卖双方一旦成交，过户手续就自动即可完成。深圳证券交易所也采用先进的过户手续，买卖双方成交后用光缆把成交情况传到证券登记过户公司，将证券交易情况记录在股东开设的账户上。至此，整个证券交易过程才宣告结束。

第三节 债券投资

一、债券概述

（一）债券的含义

债券是发行人依照法定程序发行，并约定在一定期限还本付息的有价证券，是债的一种证明凭证即债权凭证。

（二）债券的特征

债券作为一种重要的融资手段和金融工具，具有以下特征。

1）偿还性。债券一般都规定有偿还期限，发行人必须按约定条件偿还本金并支付利息。

2）流通性。债券一般都可以在流通市场上自由转让。

3）安全性。与股票相比，债券通常规定固定的利率。以企业债券为例，债券的收益与企业绩效没有直接联系，收益比较稳定，风险较小。此外，在企业破产时，债券持有者享有优先于股票持有者对企业剩余资产的索取权。

4）收益性。债券的收益性主要表现在两个方面：一是投资债券可以给投资者定期或不定期地带来利息收入；二是投资者可以利用债券价格的变动，买卖债券赚取差额。

小贴士

债券的票面要素

债券票面上的基本要素有债券的票面价值、债券的偿还期限、债券的利率、债券发行者名称等。债券的票面价值要考虑规定票面价值的币种和规定债券的票面金额；债券的偿还期是指债券从发行之日起至偿清本息之日止的时间；债券利率是债券利息与债券票面价值的比率，通常用年利率且以百分数表示；债券发行者名称要素指明了该债券的债务主体，也为债权人到期追索本金和利息提供了依据。

（三）债券的分类

债券的种类很多，各种债券可以依据不同的标准进行分类。

1．按发行主体分类

（1）政府债券

政府债券是国家为了筹措资金而向投资者发行的，承诺在一定时期支付利息和到期还本的债务凭证。

（2）金融债券

所谓金融债券，是指银行及非银行金融机构依照法定程序发行并约定在一定期限内还本付息的有价证券。金融机构一般有雄厚的资金实力，信用度较高，因此，金融债券往往也有良好的信誉。

（3）公司债券

公司债券是公司依照法定程序发行、约定在一定期限还本付息的有价证券。公司经营的稳定性不能与政府信誉相比较；与金融机构相比，公司的风险相对来说一般也比较大，但在我国公司债券还是有着良好信誉的。

2．按付息方式分类

（1）贴现债券

贴现债券是指在票面上不规定利率，发行时按某一折扣率，以低于票面金额的价格发行，到期时仍按面额偿还本金的债券。期间的差价就是债券投资者的收益。贴现债券是属于折价方式发行的债券。

（2）附息债券

附息债券是平价发行，分期计息、也分期支付利息。债券上附有息票，息票上标有利息额、支付利息的期限和债券号码等内容。投资者可以从债券上剪下息票，并凭息票领取利息。附息债券的利息支付方式一般应在偿还期内按期付息。

3．按利率是否浮动分类

（1）固定利率债券

固定利率债券就是在偿还期内利率不变的债券。在该偿还期内，无论市场利率如何变化，债券持有人将按债券票面载明的利率获取债息。

（2）浮动利率债券

浮动利率债券是指利率可以变动的债券。这种债券利率的确定与市场利率挂钩，一般高于市场利率的一定百分点。当市场利率上升时，债券的利率也相应上浮；反之，当市场利率下降时，债券的利率就相应下调。

4．按债券形态分类

（1）实物债券

实物债券是一种具有标准格式实物券面的债券。在标准格式的债券券面上，一般印有债券面额、债券利率、债券期限、债券发行人全称、还本付息方式等各种债券票面要素。

(2) 凭证式债券

凭证式债券的形式是一种债权人认购债券的收款凭证，而不是债券发行人制定的标准格式的债券。近年来我国通过银行系统发行了大量凭证式国债，受到了中老年投资者的青睐。这种债券是一种国家储蓄债，可记名、挂失，以“凭证式国债收款凭证”记录债权，不能上市流通，从购买之日起计息。在持有期内，持券人如果遇到特殊情况需要提取现金，可以到购买网点提前兑取。

(3) 记账式债券

记账式债券是指只在电脑账户作记录而没有实物形态的票券。如果投资者进行记账式债券的买卖，就必须在我国的两个证券交易所——上交所和深交所设立账户，才能进行投资买卖。由于记账式债券的发行和交易均无纸化，所以效率高、成本低，交易安全。

二、债券的估价

(一) 影响债券价格的因素

债券市场价格是随着债券市场的供需状况不断变化的，因此，市场的供求关系对债券价格的变动有着直接的影响。除供求关系、战争等因素之外，还有以下几方面因素：

1. 利率

货币市场利率的高低与债券价格的涨跌有密切关系。当货币市场利率上升时，信贷紧缩，用于债券的投资减少，于是债券价格下跌；当货币市场利率下降时，信贷放松，可能流入债券市场的资金增多，投资需求增加，于是债券价格上涨。

2. 经济发展状况

经济发展状况的好坏，对债券市场行情有较大的影响。当经济发展呈上升趋势时，生产企业对资金的需求量较大，于是市场利率上升，债券价格下跌；当经济发展不景气时，生产企业对资金的需求下降，于是市场利率下降，资金纷纷向债券投资，债券价格也随之上涨。

3. 物价

物价的涨跌会引起债券价格的变动。当物价上涨的速度较快时，人们出于保值的目的，纷纷将资金投资于房地产或其他可以保值的物品，债券供过于求，从而引起债券价格的下跌。

4. 中央银行的公开市场操作

中央银行具有宏观调控的重要功能，为调节货币供应量，通常在信用扩张时向市场上抛售债券，这时债券价格就会下跌；而当信用萎缩时，中央银行又从市场上买进债券，这时债券价格则会上涨。

5. 新发债券的发行量

当新发债券的发行量超过一定限度时，会打破债券市场供求的平衡，使债券价格下跌。

6. 投机操纵

在债券交易中进行人为的投机操纵，会造成债券行情的较大变动。特别是初建证券市场的国家，由于市场规模较小，人们对于债券投资还缺乏正确的认识，加之法规不够健全，因而使一些非法投资者有机可乘，以哄抬或压低价格的方式造成市场供求关系的变化，影响债券价格的涨跌，从而达到自己的目的。

（二）债券的估值方法

1. 债券的理论价格估算

债券理论价格是未来各期的利息收入与期满后出售（或兑付）债券所得收入的复利现值之和。债券的理论价格公式为

$$P=\frac{C_1}{(1+i)^1}+\frac{C_2}{(1+i)^2}+\cdots+\frac{C_n}{(1+i)^n}+\frac{S}{(1+i)^n}=\sum_{t=1}^{n}\frac{C_t}{(1+i)^t}+\frac{S}{(1+i)^n}$$

式中，P 指债券价格；C_t 指第 t 期可以预期得到的债券利息收入；i 指债券持有人要求得到的收益率；S 指第 n 期出售债券的预期收入；n 指债券的存续期或持有期。

2. 债券的市场价格

债券的市场价格是投资者在债券市场买卖债券的二级市场价格。债券的市场价格受三个因素的影响，即投资者要求的报酬率、每年付息次数和距到期年数的影响。

(1) 附息债券市场价格的计算

$m=1$（每年付息一次），计算公式为

$$P=\frac{C}{r}\cdot\left[\frac{(1+r)^n-1}{(1+r)^n}\right]+\frac{R}{(1+r)^n}$$

$m=2$（每年付息两次），美式计算公式为

$$P=\frac{C}{r}\cdot\left[\frac{(1+r/2)^{2n}-1}{(1+r/2)^{2n}}\right]+\frac{R}{(1+r/2)^{2n}}$$

欧式计算公式为

$$P=\frac{C}{2(\sqrt{1+r}-1)}\cdot\left[\frac{(1+r)^n-1}{(1+r)^n}\right]+\frac{R}{(1+r)^n}$$

(2) 贴现债券市场价格的计算

美式计算公式为

$$\text{市场价格}=\text{债券面额}-\left(\frac{\text{距到期天数}}{360}\times\text{年贴现率}\right)\times\text{债券面额}$$

日式计算公式为

$$\text{市场价格}=\frac{\text{偿还价格}}{(1+\text{年收益率})^{\text{剩余年限}}}$$

三、债券投资的收益

（一）债券投资收益的来源

债券投资收益是指投资者因持有债券而获得的收益。一般来自三个方面：利息收益、资本利得和再投资收益。

1．债券利息

债券利息收益的多少取决于债券的票面利率和付息方式，这些是在债券发行时由发行人确定的。票面利率是指持有债券一年的利息占票面金额的比率，票面利率的高低受债券期限、债券的资信评级、利息支付方式和可接受程度等多方面因素的影响，而且利率水平直接关系到发行者的筹资成本和投资者的利益。债券的付息方式是指发行人在债券的有效期内，于何时或分几次向债券持有者支付利息。付息方式也关系到发行者的筹资成本和投资者的利益。债券的付息方式分为一次性付息和分期付息两类，分期付息一般分为按年付息、半年付息和按季付息三种方式。

2．资本利得

债券的资本利得是指债券买入价与卖出价或买入价与到期偿还额之间的差额。债券投资者在债券到期前不能要求提前兑现，只能在二级市场上转让，因此转让的价格要受债券市场价格变动的影响，投资者可能从中获得收益，也可能遭受损失。当卖出价或到期偿还额高于买入价时，资本利得为正，投资者收益；当卖出价或到期偿还额低于买入价时，资本利得为负，投资者损失。

3．再投资收益

对于分期付息的债券，在债券的存续期内投资者定期获得的利息可以进行再投资从而获得利息收入。对于投资者来说，再投资收益也是可正可负的，同样存在风险，而且再投资收益的多少要受债券偿还期限、定期支付的利息多少和市场利率的变化影响。

（二）债券投资收益的度量

债券投资收益的度量指标为债券收益率。债券收益率是指债券收益与其投入成本的比率，一般用年率来表示。计算债券收益率可能会用到下列影响因素：债券的面值（用 V 表示）、期限（用 N 表示）、票面利率（用 r 表示）、购买价格（用 P_0 表示）、卖出价格（用 P_1 表示）、年利息（用 C 表示）等。

1．一次性还本付息的债券

一次性还本付息的债券是利随本清，债券到期时一次性支付所有利息，期间没有利息的支付。按照是否持有到期，分为持有期收益率和到期收益率。

$$\text{持有期收益率}=\frac{(P_1-P_0)/n}{P_0}\times 100\%(n\text{为持有期限})$$

$$\text{到期收益率}=\frac{[V\times(1+r\times N-P_0)]/n}{P_0}\times 100\%$$

【例 3-3】 某债券面值 1000 元，期限 5 年，票面利率 7%，发行一年后某投资者以 1100 的价格买入，持有 1 年以 1200 价格卖出，试计算收益率。若该投资者持有到期则收益率是多少？

$$持有期收益率=\frac{(1200-1100)/1}{1100}\times100\%=9.09\%$$

$$到期收益率=\frac{[1000\times(1+7\%\times5)-1100]/4}{1100}\times100\%=5.68\%$$

2．分期付息、到期还本的债券

这种债券在计算收益率时就要考虑在持有债券期间获得的利息收入。其公式如下：

$$持有期收益率=\frac{C+(P_1-P_0)/n}{P_0}\times100\%(n为持有期限)$$

$$到期收益率=\frac{C+(V-P_0)/n}{P_0}\times100\%$$

课堂活动

债券收益率的计算

某投资者在距到期日 5 年的时候以 95 元的价格买入面值为 100 元、利率为 10% 的附息债券，持有 3 年后以 102 元的价格卖出，计算收益率。若该投资者持有到期收益率是多少？

3．贴现债券

贴现债券是指以低于面值的价格发行、发行价与票面金额的差额相当于预先支付的利息，债券到期时只偿还面值的债券。也包括持有期收益率和到期收益率，其中影响因素除上述内容外还包括：年贴现率（用 d 表示）、贴现期限（用 n_1 表示）、持有期限（用 n_2 表示）。习惯上年贴现率以 360 天计算，年收益率以 365 天计算。

若债券为贴现发行并持有到期，计算到期收益率公式如下：

$$P_0=V\times(1-d\times N)$$

$$到期收益率=\frac{V-P_0}{P_0}\times\frac{365}{N}\times100\%$$

【例 3-4】 某贴现债券面值 100 元，期限 180 天，贴现率为 6%，采用贴现发行的方式，投资者在发行时买入持有到期，求到期收益率。

$$P_0=100\times\left(1-6\%\times\frac{180}{360}\right)=97\ (元)$$

$$到期收益率=\frac{100-97}{97}\times\frac{365}{180}\times100\%=6.27\%$$

若债券持有人在债券到期前出售，可按当天公布的未到期贴现债券在二级市场上的折扣率计算卖出价，然后再计算持有期收益率。公式如下：

$$P_1 = V \times (1 - d_1 \times n_1)$$

$$持有期收益率 = \frac{P_1 - P_0}{P_0} \times \frac{365}{n_2} \times 100\%$$

【例 3-5】 接上例，投资者在持有了 120 天后以 5% 的折扣率在二级市场上出售，计算持有期收益率？

上例算出 $P_0 = 97$（元）

$$P_1 = 100 \times \left(1 - 5\% \times \frac{60}{360}\right) = 99.17\text{（元）}$$

$$持有期收益率 = \frac{99.17 - 97}{97} \times \frac{365}{120} \times 100\% = 6.8\%$$

四、债券投资的主要风险

（一）利率风险

利率风险是指由利率的可能性变化给投资者带来收益损失的可能性。一般而言，市场利率上升，会导致债券价格下降，从而提高债券的实际利率。

（二）价格变动风险

由于债券的市场价格常常变化，难以预料，当它的变化与投资者预测的一致时，会给投资者带来资本增值；如果不一致，那么投资者的资本必将遭到损失。

（三）通货膨胀风险

通货膨胀风险又称购买力风险，是指因物价上涨、货币购买力降低所产生的风险。当通货膨胀发生，货币的实际购买能力下降，就会造成即使投资收益在量上增加，在市场上能购买的东西却相对减少的现象。

（四）企业经营风险

经营风险指企业因生产、经营等方面的原因，竞争能力减弱，盈利下降，从而给投资者造成损失的可能性。

（五）违约风险

违约风险一般是由于发行债券的公司经营状况不佳或信誉不高而带来的风险。

（六）转让风险

当投资者急于将手中的债券转让出去，有时候不得不在价格上打点折扣，或是要支付一定的佣金，因这种付出所带来的收益变动的风险称为转让风险。

以上的风险中，价格风险、利率风险和通货膨胀风险统称为系统性风险，其他的都属于非系统性风险。

相关链接

债券风险防范的原则

对系统性风险的防范，就要针对不同的风险类别采取相应的防范措施，最大限度地避免风险对债券价格的不利影响；对非系统性风险的防范，一方面要通过投资分散化来减少风险，另一方面也要尽力关注企业的发展状况，充分利用各种信息、资料，正确分析，适时购进或抛出债券，以避免这种风险。

五、债券投资的策略和技巧

（一）捕捉最佳买卖时机

债券买卖的时机直接影响着结果，影响到投资者的最终利益。所以，选择最佳买卖时机，对于投资者而言，非常重要。

大致来说，债券价格上涨转为下跌期间是卖出的好时机，债券价格下跌转为上涨期间是买进时机。具体来说，卖出时机包括：债券涨势已达顶峰、无力再涨；短期趋势中由涨转跌。买进时机包括：价格跌势已达谷底，再也跌不下去了；短期趋势中由跌转涨。

每一位债券投资者都希望自己能够在债券价格较低时甚至最低点处买进，在债券价格较高时甚至最高点卖出。但是，受各方面因素的影响，债券价格波动非常快，对投资者来说，债券买卖价格基本上不可能达到最高或最低。

因此，一个充满理性、稳健的投资者应该是在次高点卖出，在次低点买进。

要准确把握买卖债券的时机，了解影响债券价格的因素会很有帮助。影响利率的因素有市场利率、供求关系、社会经济发展状况以及政府的政策等。

小贴士

债券投资理财的原则

债券投资理财，既要获得收益，又要控制风险，债券投资理财应该坚持收益性原则、安全性原则、流动性原则。

（二）国债投资理财策略与技巧

1. 短期闲置资金不宜选择国债投资

国债安全，回报稳定，但期限较长，一般都在 3 年以上，如果用闲置时间较短的资金投资，宜选择短期的国债品种，但是时间上不能太短，否则不仅不会取得理想的收益，而且还会产生损失。不少国债品种规定购买后半年内不得兑现，有的虽然规定可提前兑现，但不支付利率或支付极低的利率，且需缴纳 0.1% 的手续费，其结果是，实际收益远远比不上同期存款利息。在2004~2005年，曾出现过国债热销的现象，其后随着股市井喷，不少国债投资族提前兑现去买股票，利息收入远远不及银行同期存款。

就凭证式国债而言，投资期限在1年内的，还不如选择同期银行储蓄存款。同时，投资者的持有期限越短，相对的“损失”就越大。比如某投资者购买国债，一个月后提前兑现，按有关规定，购买期限不满半年不予计息，同时还要支付手续费10元，这样算来，投资者绝对亏钱。

2. 凭证式国债提前兑付后转购要算好账

自2006年8月19日直至后来1年多时间里，银行连续加息。银行升息的同时，凭证式国债的利率也大幅度提高。例如，同为3年期国债，2007年凭证式（一期）国债3.39%的票面年利率就比2008年凭证式（二期）国债5.74%的票面利率低2.35个百分点。这种较大利差的存在，导致了在1年前购买国债，其收益率较大程度地低于现在购买国债的现象。于是，有许多投资者就想提前支取原有的国债之后再购买新的国债。

那么，国债提前支取转存是否划算呢？这就需要仔细计算一番。持有国债时间很短、购买国债的期限又较长的客户，可根据自己所买国债的票面利率、持有时间、兑付所需成本仔细计算得失，然后再决定是否兑付。但一般来说，持有期越长，提前兑付的损失越大，因此，2006年的国债提前兑付意义不大。具体来说，可根据“原国债到期后的收益＝转存定期存款收益”这个等式来确定原有的国债购买了多少天后提前兑付转存才划算。

国债提前兑付后再转投新国债，不亏不赚的临界天数计算公式为

（投资本金 × 原国债票面利率 × 国债期限）
＝投资本金 ×（提前兑付时已持期限所对应的年利率 ÷360 天 × 临界天数）
＋投资本金 × 所转存的新国债票面利率 ÷360 天
×（360× 国债期限－临界天数）－提前兑付手续费

根据以上公式，就可确定不亏不赚的盈亏临界天数。若已购买国债天数大于盈亏临界天数，就不宜提前兑付后再转购新国债；若已购买天数小于盈亏临界天数，就可提前兑付转购新国债，以赚取更多的收益。

3. 选择合理的投资方式

目前，在证券交易所上市的国债大体可分为短线、中线、长线三类。由于短线、中线、长线三类国债收益各异，对于那些熟悉市场、希望获取较大利益的人来说，可以对市场利率走势进行积极的判断，根据市场利率及其他因素的变化，低进高出，赚取买卖差价。对于以稳健保值为目的，又不太熟悉国债交易的投资者来说，可采取较为稳妥的投资理财策略，在合适的价位买入国债后，一直持有至到期，期间不做买卖操作。

4. 密切关注股市，灵活选择投资国债

在对股市、基金等投资市场信心不足时，国债投资的保本增值特性就成为吸引投资者的重要因素。但有许多投资者认为，买了国债，就不用再关心股市的变化，也不

用承担股市波动带来的损失了。其实，这种观点是错误的。参照股市走势，有利于记账式国债的投资者做出正确的投资决策，因为股市与债市存在负相关关系，股市下跌，债市价格上涨；反之，债市价格下跌。例如，当2008年第一季度A股大盘一再探底、蓝筹股和基金跌去了大半净值时，债券却经历了自2007年12月以来的一波稳健上涨行情。所以，投资记账式国债应适当关注股市，以便能根据股市走势，及时做出买卖判断，从而获得最大的投资收益。

5. 国债投资组合

国债是一种投资期限较长的产品，因此，投资组合对科学理财很重要。投资国债最大的风险来自利率风险，尤其是加息周期下风险更大。投资国债要注意防范利率风险，防范利率风险最好的方式就是讲究投资组合。例如，将国债投资资金分为三等份，分别投资于期限为2年、3年、5年三种不同类别的债券，这样既可分散利率上升的风险，又可取得相对平均和稳定的收益。

6. 债券投资理财其他技巧

1）利用时间差提高资金利用率。一般债券发行都有一个发行期，如半个月的时间。如果在此段时间都可买进，则最好在最后一天购买；同样，在到期兑付时也有一个兑付期，则最好在兑付的第一天去兑现。这样，可减少资金占用时间，相对提高债券投资的收益率。

2）利用市场差和地域差赚取差价。通过上海证券交易所和深圳证券交易所进行交易的同品种国债之间是有价差的。利用两个市场之间的市场差，有可能赚取差价。同时，可利用各地区之间的地域差，进行低买高卖，也可能赚取差价。

3）卖旧换新技巧。在新债券发行时，提前卖出旧债券，再连本带利买入新债券，所得收益可能比旧债券到期才兑付的收益高。这种方式有一个条件：必须比较卖出前后的利率高低，估算是否划算。

4）选择高收益债券。债券的收益是介于储蓄和股票、基金之间的一种投资工具，相对安全性比较高。所以，在债券投资的选择上，不防大胆选购一些收益较高的债券，如企业债券、可转让债券等。特别是风险承受力比较高的家庭，更不要只盯着国债。

5）如果在同期限情况下（如3年、5年），可选择储蓄或国债时，最好购买国债。

6）不要将应急的现金储备来购买债券；购买债券的资金占长期投资理财的比例不宜过高；如果很信任债券，最好把资金分散投到几种债券上。

第四节　基 金 投 资

一、投资基金概述

（一）投资基金的定义

证券投资基金是指通过发售基金份额，将众多投资者的资金集合起来，形成独立财产，由基金托管人托管、基金管理人管理，以投资组合的方法进行证券投资的一种利益共享、风险共担的集合投资方式。

（二）证券投资基金的参与主体

我国的证券投资基金依据基金合同设立，基金份额持有人、基金管理人和基金托管人是基金的主要参与主体。

1．基金份额持有人

(1) 基金份额持有人的概念

基金份额持有人即基金投资者，是基金的出资人、基金资产的实际所有者和基金投资收益的最终受益人。

(2) 基金份额持有人的主要权利

根据有关规定，我国基金投资人享有如下权利：出席或委派代表出席基金投资人全体大会；取得相应的基金收益；监督基金经营情况，获得基金业务和财务状况方面的资料；申购、赎回或转让基金单位；取得基金清算后的剩余部分资产；基金契约所规定的其他权利。

(3) 基金份额持有人的基本义务

基金投资人在享有权利的同时，也必须承担如下基本义务，主要包括：遵守基金契约规定；缴纳基金认购款项；承担基金亏损或终止的有限责任；不得从事任何有损于基金及其他基金投资人利益的活动等。

2．基金管理人

(1) 证券投资基金管理人的概念

证券投资基金管理人是基金产品的募集者和基金的管理者，其最主要职责就是按照基金合同的约定，负责基金资产的投资运作，在风险控制的基础上为基金投资者争取最大的投资收益。基金管理人在基金运作中具有核心作用。在我国，基金管理人只能由依法设立的基金管理公司担任。基金管理公司的主要业务活动有：基金产品的设计和销售业务，投资管理业务，基金份额的销售与注册登记、核算与估值、基金清算和信息披露业务，以及受托资产的管理业务。

(2) 基金管理人的职责

依《中华人民共和国证券投资基金法》的相关规定，证券投资基金管理人应依法募集基金，办理或者委托经国务院证券监督管理机构认定的其他机构代为办理基金份额的发售、申购、赎回和登记事宜；办理基金备案手续；对所管理的不同基金财产分别管理、分别记账，进行证券投资；按照基金合同的约定确定基金收益分配方案，及时向基金份额持有人分配收益；进行基金会计核算并编制基金财务会计报告；编制中期和年度基金报告；计算并公告基金资产净值，确定基金份额申购、赎回价格；办理与基金财产管理业务活动有关的信息披露事项；召集基金份额持有人大会；保存基金财产管理业务活动的记录、账册、报表和其他相关资料；以基金管理人名义，代表基

金份额持有人利益行使诉讼权利或者实施其他法律行为；国务院证券监督管理机构规定的其他职责。

3．基金托管人

（1）证券投资基金托管人的定义

基金托管人是依据我国法律法规的要求，在投资基金运作中承担信息披露、资产保管、资金清算与会计核算、交易监督的当事人，其主要职责体现在基金资产保管、基金资金清算、会计复核以及基金投资运作的监督等方面。依照我国《中华人民共和国证券投资基金法》的规定，在我国大陆证券市场，只能由依法设立并取得基金托管资格的商业银行担任基金托管人。

（2）基金托管人的职责

其职责包括：安全保管基金财产；按照规定开设基金财产的资金账户和证券账户；对所托管的不同基金财产分别设置账户，确保基金财产的完整与独立；保存基金托管业务活动的记录、账册、报表和其他相关资料；按照基金合同的约定，根据基金管理人的投资指令，及时办理清算、交割事宜；办理与基金托管业务活动有关的信息披露事项；对基金财务会计报告、中期和年度基金报告出具意见；复核、审查基金管理人计算的基金资产净值和基金份额申购、赎回价格；按照规定召集基金份额持有人大会；按照规定监督基金管理人的投资运作；国务院证券监督管理机构规定的其他职责。

小贴士

证券投资基金的特点

证券投资基金区别于其他证券投资工具有如下特点：集合理财，专业管理；组合投资，分散风险；利益共享，风险共担；严格监管，信息透明；独立托管，保障安全。

二、证券投资基金的种类

（一）按基金价格决定方式分类

1．封闭式基金

封闭式基金是指事先确定发行总额，在封闭期内基金单位规模不变，基金上市后投资者可以通过证券市场转让、买卖基金单位的投资基金。由于封闭式基金在封闭期内不能追加申购或赎回，投资者只能通过证券经纪商在二级市场上进行基金的买卖。

基金期限届满即为基金终止，管理人应组织清算小组对基金资产进行清产核资，并将清产核资后的基金净资产按照投资者的出资比例进行公正合理的分配。

如果基金在运行过程中，因为某些特殊的情况，使得基金的运作无法进行，报经主管部门批准，可以提前终止。

2. 开放式基金

开放式基金是指发行总额不固定，基金单位总数随时增减，投资者可以按基金报价在国家规定的营业场所申购或者赎回基金单位的投资基金。

为了应付投资者赎回资金、实现变现的要求，开放式基金一般都从所筹资金中拨出一定比例，以现金形式保持这部分资产。这虽然会影响基金的盈利水平，但作为开放式基金来说是必需的。

3. 封闭式基金与开放式基金的区别

(1) 期限不同

封闭式基金一般有一个固定的存续期；而开放式基金一般是无期限的。我国《证券投资基金法》规定，封闭式基金的存续期应在5年以上。事实上，我国封闭式基金的存续期大多在15年以上。

(2) 规模限制不同

封闭式基金的基金规模是固定的，在封闭期限内未经法定程序认可不能增减；开放式基金没有规模限制，投资者可随时提出申购或赎回申请，基金规模会随之增加或减少。

(3) 交易场所不同

封闭式基金规模固定，在完成募集后，基金份额在证券交易所上市交易，投资者买卖封闭式基金份额，只能委托证券公司在证券交易所按市价买卖，交易在投资者之间完成；开放式基金规模不固定，投资者可以按照基金管理人确定的时间和地点向基金管理人或其销售代理人提出申购、赎回申请，交易在投资者与基金管理人之间完成。投资者既可以通过基金管理人设立的直销中心买卖开放式基金份额，也可以通过基金管理人委托的证券公司、商业银行等销售代理人进行开放式基金的申购、赎回。

(4) 价格形成方式不同

封闭式基金的交易价格主要受二级市场供求关系的影响。当需求旺盛时，封闭式基金二级市场的交易价格会超过基金份额净值而出现溢价交易现象；当需求低迷时，交易价格会受"噪音理论"影响而低于基金份额净值即进行折价交易。开放式基金的买卖价格等同于基金份额净值，不受市场供求关系的影响。

(5) 激励约束机制与投资策略不同

封闭式基金规模固定，即使基金表现好其扩展能力也受到较大的限制，如果表现不尽人意，由于投资者无法赎回投资，基金经理也不会在经营上面临直接的压力；开放式基金的业绩表现好，就会吸引到新的投资，基金管理人的管理费收入也会随之增加，如果基金表现差，开放式基金则会面临来自投资者要求赎回投资的压力。

(二) 按投资目标分类

1. 成长型基金

成长型基金是基金中最常见的一种，它追求的是基金资产的长期增值。为了达到这一目标，基金管理人通常将基金资产投资于信誉度较高、有长期成长前景或长期盈余的所谓成长公司的股票。成长型基金又可分为稳健成长型基金和积极成长型基金。

2．收入型基金

收入型基金主要投资于可带来现金收入的有价证券，以获取当期的最大收入为目的。收入型基金资产成长的潜力较小，损失本金的风险相对也较低，一般可分为固定收入型基金和股票收入型基金。固定收入型基金的主要投资对象是债券和优先股，因而尽管收益率较高，但长期成长的潜力很小，而且当市场利率波动时，基金净值容易受到影响。股票收入型基金的成长潜力比较大，但易受股市波动的影响。

3．平衡型基金

平衡型基金将资产分别投资于两种不同特性的证券上，并在以取得收入为目的的债券及优先股和以资本增值为目的的普通股之间进行平衡。这种基金一般将25%～50%的资产投资于债券及优先股，其余的投资于普通股。平衡型基金的主要目的是从其投资组合的债券中得到适当的利息收益，与此同时又可以获得普通股的升值收益。投资者既可获得当期收入，又可得到资金的长期增值，通常是把资金分散投资于股票和债券。平衡型基金的特点是风险比较低，缺点是成长潜力不大。

相关链接

契约型基金和公司型基金

契约型基金又称为单位信托基金，是指把投资者、管理人、托管人三者作为基金的当事人，通过签订基金契约的形式发行受益凭证而设立的一种基金。契约型基金是基于契约原理而组织起来的代理投资行为，没有基金章程，也没有公司董事会，而是通过基金契约来规范三方当事人的行为。公司型基金是按照公司法以公司形态组成的，该基金公司以发行股份的方式募集资金，一般投资者则为认购基金而购买该公司的股份，也就成为该公司的股东，凭其持有的基金股份份额享有正常投资收益。公司型基金在组织形式上与股份有限公司差不多。

三、基金投资的策略和技巧

（一）挑选基金类型的策略和技巧

市场上存在不同类型的证券投资基金，投资者应该根据自己的年龄、收入情况、财产状况与负担、投资收益的目标与年限、风险承受能力等来决定自己进行基金投资的选择。

1．根据风险和收益挑选基金类型

不同类型的基金，风险各不相同。其中，股票型基金的风险最高，混合型基金和债券型基金次之，货币型基金和保本型基金的风险最小。

即使是同一类型基金，由于投资风格和投资策略的不同，风险也会不同。例如，在股票型基金中，与成长型股票相比，平衡型、稳健型、指数型基金的风险要低些。同时，收益和风险通常有较大的关联度，二者是呈同方向变化的。收益高则风险也高，反之亦反。如果投资者的风险承受力低，宜选择货币型基金。这类基金可作为储蓄的替代品种，还可获得比储蓄利息高的回报。如果投资者的风险承受力稍强，可以选择混合型基金和债券型基金。如果投资者的风险承受力较强，且希望收益更大，可以选择指数型基金。如果投资者的风险承受力很强，可以选择股票型基金。

2．根据投资者年龄挑选基金类型

在不同年龄阶段，投资者的投资目标、所承受的风险程度和经济能力各有差异。一般来说，年轻人事业处于开拓阶段，有一定的经济能力，没有家庭负担或负担较小，可考虑偏股型基金；中年人家庭生活和收入比较稳定，但需要承担较重的家庭责任和负担，可考虑投资平衡型基金；老年人主要依靠养老金及前期投资收益生活，一般很少有额外的收入来源，风险承受能力较小，这一阶段的投资以稳健、安全、保值为目的，通常比较适合选择保本型基金或货币型基金等低风险基金。

3．根据投资期限挑选基金类型

如果投资期在5年以上，可以选择股票型基金这类风险偏高的产品。这样既可以防止基金价值短期波动的风险，又可以获得长期增值的机会，有较高的预期收益率。如果投资期限在2～5年之间，除了选择股票型基金这类高风险的产品外，还可以投资一些收益比较稳定的债券型或平衡型基金。如果投资期限在两年之下，最好选择债券型基金和货币型基金，因为其风险低，收益较稳定，且货币型基金具备强流动性及申购赎回零费用，是短期投资的首选。

4．根据基金信息选择基金

基金信息主要包括必须公开的基本信息及基金市场的分析报告等。这需要做到如下几个方面。

(1) 全面阅读基金招募说明书

基金招募说明书是投资者必读的基金文件，因为其充分披露可能对投资者产生重大影响的一切信息。在阅读基金说明书时，重点关注基金品种、基金管理人、风险提示、投资策略、历史业绩、投资费用等方面内容。

(2) 理性分析基金排行榜

目前国内投资基金已超过600家，为了便于投资者选择，一些国际基金评级机构以及国内的大券商都提供定期动态更新的基金排行榜。对这些基金排行榜要理性分析，重点从权威性、基金业绩、整体水平和长期表现来把握其投资指导意义。

(3) 深入阅读基金年报

投资者在阅读基金年报时，应重点掌握以下几方面信息：将基金业绩与其历史业绩进行对比；参看主要财务指标；深入分析基金经理对基金运作情况的说明；看看基金投资组合的具体证券品种；看看基金的年度预分配方案等。

（二）不同类型基金的投资策略和技巧

1. 股票型和偏股型基金的投资策略

股票型和偏股型基金是指股票资产占基金资产主体的类型基金，是当今基金市场的一个重要类别。选择这种基金主要看基金净值是否稳定增长，同时看它的持股结构是否具备上涨潜力；只有当未来的股票市场盈利大于下跌空间时，才可以进行对股票型基金和偏股型基金的投资。因为在股票下跌行情中，基金经理也无法加剧股市不成熟所带来的系统性风险。

2. 货币型基金投资策略

货币型基金一般流动性强，风险低，具有“存活期的钱，拿超定期的收益”的特点。对于货币型基金的投资策略应该是：当其他市场存在较多投资风险时，可暂时将资金放在货币型基金上；当其他基金市场有较好的投资机会时，可把握机遇进行投资，然后再回到货币型基金。

3. 债券型基金的投资策略

债券型基金主要投资国债、企业债和可转债。债券投资比率一般为总资产的 80%，以两年定存税后收益率为基准，其在投资风险控制和收益方面有明显的优势。同时其申购和赎回手续费较低，个别短债可能完全免手续费。选择债券型基金进行投资，可参考其公告的历史净值及最近 30 日的年化收益率等指标。

相关链接

ETF 投资策略

ETF 交易型开放式指数基金，通常又被称为交易所交易基金，是一种在交易所上市交易的、基金份额可变，投资品种复制某一指数的一种开放式基金。ETF 可分为被动型和主动型两大类。被动型 ETF 是指基金对于成分股票的投资数量完全按照相关成分股票在具体指数中所占的权重来进行，不做任何改变；而主动型 ETF 是在既定选择股票范围上依据价值判断进行个股投资比例的灵活调整从而收益最大化的类型。选择 ETF 关键在于成分指数的选择一定要有投资基础，即投资者能对该类指数做出正确率较高的判断；可择机进行 ETF 套利；可出于避险及资产配置角度来进行 ETF 投资。

（三）降低开放式基金投资成本的技巧

开放式基金日渐为投资者青睐，但其申购及赎回成本过高使投资者难以接受，尤其是短线基金投资者。其实，投资开放式基金也有很多省钱之道，以下就是降低投资成本的几种方式方法。具体来说：直接到证券公司或基金公司购买；采用网上电子直销模式购买；利用同一家基金公司不同基金间的转换；利用后端收费模式；利用分红再投资模式节约手续费；选择伞型基金进行投资；遵守保本型基金的避险期规定；减少基金赎回在途时间等。

（四）封闭式基金的投资技巧

封闭式基金虽然不是基金发展的主流，但现存市场的几十家封闭式基金也提供了不少投资机会。要进行封闭式基金投资时，可以重点把握如下方面：关注基性活跃的小盘基金；关注可能存在的“封转开”机会；从预期分红规模、净值增长率和未分配收益来关注分红潜力大的基金；关注重仓股有良好市场表现的基金等。

第五节　保险理财

现实中存在着各种各样的风险，比如财产风险、人身风险、责任风险等，无论人们如何小心谨慎，怎样事先防范，总是有潜在损失和发生意外事故的可能性。因此，自古以来人们总会寻求各种方法来对付风险，而保险就是其中最有效的一种。保险是以经济合同方式建立保险关系，集合多数单位或个人的风险，合理计收分摊金，由此对特定的灾害事故造成的经济损失或人身伤亡提升资金保障的一种经济形式。保险的真正起源是近代的运输保险、海上保险和火灾保险。

一、保险概述

（一）保险的功能和作用

1．转移风险

买保险就是把自己的风险转移出去，而接受风险的机构就是保险公司。保险公司集中大量风险之后，运用概率论和大数法则等数学方法，去预测风险概率和保险损失概率。通过研究风险的偶然性去寻找其必然性，掌握风险发生、发展的规律，化偶然为必然，化不定为固定，为众多有危险顾虑的人提供了保险保障。

2．均摊损失

转移风险并非指灾害事故真正离开了投保人，而是保险人借助众人的财力，给遭灾受损的投保人补偿经济损失。自然灾害、意外事故造成的经济损失一般都是巨大的，是受灾个人难以应付和承受的。保险人以收取保险费用和支付赔款的形式，将少数人的巨额损失分散给众多的被保险人，从而使个人难以承受的损失，变成多数人可以承担的损失，这实际上是把损失均摊给有相同风险的投保人。

3．实施补偿

实施补偿要以双方当事人签订的合同为依据，其补偿的范围主要有以下几个方面：第一，投保人因灾害事故所遭受的财产损失；第二，投保人因灾害事故使自己身体遭受的伤亡或保险期满应给付的保险金；第三，投保人因灾害事故依法对他人应付的经济赔偿；第四，投保人因另一当事人不履行合同所蒙受的经济损失；第五，灾害事故发生后，投保人因施救保险标的所发生的一切费用。

4．抵押贷款和投资收益

保险法中明确规定了“现金价值不丧失条款”，客户虽然与保险公司签订合同，但客户有权终止这个合同，并得到退保金额。保险合同中也规定客户在资金紧缺时可申请退保金的90%作为贷款。如果投资者急需资金，又一时筹措不到，便可以将保险单抵押在保险公司，从保险公司取得相应数额的贷款。同时，一些人寿保险产品不仅具有保险功能，而且具有一定的投资价值。

5．免税效应

购买保险还可以享受免税的优惠。按国际惯例，购买养老保险时，当投保人与受益人为同一人时可免征所得税，为不同人时需缴赠与税。夫妻互赠、婚嫁金、教育金将免税。受益人指定与否，与是否缴纳税收直接有关。如果事先指定受益人，被保险人身故以后对受益人领取的保险金免征遗产税；如果事先没有指定受益人，按保险法规定，保险金作为被保险人的遗产，国家按规定要征收遗产税。

（二）保险中涉及的主要当事人

1．投保人

投保人（policy holder）是申请保险的，也是负有缴付保险费义务的人。投保人要求是成年人和有完全民事行为能力的自然人或法人单位，未成年人或不具备民事行为能力的人不能做投保人。

2．被保险人

被保险人（insured）是保险的承保对象。被保险人可以是成年人，也可以是儿童，但如果是儿童，须由其父母或监护人投保。

3．受益人

受益人（beneficiary）是指人身保险死亡赔偿金的受领人，对人身保险都需要指定受益人，如果投保人或被保险人未指定受益人，则他的法定继承人即为受益人。当被保险人死亡后，由受益人领取死亡赔偿金。

投保人、受益人与被保险人之间应存在保险利益关系，即一定的利害损失关系，如夫妻、父母与子女、债权人与债务人等。

二、保险的分类

保险有很多种分类方法，每种分类对应相应的保险类别。

从大的方面来说，按其性质来分，可分为以盈利为目的的商业保险和不以盈利为目的的社会保险两大类。社会保险又包括了养老保险、医疗保险、失业保险、工伤保险和生育保险，而对于商业保险，我国分为财产保险和人身保险（在国外一般分为寿险和非寿险）。

（一）社会保险与商业保险

1．社会保险

社会保险是指国家通过立法强制实行的，由劳动者、企业（雇主）或社区，以及国家三方共同筹资，建立保险基金，针对劳动者因年老、工伤、疾病、生育、残废、失业、死亡等原因丧失劳动能力或暂时失去工作时，给予劳动者本人或供养直系亲属物质帮助的一种社会保障制度。它具有保障劳动者基本生活、维护社会安定和促进经济发展的作用。社会保险的特点为：强制性、低水平、广覆盖。

2．商业保险

商业保险又称金融保险，是相对于社会保险而言的。商业保险组织根据保险合同约定，向投保人收取保险费，建立保险基金，对于合同约定的财产损失承担赔偿责任；或当被保险人死亡、伤残、疾病或者达到合同约定的年龄、期限时承担给付保险金责任的一种合同行为。

相关链接

社会保险与商业保险的区别

1）性质不同：社会保险具有保障性，不以盈利为目的；商业保险具有经营性，以追求经济效益为目的。

2）建立基础不同：社会保险建立在劳动关系基础上，只要形成了劳动关系，用人单位就必须为职工办理社会保险；商业保险自愿投保，以合同契约的形式确立双方的权利义务关系。

3）管理体制不同：社会保险由政府职能部门管理；商业保险由企业性质的保险公司经营管理。

4）对象不同：参加社会保险的对象是劳动者，其范围由法律规定，受资格条件的限制；商业保险的对象是自然人，投保人一般不受限制，只要自愿投保并愿意履行合同条款即可。

5）保障范围不同：社会保险解决绝大多数劳动者的生活保障；商业保险只解决一部分投保人的问题。

6）资金来源不同：社会保险的资金由国家、企业、个人三方面分担；商业保险的资金只有投保人保费的单一来源。

（二）财产保险与人身保险

1．财产保险

财产保险（property insurance）是指投保人根据合同约定，向保险人交付保险费，保险人按保险合同的约定对所承保的财产及其有关利益因自然灾害或意外事故造成的损失承担赔偿责任的保险。

2．人身保险

人身保险（personal insurance）是以人的寿命和身体为保险标的的保险。人身保险的投保人按照保单约定向保险人缴纳保险费，当被保险人在合同期限内发生死亡、伤残、疾病等保险事故或达到人身保险合同约定的年龄、期限时，由保险人依照合同约定承担给付保险金的责任。

相关链接

财产保险与人身保险的区别

（1）保险金额的确定不同

人身保险的保险标的是人的生命和身体，而人的生命或身体不是商品，不能用货币衡量其实际价值大小，因此保险金额确定不能用财产保险方法衡量，主要用“生命价值”确定方法和“人身保险设计”方法。一般情况下，保险金额由投保人和保险人共同约定，其确定取决于投保人的设计需要和交费能力。

（2）保险金的给付不同

人身保险属于定额给付性保险（个别险种除外，如医疗保险，可以是补偿性保险），保险事故发生时，被保险人既可以有经济上的损失，也可以没有经济上的损失，即使有经济上的损失，也不一定能用货币来衡量。因此，人身保险不适用补偿原则，也不存在财产保险中比例分摊和代位求偿原则的问题。财产保险中，被保险人可同时持有若干份相同的有效保单，保险事故发生后，即可从若干保单中同时获得保险金。如果保险事故由第三方造成，并依法应由第三方承担赔偿责任，那么被保险人可以同时获得保险人支付的保险金和第三方支付的赔偿金，保险人不能向第三方代位求偿。

（3）保险利益的确定不同

人身保险的保险利益不同于财产保险，主要表现在：第一，在财产保险中，保险利益具有量的规定性；而在人身保险中，人的生命或身体是无价的，保险利益也不能用货币估算。因此，人身保险没有金额上的限制。第二，在财产保险中，保险利益不仅是订立合同的前提条件，而且是维持合同效力、保险人支付赔款的条件；而在人身保险中，保险利益只是订立合同的前提条件，并不是维持合同效力、保险人给付保险金的条件。

（4）期限不同

财产保险如火险等保险期限大多为1年，而人身保险大多为长期性保单，长则十几年、几十年或人的一生。

（5）是否具有储蓄性的不同

财产保险的保险期限一般较短，保险人无法将纯保费用于长期投资，财产保险不具有储蓄性。人身保险，尤其是人寿保险，具有明显的储蓄性，但又不等同于储蓄。

（三）财产保险的分类

财产保险分为财产损失险、责任保险、信用保证保险三大类险种。

财产保险可进一步细分为：财产险、货物运输保险、运输工具保险、农业保险、工程保险、责任保险、保证保险。

（四）人身保险的分类

人身保险有如下几种分类方法：

1）按保险责任分类，人身保险可以分为人寿保险、人身意外伤害保险和健康保险。

人寿保险：是指以被保险人的生命为保险标的，以被保险人生存或死亡为保险事故的人身保险。

人身意外伤害保险：简称为意外伤害保险。其是以被保险人因遭受意外伤害事故造成的死亡或伤残为保险事故的人身保险。意外伤害保险的优点是保费低廉，保障高，投保简便。在乘坐交通工具时人们往往选择航空意外伤害保险、旅行意外伤害保险等来规避风险。

健康保险：是以被保险人的身体为保险对象，保障被保险人在意外事故或疾病所致伤害时的费用或损失进行补偿的一类人身保险。其包括住院医疗保险、重大疾病保险、意外伤害医疗保险、手术保险、收入损失保险等。

2）按保险期限分类，人身保险可分为长期保险业务和短期保险业务，区分标准是以一年为界。

3）按承保方式分类，其可分为团体保险和个人保险。

4）按能否为投资者带来分红分类，其可以分为不分红保险和分红保险。

三、保险的主要业务品种

保险分类繁多。但常见情形下，适合个人和家庭购买的主要保险品种有保障功能类和理财功能类。保障功能类主要有人寿险、意外伤害险、医疗保险、家庭财产保险、机动车辆险和房屋保险等；理财功能类主要有投资连结险、分红险、万能险、教育险等。下面具体阐述这些保险品种。

（一）保障功能类

1. 人寿险

人寿保险又称生命保险，是以人的生命为保险标的，以人的生死为保险事故，当发生保险事故时，保险人对被保险人履行给付保险金责任的一种保险。分为定期寿险、终身寿险、两全保险、年金保险。

（1）定期寿险

定期寿险又称“定期死亡保险”或“定期人寿保险”。它是人身险中最简单的一种，指在合同约定的期限内，被保险人如发生死亡事故，保险人依照保险合同的规定给付保险金。

(2) 终身寿险

终身寿险又称“终身死亡保险”或“终身人寿保险”，是提供终身保障的保险。尽管人的生命千差万别，但终身寿险一般设计到生命表的终端年龄百岁为止。它承担被保险人死亡保险的给付保障责任，该险种不论被保险人何时死亡，只要发生约定的被保险人死亡事件，保险公司都必定要给付全额保险金。从保险责任看，终身寿险除了保障期限较长外，与定期寿险类似。

(3) 两全保险

定期寿险和终身寿险都是在被保险人死亡的情况下给付保险金。两全保险不仅在被保险人死亡时向其受益人支付保险金，而且如果被保险人生存至保险期满也要向其支付保险金。因此，两全保险是死亡保险和生存保险的综合，其保险金额分为危险保障保额和储蓄保额，而且其中的危险保额会随保险年度的增加而递减直至期满消失，而储蓄保额则随保险年度的增加而增加。

(4) 年金保险

年金保险是保障被保险人老年生活的一种保险，按照合同保险公司每隔一定周期支付一定数额的生存保险金给被保险人。年金保险最鲜明的特点在于其不采用一次性给付保险金的方式，而是按照被保险人与保险公司的约定以年周期或月周期给付保险金。保险金的给付可以约定确定年金，也可以约定终身年金。确定年金与被保险人的生命生死概率无关。

2. 意外伤害险

(1) 意外伤害险的涵义

意外伤害保险是指投保人向保险人交纳保险费，如果在保险期内因发生意外事故，致使被保险人死亡或伤残，支出医疗费用或暂时丧失劳动能力，保险人按照合同的规定给付保险金。意外伤害保险的保障项目有四项：死亡给付、残废给付、医疗给付、停工给付。

(2) 意外伤害险的特点

意外伤害保险是损害赔偿性的保险，是一种介于财产保险和人寿保险之间的一种保险，其特点如下：

1）保险期限较短，一般不超过一年。

2）纯保险费是根据保险金额损失率计算的，这也与财产保险相同。

3）意外伤害保险的死亡保险金按约定的保险金额给付，残废保险金按保险金额的一定比例给付。

由于纯粹的意外伤害保险只承担发生意外事故后的身故、残疾保险金及医疗费用开支，所以费率比较低，适合收入较少、对其他保障形式需求不大的被保险人，比如在校学生。

3．医疗保险

医疗保险主要包括普通医疗保险、意外伤害医疗保险、住院医疗保险、手术医疗保险、特种疾病保险等。

（1）普通医疗保险

普通医疗保险是指被保险人因疾病和意外伤害支出的门诊医疗费和住院医疗费由保险公司来支付或补偿支付的保险。其是医疗保险中保险责任最广泛的一种，一般采用团体方式投保，或者作为个人长期寿险的附加保险。

（2）意外伤害医疗保险

意外伤害医疗保险，是指被保险人因遭受意外伤害支出的医疗费由保险公司承担责任的保险。其是附加险，主险即基本险为意外伤害保险，团体和个人都可以投保，不必进行体检。意外伤害医疗保险的保险期限与意外伤害保险相同，保险金额既可以与基本险相同，也可以另行约定。

4．机动车辆险

（1）保险标的

机动车辆险是以机动车辆为保险标的的保险。其范围包括：汽车、电车、电瓶车、摩托车、拖拉机、各种专用机械车、特种车。机动车辆险是财产保险中最普及也是最主要的险种之一，主要承担因保险事故造成的车辆本身的损失，以及他人的人身伤亡和财产损失。

（2）种类

1）第三者责任险：是指被保险车辆因保险责任范围内的原因（如碰撞、倾覆、爆炸、火灾）而引起被保险车辆以外的财物损失和人员伤亡，并且依法应由被保险人承担经济赔偿的那部分损失，由保险公司承担赔偿责任的保险。第三者责任险承担的是被保险人对他人的经济赔偿责任，至于被保险人自己的损失，在第三者责任险中保险公司不承担赔偿责任。第三者责任险是必须投保的险种，在验车、新车验牌照时都要检验车辆是否投保了第三者责任险。

2）车辆损失险：是指对被保险车辆因保险责任范围内的原因（如碰撞、倾覆、爆炸、空中坠物等）而引起的损失承担赔偿责任的保险。该险种属于自愿投保的险种。

3）附加险：机动车辆保险的附加险包括全车盗抢险、玻璃单独破碎险、车辆停驶损失险、自燃损失险、新增设备损失验、车上人员责任险、无过错责任险、车载货物掉落责任险、不计免赔特约险等。未购买基本险的不能购买附加险。该险种属于自愿投保的险种。

（3）购买车险的搭配方案

除第三者责任险为必须投保的品种、车辆损失险作为主险一般都应参保外，附加险的选择需根据驾驶人的驾车技术、车辆的新旧程度等进行合理搭配，推荐方案如表 3-3 所示。

表 3-3　车险搭配方案推荐

类　别	险种搭配方案	理　由
新手开新车	车辆损失险、第三者责任险、全车盗抢险、玻璃单独破碎险、新增设备损失险、不计免赔特约险、车上人员责任险、无过失责任险	除新车发生自燃的可能性较小，可以不投保自燃损失险以外，其他险种是新手开新车必须考虑投保的内容，其中，由于新手的驾驶技术尚有待提高，故第三者责任险最好投保较高的赔偿限额
新手开老车	车辆损失险、第三者责任险、自燃损失险、不计免赔特约险、车上人员责任险、无过失责任险	小偷很少光顾老旧车辆，盗抢险没必要参加。车辆陈旧，因此自燃的可能性增大，投保自燃损失险是最好的选择
老手开新车	车辆损失险、第三者责任险、全车盗抢险、玻璃单独破碎险、新增设备损失险、不计免赔特约险、车上人员责任险	新车容易吸引窃贼的注意，所以盗抢险是必须投保的。对新车一般都会爱护有加，如果投保了玻璃单独破碎险，当玻璃上有裂纹时，更换玻璃将变得轻松。老手驾驶技术熟练，出险概率较低，可以不投保无过失责任险，但为了提高保障程度，不计免赔险还是应该投保
老手开老车	车辆损失险、第三者责任险、自燃损失险、车上人员责任险	高超的驾驶技术加上一辆老车，因此只需选择最重要的险别。虽然是即便擦刮也不心疼的老车，但碰撞后总要修理。投保车辆损失险后，可免去许多烦恼。老车的油路、电路系统恐怕都不太可靠，投保自燃损失险，会使驾驶时更放心。车与人相比，人更重要，因此投保车上人员责任险还是必不可少的

5．家庭财产保险

当前我国家庭财产保险的种类主要有家庭财产两全保险、普通家庭财产保险、长效还本保险。

（1）家庭财产两全保险

家庭财产两全保险的保险标的为室内财产，包括家用电器和文体娱乐用品、衣物和床上用品、家具及其他生活用具。但诸如金银、珠宝、钻石、邮票、字画、艺术品、货币、古玩、票证、有价证券、书籍、烟酒、食品、种植物等需专业鉴定人员确定价值或难以估算价值的财产不在保障范围之内。

家庭财产两全保险既具有灾害补偿的性质，又具有储蓄的性质。也就是说，投保人的保险费中的利息当作灾害补偿保费，保险满期时，无论在保险期内是否发生赔付，保险储金的本金均需返还投保人。家财两全保险的保险责任期限一般分为 1 年和 5 年，保险储金采取固定保额方式，一般以 1000 元或 1000 元的整数倍，最低投保为一份，可投保多份。

（2）普通家庭财产保险

普通家庭财产保险的承保范围和保险责任与普通家庭财险相同，保险标的为室内财产，包括家用电器和文体娱乐用品、衣物和床上用品、家具及其他生活用具。非保险范围物品与家庭财产两全保险一致。该险种保险期限通常为一年，采取交纳保险费的方式承保，保险期限为从保险人签发保单当日的零时起，到保险期满日的 24 时止。保险满期所交保费不退，续保需重新办理手续。

(3) 长效还本家庭财产保险

该保险是家财两全保险和普通家财保险相结合的产物。其保险内容是：保险投资者交给承保公司的保费是“储蓄金”，当保险满期时，只要投保人不申请退保，上一期的储金可以自动转为下一期的储金，保险责任继续有效，直至发生保险事故或者保户要退保为止。但保险公司保留保险公司终止合同的权利，原因是该险种的实际有效期长，不可测风险较大。

小贴士

重大疾病保险

重大疾病险，是指由保险公司经手办理的以特定重大疾病为保险对象的保险，如心肌梗死、恶性肿瘤、脑溢血等。当被保人患有上述疾病时，由保险公司对被保险人所花医疗费用给予适当补偿的商业保险行为。根据保费是否返还来区分，可分为返还型重大疾病保险和消费型重大疾病保险。

(二) 理财功能类

1. 投资连结险

投资连结保险的简称为投连险，顾名思义，是典型的投资型险种。相对于一般寿险产品而言，投连险除了给予客户必要的生命保障外，更具有相对较强的投资功能。购买者缴付的保费除了一小部分用于购买保险保障外，其余部分进入被保险人的投资账户。投资账户中的资金由保险公司的投资专家进行投资，收益将全部分摊到投资账户内，归客户所有，同时客户也要承担相应的投资风险。所谓“投资连结”，通俗地说，就是将投资收益的不确定性“连结”给客户。

与传统保险产品相比较，投资连结险具有以下特点：①保障充分；②突出投资理财功能；③透明度与灵活性；④风险。传统产品的投资风险完全由保险公司承担，而该险种的情况则不同，客户收益的高低直接取决于投资业绩的表现并随之波动，客户在拥有更大获利空间的同时也承担较大的投资风险。

2. 分红险

分红险是分红保险的简称，是指保险人在每个会计年度结束后，将上一个会计年度该保险的可分配盈余以现金红利或增值红利的方式分配给客户的一种保险。据保监会规定，保险公司应将当年可分配盈余的大部分分配给客户。同时保险公司还要向每位投资者寄送带有分红方案的业绩报告，说明该类分红保险的投资收益状况、当年盈余和可分配盈余、该客户应得红利金额等，做到充分透明。客户保单中除分红外的其他利益，不会因分红而受到影响。分红保险除分配红利给客户外，像传统寿险产品一样，它还提供基本的寿险保障，如满期给付、身故保障等，其金额在保险合同中都有明确的约定，如表3-4所示。

表 3-4　分红险的产品优势

项目	分红险	投资连结险	传统保险
主要特点	保险和投资绑在一起，在传统保险的基础上，加上分红功能	保险和投资分开，在传统保险的保障功能上，加上投资功能	保单载明的保障或储蓄功能
盈余来源	利差益、死差益、费差益及其他盈余	投资账户的投资绩效	无
退保给付	有一个最低的保证现金价值	现金价值是不保证的，与投资账户累计值直接挂钩	按保单载明的现金价值给付
满期给付	按投保时约定的保险金额加上累计红利	投资账户累计值（投资单位价值总额）	按投保时确定的满期保险金额
身故给付	按投保时约定的保险金额加上累计红利	与投资账户累计值挂钩，取投资账户累计值与合同保险金额中的较大值	按投保时确定的人身保险金额
额外费用	不收取额外的费用	收取投资账户管理费	无
风险	保户和保险人共担	完全由保户自己承担	无风险

注：①死差益是指保险公司的实际风险发生率低于预计风险发生率，即实际死亡人数比预期死亡人数少时所产生的盈余；②利差益是指保险公司的实际投资收益高于预计投资收益时所产生的盈余；③费差益是指保险公司的实际营运管理费用低于预计营运管理费用时所产生的盈余。

由于分红保险为客户提供了分享保险公司经营成果的可能，因此它可以有效地避免金融市场上下波动给客户和保险公司双方带来的风险。尤其是在目前金融市场变化较多的情况下，一般单个客户受各方面因素的限制，很难对市场变化做出专业的分析和预测，而保险公司由于拥有一批经验丰富的专业投资和风险控制人员，比起一般客户，更能有效克服市场波动可能造成的损失。所以说，分红保险为客户在当前金额环境下有效规避风险、获得最大利益提供了一个良好的机会。

每年派发的红利是不可预见且也是不能保证的，它会随保险人的实际经营绩效而波动。投资者未来获得红利的多少，将反映出该保险公司业务经营能力的强弱，因此投资者在选购分红保险时，尤其需要慎选保险公司。

小贴士

万能保险

万能保险（universal insurance）指的是在支付某一最低金额的首期保险费后可以任意支付保险费以及任意调整死亡保险金给付金额的人寿保险。该保险的特点就是保险可根据投资者的需要做灵活调整。万能保险除了同传统寿险一样给予被保险人生命保障外，还可以让客户参与由保险公司为投保人建立的投资账户内资金的投资活动，将保单的价值与保险公司独立运作的投保人投资账户的投资业绩联系起来。

3. **教育险**

每个家长都“望子成龙，望女成凤”，因此中国人历来重视教育。为了孩子的将来，只要条件允许，父母大多对教育不惜代价，以期孩子将来找到理想的工作，有一个美好的未来。但近年来，日趋昂贵的教育费用，使得教育支出占家庭收入之比不断上升。教育保险的推出，正是为了给目前收入稳定的父母们提供一个很好的储蓄子女教育费用的方法，确保他们顺利完成学业。

教育保险不设上限，以家庭的实际承受能力为购买标准，分为小学教育金、初中教育金、高中教育金和大学教育金，贯穿了未成年人的整个教育阶段。

从保障的内容上，教育保险除了提供教育金，有的还将婚嫁金纳入了保障范围，这更加符合中国人扶持子女“成家立业”的习惯；还有的教育保险将生存金给付、意外死亡及伤残等多项保障集合在一个险种中；有的教育保险，将保障的期限延至55或60岁，到时可获得一笔满期保险金。除此之外，有些教育保险还提供了少儿险种向终身保险、两全保险或养老保险的转换，既延长了保险保障，又能免除核保手续，这样一份保险就可以贯穿人生各个时期。

在保障程度上，在保险期间投保人万一发生身故或高残等意外事件，为了保障被保险少儿仍能完成学业，保险公司将免除被保险人余下各期的保险费，而保险责任继续有效；或者以减少保险金额的形式，以维持保险单的效力。

教育保险也出现了具有分红功能的新型险种。在为未成年子女筹措教育金的同时分享保险公司的经营成果，取得分红回报，提高资金利用率，获得理财与保障的双重效果。

四、保险理财计划的制订与技巧

合理制订一份合适的保险计划，首先要确定购买保险的原则。

（一）购买保险的原则

保险商品有其自身的复杂性，没有最好的，只有最合适的。因此，在购买保险时应做到“量体裁衣”，确定最恰当的保险方案。以下是购买保险时应遵循的一些基本原则：

1）量入为出，要根据收入安排保险种类。

2）确定保险需要。购买适合自己或家人的人身保险，投保人要考虑三个因素：适应性；经济支付能力；选择性。

3）重视高额损失。一般而言，较小的损失可以不必保险，而对于高额损失就需要投保高保险金额。

4）利用免赔额。如果有些损失消费者可以承担，就不必购买保险，可以通过自留来解决。当这个可能的损失是自己所不能承担的时候，可以将自己能够承受的部分以免赔的方式进行自留。这里的免赔额又称自负额，指在损失中由被保险人自己承担的金额，据此被保险人发生的医疗费用在免赔额以下的部分由自己承担，超额部分由保险人补偿。

5）合理搭配险种。投保人身保险可以在保险项目上进行组合，购买一个至两个主险附加意外伤害、特种疾病保险，使人得到全面保障。但也要注意避免重复投保，使用于投保的资金得到最有效的运用。

（二）若干险种投保技巧

1．健康保险投保技巧

健康保险属于人身保险，是一种特殊的保险。它包括重大疾病保险、收入损失保险、手术保险、意外伤害医疗保险、住院医疗保险等。对于健康保险，投保人在投保过程中应注意以下方面：

1）注意保险责任范围，即分清楚哪些疾病是保险责任范围内的，是否投保范围更大或更合适的保险品种以规避健康问题的风险。

2）注意投保年龄限制，一般年龄有最低和最高限制，老人和婴儿可能不在保险范围内。

3）注意保险的免赔额，因为多数保险公司会对金额较低的医疗费用采用免于赔付的规定，所以有些损失，如果消费者可以承担，就可以自留风险，不必购买保险。

4）注意住院医疗保险的观望期。观望期是指保险合同生效一段时间后，保险人才对被保险人因疾病而发生的医疗费用履行责任，而这段观察时间即为观望期。观望期内发生的医疗费用支出，保险公司一般不承担赔付责任。保险公司这样做的目的主要是防止投保人或被保险人可能存在的“道德风险”。观望期有 90 天和 180 天两种。

2．养老保险投保技巧

养老保险有社会养老保险（简称社保）与商业养老保险之分。一般人都会有社保，那么有了社保后，还需不需要商业保险呢？结论是显而易见的，因为养老金并不会随着收入的绝对增加而增高，收入越高，社保能解决的问题就相对越少。所以为了保证退休后的生活质量，商业养老保险是必不可少的。

规划养老保险，事先要做到“五定”，即定保额、定领取方式、定领取时间、定领取年限和定类型，才能买到适合的产品。

(1) 定养老险保额

养老险保额可以按个人需要确定为富裕型、适中型和基本型三大类。在社会保障有一定基础的前提下，可考虑以基本的老年生活费作为购买多少养老保险的初步标准。一般来说，中低收入家庭可主要依靠社会养老保险养老，商业养老保险作为补充；高收入者可主要靠商业养老险保障养老。确定实际养老金额可通过估计以后的年平均收入、确定退休年龄、估计死亡年龄、计算老年资金需求缺口、确定最终养老保险保额这一流程来完成。有专家建议，购买养老保险所获得的补充养老金不易过高或过低，以占所有养老费用的 20%～40% 为宜。

【案例3-1】 养老保险额的确定

兰女士现在42岁，假设其退休前年平均收入是5万元，58岁退休。假设她年收入不变，并按保险公司用以参考制定人寿保险费率的生命表假定其死亡年龄，她的收入平均用到42岁以后的各年生活中，即退休后的生活费用与退休前一样多。

案例分析：

依据生命表，42岁的人平均能再活35.62年。退休后每年的生活费用为50 000×(58－42)/35.62＝22 727.3(元)；总费用为22 727.3×[35.62－(58－42)]＝436 364(元)。也就是说，摒弃通货膨胀因素，兰女士每年养老金需求大约是2万多元，总需求大约是43万多元。如果兰女士想以商业养老保险补充20%的未来养老费用，那么，每年需以商业养老保险补充4545.5（22 727.3×20%）元的养老费用，共需补充87 273（436 364×20%）元的养老费用。也就是说，如果兰女士以预计的养老总费用为标准购买养老保险，要购买58岁后每年能领到4545.5元左右养老金的养老险，或购买60岁后能一次领取到87 273元左右养老金的养老险。

(2) 定养老金的领取方式

对于不同的人群，养老金领取方式是很有讲究的。目前，商业养老保险的领取方式分为期领与趸领。

期领，即分期领取，是指在一段时间内定期领取养老金，如每年或者每月，类似社保养老金的领取方式，在单位时间计算好领取额度，直到将保险金全部领取完毕为止。趸领即一次性领取，是指在约定的领取时间，把全部的养老金一次性全部取走的方式。这种方式比较适合退休后进行二次创业或者有诸如出国旅游等大笔支出预算的客户。实务中，多数客户倾向于选择期领的方式。

(3) 定养老金的领取期限

市场上的养老保险在领取年限上通常有两种：一种是保险期限为终身，可终身领取；另一种领取年限为保证领取，如保证养老金领取10年或者20年。第一种情况下，被保险人活得越长越划算，养老金的开始领取时间自然是越早越好；第二种情况无论从什么年龄开始领取，实际领取的总金额并不会有太大影响。

(4) 定养老金的领取年龄

养老险的领取起始年龄有多种方式，一般而言，养老金领取的起始时间通常集中在被保险人50、55、60、65周岁这4个年龄。如果还没有开始领取，可以选择更改领取年龄。

3. 分红保险投保技巧

(1) 购买分红保险的误区

首先，把分红险与银行储蓄做比较，其实二者对不同的人有不同的含义；其次，没有收益就退保，显然这样做是错误的；第三，是银行或邮政金融机构同时承担风险，其实真正承担风险的是保险公司。

(2) 分红险与储蓄存款的区别

储蓄存款和分红保险哪个更划算不能一概而论，对不同的人来说，含义有所不同。储蓄存款的优点是安全性好、种类多、变现性较好，投资无任何手续费用；缺点是利息税受国家政策变化而变化，纯储蓄功能，收益较低。分红保险的优点是安全性好，免利息税，有保险基本功能，还可能有比储蓄高一些的收益；缺点是收益具有不确定性，变现能力较差，还要支付变现手续费用。

(3) 分红保险的适宜投资群体

分红保险集保险和投资功能于一体，基本上按期返还，还会有额外分红。分红保险适于如下的投资群体或家庭：一是短期不需要资金或中长期有闲置投资资金的家庭；二是收入稳定且没有大宗购买计划的家庭；三是高收入群体中没有其他高收益投资渠道或投资方式单一的家庭，出于投资多元化原则可适当购买分红保险。

不论是哪种类型的家庭，投资分红险时一定要理性，将保险投资资金控制在合理比例之内，在拥有一定比例的传统投资如储蓄、债券的基础上，再根据自己的情况去投资分红保险。

4．医疗险投保技巧

如同养老险一样，这里谈到的医疗险也指商业保险。医疗险与养老险同样重要。我们看一下医疗保险的投保技巧：

(1) 同样的保额，分开投保比单独投保划算

购买费用型医疗保险，即依照住院时所花费的医疗费用按比例报销的保险，投保相同的保额，分别在两家保险公司投保要比单独在一家保险公司投保更划算。

(2) 已参加社会医疗保险者，投保津贴型保险比投保费用型保险更划算

如果被保险人已经参加了社会医疗基本保险，只是想以商业医疗保险作为一种补充手段，以分担需要自费负担的那部分医疗费或因病所造成的收入损失，那就应该选择给予住院补贴或定额补偿的险种。

(3) 选择能够保证续保的险种

目前保险市场上销售的医疗保险产品，可分为两大类：一类是传统的不续保的附加住院医疗险。只有在购买了主险之后才能作为附加险投保，而且保险期仅为一年。如果被保险人因病住院发生了理赔，当第二年续保时，保险公司要进行“二次核保”，并根据核保情况，保险公司或者加费承保，或者不再承保。另一类是保证续保的险种。对于被保险人来说，有无“保证续保权”至关重要。所以在投保时一定要详细了解保单条款，尽量选择能够保证续保的险种。

第六节 其他投资工具

一、信托投资概述

（一）信托的概念

信托是指委托人基于对受托人的信任，将其财产权委托给受托人，由受托人按委托人的真实意愿并以自己的名义，从受益人的利益角度出发进行管理或处分信托财产的行为。信托关系中的当事人涉及委托人、受托人和受益人。

小贴士

信托的特点

信托具有以下五个方面的特点：

1）所有权与利益权相分离。

2）信托财产的独立性。

3）责任的承担遵循有限责任原则。

4）信托损益的计算遵循实绩原则。

5）信托管理的连续性。

（二）信托投资的风险

信托不是金边国债，更不是银行储蓄，不可能保赚不赔，投资信托产品要有承担风险的心理准备。

1．信用风险

因受托机构的经营活动的不确定性或经营状况发生恶化，不能按最初承诺偿还资金，这将使信托资金人蒙受损失。

2．预期收益率风险

信托投资属于私募性质，发行条件不算严格，且为定向发行，其风险性与企业债券相当，同时信托合同的收益率只是信托公司预期的收益率，并不一定是投资者最终收益率。我国《资金信托暂行办法》规定，信托投资公司在办理资金信托时，不得承诺资金不受损，也不得承诺信托资金的最低收益。这就意味着预测的年平均收益率在没有兑现之前，还是纸上谈兵，因为信托期间的许多不确定因素不可能全部被预测清楚。

3．流动风险

流动风险是任何投资产品都要面临的问题，信托资金面临的流动风险就是信托投资产品的二级市场转让问题。

4．利率和货币政策风险

利率的变动对信托投资品种尤为敏感，特别是在利率处于较低位时发行的信托投资品种，一旦遇到利率调高的情况，信托投资原先定下的回报率优势将不复存在。

5．市场风险

信托投资的市场风险是其他投资方式所不具有的。因为委托人与受托人可以在信托计划中约定，当信托投资项目的收益率达到某一指定水平时，受托人有权将项目转移给其他投资者并终止信托合同。因此，委托人在签署信托合同时应对此类条款予以重视，以免信托资金的临时收回打乱投资计划。

（三）信托的分类

1）按照信托的目的划分，信托可分为商事信托和民事信托。凡是以民法为依据建立的信托称为民事信托，即民事信托是属于民法调整范围内的信托。而商事信托是“民事信托”的对称，是以商法为依据建立的信托，属于商法调整范围内的信托业务。

2）按信托资产的性质划分，信托可分为财产信托和资金信托。财产信托是指委托人将自己的动产、不动产以及版权、知识产权等非货币形式的财产、财产权，委托给信托投资公司按约定的条件和目的进行管理或者处分的行为。资金信托，是指委托人基于对信托投资公司的信任，将自己合法拥有的资金委托给信托投资公司，由信托公司按委托人的意愿管理、运用和处分资金的行为。

3）按委托人的主体地位的不同，信托关系可以分为法人信托、个人信托、个人与法人通用信托以及共同信托。

4）按照收益对象和信托目的划分，信托可分为公益信托和私益信托。委托人为了不特定的社会公众的利益而设立的信托是公益信托。公益信托只能是他益信托。委托人为自己、亲朋或者其他特定个人的利益而设立的信托是私益信托。私益信托可以是自益信托，也可以是他益信托。

（四）信托投资理财的策略

1．投资者投资信托主要考虑的三个因素

（1）看信托公司的整体情况

对于相同类型的信托产品，投资者还需要比较发售信托产品的公司情况，选择有信誉和资金实力的信托公司发售的信托产品，降低信托投资的风险。

（2）看产品设计

投资者在选择信托产品时不可盲目追逐高收益，要重点关注信托产品的基本要素，包括投资方向和投资策略、运作期限、流动性设计、预期收益率等，选择适合自己的经济能力、风险承受能力的信托产品。

（3）看风险控制

风险控制是指产品的担保措施是否齐备。女性投资者要根据信托产品的特性判断不同产品的风险，并按照自身的承受力来选择适当的产品，否则投资信托产品不仅不能带来预期收益，还有可能带来一定的损失。

2．信托产品的投资理财策略

对投资路径主要为银行储蓄及债券投资的投资者来说，信托投资的相对高收益有明显的理财优势。对年龄大一些的女性投资者来说，由于对未来收入的预期不高，资金增值的目的基本上是用于养老和医疗，应选择以项目为主的预计收益稳定的信托产品，而对那些在资本市场运作的预计收益波动范围大的产品，即使参与，也只能是占用自己很小一部分资金。对中青年女性投资者来说，由于未来工作年限还很长，预期收入还将增加，抗风险能力相对较强，则可以参加一些资本市场运作的信托产品，以期获得较高的收益。如果投资者预计未来一年内现金需求比较大，可以选择投资一年期限的信托产品，而如果这笔资金在未来的若干年内变现需求不大，则可选择投资期限在3～5年的品种，以期获得更高收益。

3．信托产品认购的信息渠道

从目前国内信托公司推介信托产品的方式来看，投资者可以从三种方式了解信托投资的信息：第一是从银行询问有无信托投资的信息；第二是与信托公司联系或浏览信托公司网站，询问近期信托产品的开发和市场推介情况；第三是从报纸等传统媒体了解有关信托投资的信息。投资者一旦确定要认购，必须及时跟信托公司的工作人员取得联系，在预约成功的情况下在约定期限内到信托公司指定地点办理缴款和签约手续，以完成认购过程。

相关链接

投资信托的四个原则

信托不等同于企业债券；信托不是银行信贷；投资信托门槛较高；要根据信托投资项目的收益和风险选择信托投资项目。

二、银行理财

（一）银行理财及其特点

银行理财又称为“个人理财”或“私人理财”、“家庭理财”等，是20世纪80年代兴起的一项新的银行业务，最初出现在瑞士，然后在美国盛行，之后在欧洲以及亚洲的日本、中国香港等经济发达国家和地区获得了迅速推广。在我国，“理财”一词最早见于20世纪90年代初期的报端，现已成为各大银行的一项主要业务。

银行理财业务广义上讲，主要包括银行存款、柜台债券买卖、现有商业银行理财计划、股票买卖、交易所债券买卖及基金、信托产品等。狭义上讲，商业理财产品是介于银行存款和高风险投资之间的收益稳健型理财产品，其中包括债券型产品，与股票、指数、利率、汇率等挂钩的结构型产品等。最为常见的就是人民币理财产品，即由商业银行自行设计并发行，将募集到的人民币资金根据产品合同约定投入相关金融市场及购买相关金融产品，获取投资收益后，根据合同约定分配给投资人的一类理财产品。

（二）银行理财产品的种类

近年来我国商业银行发行理财产品数量激增，理财产品种类也日渐丰富。这些理财产品在为老百姓增加投资渠道的同时，有的过于专业、有的名称不太规范，因而经常让投资者无所适从。其实要搞清楚也不难，只要了解银行理财产品的本质，知道其分类情况，明了其风险收益特征，就可以根据自身的投资偏好进行甄选，选择出合适的理财品种。

1）依据客户获得收益方式的不同，银行理财产品可以分为保底银行理财产品和非保底银行理财产品。保底银行理财产品，是银行依据约定条件向客户承诺支付最低收益并承担风险，超出部分收益按照合同约定分配并共同承担风险的银行理财产品。非保底产品则是指所有投资收益由银行和客户共同承担的一种理财产品，其又可以分为非保本浮动收益银行理财产品和保本浮动收益银行理财产品。

2）按照委托期限可以分为短期、中期、长期以及无限滚动期。一般一年以下为短期，一年（包含一年）以上至两年为中期，超过两年为长期。

3）根据币种不同，银行理财产品一般包括人民币银行理财产品和外币银行理财产品两大类。

4）按照产品是否可提前终止情况可以分为银行可终止、个人无权终止产品，个人可终止、银行无权终止产品，银行和个人均无权终止产品，以及触发式终止产品。

5）按照产品是否可质押情况可分为可质押产品和不可质押产品。

6）按照业务模式可以分为银行直接投资、信托和 QDII 等。

7）根据投资不同领域可分为债券型、信托型、资本市场型、挂钩型等产品。

（三）选择银行理财产品的策略

1. 了解理财产品

选择银行理财产品，首先要深入了解产品的特性，因为理财产品有个性化差异，其流动性、收益性、安全性等各不相同，所以以模仿别人的方式进行理财产品的选择是不合适的。

2. 充分分析产品环境

不同的理财产品受到市场环境的影响，其业绩会出现波动甚至于较大波动，例如受证券市场影响较大的基金产品，其净值易受证券市场的影响而忽低忽高，这就要充分考虑理财产品推出时的具体环境。

3. 做出专业化选择

专业化是市场经济深化的必然特点。在进行银行理财产品投资时，要以专业化原则为标准进行选择。这需要考虑理财机构、理财师的专业性，包括理财产品的专业性。只有这样，才能进行收益风险的全面可控管理。

4．持续跟踪理财产品

由于理财产品的收益状况会随市场环境的变化而变，所以要动态地对产品进行跟踪，及时了解产品依托的金融市场的变动，绝对不可以不管不问。即使坚持长期投资策略，亦要定期分析产品和市场变化可能性，以调整或修正自己的投资目标。

5．不断管理理财产品

动态跟踪产品变化的目的是管理。市场是不可测的，只有全面及时进行产品管理，比如说在一个固定时间点做财务核算，分析各种工具和产品的收益情况，找到适合自己的投资方式和产品类型，才能实现最优的资产配置和收益最大化的投资组合。

三、期货投资

（一）期货交易的含义

期货交易是从现货交易中的远期合同交易发展而来的，是指买卖双方约定在将来某个日期按成交时双方商定的条件交割一定数量的标的物的交易方式。标的物又叫基础资产，可以是某种实物，如大豆、铜、橡胶等；也可以是某个金融工具，如外汇、债券，甚至某个金融指标，如三个月同业拆借利率或股票指数。前者叫普通商品期货，后者叫金融期货，后者是在前者的基础上产生而来的。自20世纪70年代以来，后者发展势头迅猛，在发达国家甚至已经逐渐取代了普通商品期货的地位。

期货合约是指由期货交易所统一制订的、规定在将来某一特定的时间和地点交割一定数量和质量实物商品或金融商品的标准化合约。

（二）期货的种类

1．商品期货

商品期货是指标的物为实物商品的期货合约。商品期货历史悠久，种类繁多，主要包括农副产品、金属产品、能源产品等几大类。

2．金融期货

（1）外汇期货

外汇期货又称货币期货，是以外汇为标的的期货合约，是金融期货中最先产生的品种，主要是为了规避外汇风险。目前国际上外汇期货合约交易所涉及的货币主要有英镑、美元、欧元、日元等。

（2）利率期货

利率期货以一定数量的某种与利率相关的商品即各种固定利率的有价证券为标的物的金融期货。利率期货主要是为了规避利率风险而产生的。固定利率有价证券的价格受到现行利率和预期利率的影响，价格变化与利率变化一般呈反比关系。

（3）股票价格指数期货

股票价格指数期货是金融期货中产生最晚的一个品种，是20世纪80年代金融创新中出现的最重要、最成功的金融工具之一。股票价格指数是反映整个股票市场上各种股票的市场价格总体水平及其变动情况的一种指标，而股票价格指数期货即是以股票价格指数为标的物的期货交易。

（三）期货交易的功能

1．价格发现

价格发现功能是指在一个公开、公平、高效、竞争的期货市场中，通过集中竞价形成期货价格的功能。由于期货价格与现货价格走向一致并逐渐趋合，所以，今天的期货价格可能就是未来的现货价格。这一关系使世界各地的套期保值者和现货经营者都利用期货价格来衡量相关现货商品的近远期价格发展趋势，利用期货价格和传播的市场信息来制定各自的经营决策。这样，期货价格就成为世界各地现货成交价的基础。

2．套期保值

套期保值又叫转移风险，就是资金供求双方为防止价格波动带来风险而进行的交易活动。套期保值需要分别在现货市场和期货市场，利用现货价格与期货价格的趋同性，在现货市场上买进（或卖出）某种商品的同时，在期货市场上卖出（或买进）同种、同量商品的期货合约，使期货市场的盈利（或亏损）与现货市场的亏损（或盈利）相互抵消，从而防止价格波动的风险，并将这一风险进行转移。通常套期保值者都拥有未来的应收债权或应偿债务，他们的目的是通过套期保值交易逃避价格不利变动带来的风险，而不是为了赚取利润。

（四）期货交易的特点

1）合约标准化。期货合约除价格随市场行市波动外，其余所有条款都是事先规定好的。

2）交易集中化。期货交易必须在期货交易所内集中进行。交易所实行会员制，只有会员才能进场交易。处于场外的广大投资者只能委托经纪公司参与期货交易。

3）双向交易和对冲机制。与证券交易不同，期货交易不仅可以先买后卖，同样允许交易者先卖后买。这使得投资者无论在牛市或熊市中均有获利机会。对冲平仓则是指交易者在期货合约到期前，进行与前期操作反向的交易来了结交易活动，而不必进行交割实物。

4）保证金制度，不必担心履约问题。期货市场的魅力主要在于，进行期货交易只需缴纳少量保证金，一般为合约价值的5%～10%，就能完成整个交易。这使得期货交易可以以小博大，对于进取型投资者来说，增加了盈利的机会；而对于稳健型投资者来说，只要安排好持仓比例，可以灵活控制风险。同时，所有期货交易都通过期货交易所进行结算，且交易所成为任何一个买者或卖者的交易对方，为每笔交易做担保。所以交易者不必担心交易的履约问题。

5）以小博大。期货交易只需交纳5%～10%的履约保证金就能完成数倍乃至数十倍的合约交易。由于期货交易保证金制度的杠杆效应，使之具有“以小博大”的特点，交易者可以用少量的资金进行大宗的买卖，节省大量的流动资金，吸引了众多交易者参与。

小贴士

期货交易的风险

期货交易存在着经纪委托风险、流动性风险、强行平仓风险、交割风险、市场风险等。其中经纪委托风险是指客户在选择和期货经纪公司确立委托过程中产生的风险，流动性风险是指由于市场流动性差，期货交易难以迅速、及时、方便地成交所产生的风险。

四、黄金投资

黄金是人类较早发现和利用的金属。由于它稀少、特殊和珍贵，自古以来被视为五金之首，有“金属之王”称号，享有其他金属无法比拟的盛誉，其显赫的地位几乎永恒。正因为黄金具有这一“贵族”地位，一段时间曾是财富和华贵的象征，用它做金融储备、货币和首饰等。到目前为止，黄金在上述领域中的使用仍然占主要地位。

（一）黄金及黄金交易

1．黄金投资工具的概念

黄金投资工具又称黄金金融工具或黄金投资媒介，是以黄金作为投资工具的一种投资方式，也是黄金投资者选择其中的一种或数种参与黄金投资的运作，以获得保值增值的主要手段。

2．黄金交易的计量单位与黄金的成色

（1）黄金交易的计量

国际上买卖黄金通常以“盎司”为计算单位，即以金衡制单位为黄金单位进行换算。其折算公式为：1磅＝12盎司；1金衡制盎司＝31.1 034 807克。

当然，除了金衡制单位，还有司马两单位（香港现货市场）、市制单位（我国大陆黄金市场）、日本两（日本黄金市场）、托拉（南亚地区的新德里、卡拉奇、孟买等黄金市场）等。以我国的市制单位为例，其折算公式为：1市斤＝10两；1两＝1.607 536金衡制盎司＝50克。

（2）黄金的成色

黄金及其制品的纯度叫做“成”或者“成色”，可以用以下四种方式区分：

第一种方式，用“K金”表示黄金的纯度。

小贴士

K金的含金量

国家标准GB11887—89规定，每开即（K）含金量为4.166%，所以，各开含金量分别为

8K＝8×4.166%＝33.328%（333‰）
9K＝9×4.166%＝37.494%（375‰）
10K＝10×4.166%＝41.660%（417‰）
12K＝12×4.166%＝49.992%（500‰）
14K＝14×4.166%＝58.324%（583‰）
18K＝18×4.166%＝74.998%（750‰）
20K＝20×4.166%＝83.320%（833‰）
21K＝21×4.166%＝87.486%（875‰）
22K＝22×4.166%＝91.652%（916‰）
24K＝24×4.166%＝99.984%（999‰）

24K金常被认为是纯金，称为“1000‰”，但实际含金量为99.99%，折为23.988K。

第二种方式，用文字表述黄金的纯度。有的首饰上打有文字标记，其规定为：足金——含金量不小于990‰；千足金——含金量不小于999‰。有的则直接打上实际含金量是多少。

第三种方式，用分数表示黄金的纯度。如果标记为18/24，即成色为18K；如果标记为22/24，即成色为22K。

第四种方式，用阿拉伯数字表示黄金的纯度。例如，99表示“足金”，999表示“千足金”。

（二）黄金价格波动分析

在分析金价市场趋势时，人们习惯将其分为短期趋势和长期趋势两类。其中短期趋势主要是由各种市场行为引起的，而长期趋势的影响因素就较为复杂，主要取决于原金生产和加工需求之间的相互作用。

1．影响价格短期趋势因素

（1）美元汇率走势

黄金价格一般与美元汇率呈负相关关系，因此在国际汇市上，美元的疲软往往会推动金价的上涨。这主要是由于美元的下跌既可以使那些以非美元作本位币的投资者用其他货币买到便宜的黄金，同时又能刺激黄金需求，特别是黄金首饰方面的消费需求。如2010年随着金融危机接近尾声，美元指数持续走低，国际金价再次走上了与美元负相关的轨迹，节节攀升，国际金价屡创历史新高，最高达到1600美元/盎司。

(2) 通货膨胀率的影响

黄金历来是防范通货膨胀的一种手段。在1978～1980年发生的抢购黄金风潮中，黄金持有者就成功地防范了购买力的销蚀。当美国的年通货膨胀率从4%上升到14%时，黄金的价格上涨了2倍多。但从那以后，黄金的价格却一直不尽如人意，这主要是由于美国的通货膨胀率得以控制，并持续下降。

(3) 竞争性收益投资

与其他投资方式相比，投资黄金既不能生息，也不会分红。黄金投资者的全部希望只能寄托在黄金价格的上涨上，因此当其他投资工具的收益增加时，持有黄金的机会成本就会很高，投资者往往不愿持有黄金，这主要是人们将黄金投资收益率与短期利率进行比较的结果。在资金市场上，黄金价格与证券价格一样与利率成反方向变动。

黄金所具有的这种独立价格的特点，已使其成为投资者分散投资风险的一种有效工具。在20世纪70年代以前，黄金还一直被人们视为一种最安全的投资方式。当时，在大多数投资者的投资组合中，黄金占了较大比重，只是到了90年代以后，由于黄金的价格持续下跌，使黄金投资者蒙受了巨大损失，人们开始对黄金作为分散投资风险工具的作用有了新的认识，并促使人们减少黄金投资在整个投资结构中的比重。

(4) 政治因素

黄金被视为防范战乱和战争风险的最安全的投资方式。国际局势紧张往往引起人们对黄金的抢购，金价随之上涨。与纸币不同，无论是在何种社会环境中还是在某个国家里，黄金均是一种价值交换的有效媒体，是一种不受当时当地的社会制度、经济环境影响的硬通货。

但是也有其他因素共同的制约。比如，在1989~1992年间，世界上出现了许多政治动荡和零星战乱，但金价却没有因此而上升。原因就是当时人人持有美金，舍弃黄金。故投资者不可机械地套用战乱因素来预测金价，还要考虑美元等其他因素。

(5) 经济因素

由于世界黄金的年产量约有70%用于首饰加工，因此，黄金首饰的消费也是影响金价的一个重要因素。一般而言，当世界经济状况良好时，黄金首饰需求就会增加，同时促使黄金价格上涨；反之，则黄金价格下跌。

(6) 季节性因素

黄金需求也会受季节变化的影响。在西方国家，圣诞节前后是黄金首饰的销售旺季，因此，每年第四季度的金价通常较高。在中国，春节前后的黄金首饰购买量往往会支撑起第一季度的黄金价格。

(7) 大型黄金公司的远期买卖行为

从20世纪80年代开始，国际上一些大型黄金公司相继推出了黄金远期买卖业务。黄金远期买卖业务的大量出现，会遏止黄金市场价格的大幅涨跌。当市场价格坚挺时，它会带来市场供应量的额外增加，当市场疲软时，它又会给市场带来需求量的额外增加，从而遏制市场价格的上涨或下跌趋势。

2. 影响价格长期趋势的因素

(1) 决定或影响黄金价格长期趋势的主要因素是黄金的供给与需求

近十年来，黄金的年均开采量为2500吨，加上原料回收和中央银行沽售等，平均年供应量仅3600吨，而平均每年的需求量达3800吨，一直呈现供不应求的情况。再加上黄金本身的“储备货币”特点，造成了黄金价格呈现上升趋势。

(2) 目前影响世界黄金价格的主要因素是民间市场力量

虽然各类黄金研究报告中，世界各国的官方储备数据最透明准确，但这并不表明现在的黄金市场价格受到官方机构的左右。

其实，女性在投资黄金时需要明白，虽然世界黄金总量的很大一部分储备在各国政府手中，但这并不是当前世界黄金市场的主流，当前世界黄金的价格走势并不被各国政府的意愿左右，各国政府的售金意愿或买金意愿并不能改变黄金价格走势的大趋势。

现在世界黄金市场的参与主角是民间力量。主要是各种类型的投资基金，其中起主导力量的是一些商品市场基金，还有就是国际大财团、大银行、大保险公司等，以及数量最庞大的人群即各类黄金投资经纪商所联结的分布在世界各国的散户黄金投资者。这些黄金市场上的民间投资力量构成了当前世界黄金交易量的95%以上。因此，世界黄金价格现在由民间市场力量决定。

(三) 黄金投资理财的基本方式

1. 金条投资

金条投资是黄金投资的传统方式或大众化方式。它最大的优点是无手续费用，变现性强；缺点是占用一定的投资资金，安全性差一些。投资金条的注意事项就是一定选择正品，尽量到知名公司购买或投资知名企业产制的金条，而且注意相关单据的保存。

2. 金币投资

金币投资包括纯金币投资和纪念性金币投资。纯金币投资类似于黄金实物投资，其价格随国际金价波动，只比黄金实物投资多了一种收藏功能。纯金币具有美观、鉴赏、流通变现能力强和保值功能，部分国家金币标有面值，但作为收藏增值潜力不大。纪念性金币是更胜一筹的收藏品，发行时有较大溢价幅度，其收藏投资的增值潜力要远大于纯金币。

3. 纸黄金

“纸黄金”投资是指纸面黄金投资，与黄金实物投资完全不同，是投资者在银行开设账户，采用不进行实物转移只进行记账方式来投资黄金承担风险性收益的一种投资方式。其投资特点是“纸黄金存款”无利息、单向交易和全款交易，属于稳健投资类型。

4. 黄金管理账户

黄金管理账户投资是黄金投资中风险较大的投资方式。往往是由于投资者因为时间和专业性等问题把资金或黄金账户交由黄金投资经纪人全权操作，其收益大小取决于经纪人的操作水平及信誉。通常来说，经纪人公司具有专业资质和“专家”团队，收费不高，只要求客户达到一定的投资规模。

5．黄金凭证

黄金凭证是世界范围内比较流行的黄金投资方式。该凭证由黄金销售商和银行提供，其优点在于高度的流通性和无储存风险，在世界各地都可以得到黄金保价。缺点是：资金占用量大，有些黄金凭证信誉度不高。

此外，黄金投资还有期货投资、期权投资、黄金股票投资、黄金基金投资等衍生品投资方式。女性投资者可依据自己的风险承担能力选择相应的黄金投资工具。

五、房地产投资

（一）房地产投资的特点

1．投资对象的固定性

房地产投资的投资对象属于不动产，投资对象相对固定。因为土地及其地上建筑物都具有不可移动性，不仅地理位置固定，而且地上附属物一旦形成，也不能移动。

2．投资的高投入和高成本特点

众所周知，房地产业是资金高度密集的行业，即使投资一宗房地产，少则几百万，多则上亿元的资金。这是由房地产本身的经济运行过程决定的。导致房地产投资的高成本主要有三个原因：一是土地开发的高成本性。土地这一自然要素总体呈走高趋势，且部分区位好的土地资源因稀缺而屡屡出现“地王”。二是由于房屋的建筑安装的高成本性。房屋的建筑安装要耗费大量的建筑材料和物资，需要有大批技术熟练的劳动力、工程技术人员和施工管理人员，要使用许多大型施工机械，且建筑施工周期一般较长，占用资金量较大，其建筑安装成本高于一般行业产品成本。三是中介交易费用高。由于房地产开发周期长、环节多，涉及方方面面，使得房地产开发的中介成本较高。

3．房地产投资的高风险性

房地产投资过程即房地产开发要经过许多环节，从土地所有权或使用权的获得、建筑物的建造，一直到建筑物的投入使用，至最终收回投资需要较长时间，可以说这个开发建设周期相当长。而且房地产投资占用资金很多，资金周转期又长，面对市场的千变万化，投资的风险因素也将增多。

4．房地产投资的强环境约束性

建筑物的不可移动性客观上要求城市甚至于乡村有一个统一的规划和布局。在进行房地产投资时，城市的生态环境、功能区分、建筑物本身的高度及密度等都是外在制约因素。这就是房地产投资的强环境约束性。

此外，房地产投资还有节税、保值、易筹借资金、低流动性、用途多样性等特点。

（二）房地产投资的风险

任何投资都有风险。在房地产投资活动过程中，风险与收益相伴生，特别是我国处在市场经济改革的深化阶段，政策调控等相关风险几无可免。

房地产投资过程中，投资风险种类繁多并且复杂，其中主要有以下几种。

1. 购买力风险

又称为通货膨胀风险，是指物价总水平上升而使得购买力下降的风险，一般与货币政策的失当有关。房地产需求与收入水平呈负相关，当收入水平实质普遍下降的情况下，人们会降低对房地产商品的消费需求，这样导致房地产投资者的出售或出租收入减少，从而使其遭受一定的损失。

2. 市场竞争风险

市场竞争风险的主要体现是销售风险，即由供求关系失衡、同业竞争加剧而致推广成本提高或楼盘滞销的风险。风险出现的主要原因多种多样，从微观分析是开发者的市场运作能力和风险内控出现了问题。

3. 利率风险

这是指利率变化带给房地产投资者的损失可能性。其主要体现在两个方面：一是对房地产债务资金成本的影响，如果贷款利率上升，会增加投资者的开发成本，加重其债务负担；二是对房地产实际价值的影响，如果采用高利率折现会直接影响房地产的净现值收益。

4. 流动性风险

流动性风险也叫变现性风险，主要受制于土地的不可移动性和房地产投资的高价值性。房地产交易的完成只能是所有权或是使用权的转移，而实体是不能移动的；房地产价值量大、占用资金多，决定了房地产交易的长期性。这些都影响了房地产的流动性和变现性。

5. 财务风险

财务风险是投资者层面的风险，是指由于房地产投资主体财务状况恶化而使房地产投资者面临着不能按期或无法收回其投资报酬的可能性。产生财务风险的主要原因有两方面：一是投资者运用财务杠杆，大量使用贷款，实施负债经营；二是购房者因种种原因未能在约定的期限内支付购房款。美国“次贷危机”的原始风险就是向没有支付能力的人贷款进行了房地产投资和消费，带来了巨大的财务风险。

6. 经营性风险

该风险是企业层面的风险，是指由于房地产开发企业经营不善或失误所造成的经营损失或破产可能性。产生经营性风险的原因有两方面：一是因企业管理水平低、效益差而引起的经营业绩低于预期目标；二是信息不对称，由于投资者对房地产交易的政策法律信息及准确的市场信息难以获得而导致了经营决策的失误。

此外，由国家政治经济变动而带来的社会风险、由不可抗力的自然灾害带来的风险都会影响房地产市场，并为投资者事业带来损失。

（三）房地产投资的方式

1．直接购房

这是传统的投资方式，也是迄今为止房地产投资者最常用的一种方式。当然，根据风险与收益对称的原理，投资者在可能获取较高收益的同时，也面临着较大风险。如果投资者完全用自有资金买房，若房屋不能及时变现，投入的资金就被套牢；如果是通过贷款支付房款，就背上了长期支付利息的包袱。

2．以租代购

即开发商将空置待售的商品房出租，并与租户签订购租合同。若租户在合同约定的期限内购买该房，开发商即以出租时所定的房价将该房出售给租户，所付租金可充抵部分购房款，待租户交足余额后，即可获得该房的完全产权。

它的特点是：不需要交纳首付款，即住即付，每月交纳一定的租金即可入住新居。对于中低收入家庭而言，通过这种投资方式购买住房是一种比较好的选择。对希望购买住房的人们而言，通过在租期内入住有利于及时发现住房质量问题，待感到满意时再购买，可避免因住房质量问题使投资受损失。

3．以租养贷

即通过贷款买房，交纳首期房款，然后将所购房屋出租，用每月的租金来偿还银行贷款，当还清贷款并收回首付款后，投资者就完全拥有了这套住房的产权。

它的特点是：花费少量的资金即可拥有自己的房屋，同时又没有长期的还款负担。因此，这种投资方式更适合于手中现金充足，但预期收入不很稳定的投资者。

4．以租养租

即长期租赁低价写字楼，然后以不断提升租金标准的方式转租，从中赚取租金差价。采用这种方式的投资人事实上充当了“二手房东”。如果投资人在房产投资的初期，资金严重不足，这种投资方式比较合适。

小贴士

“楼花”炒作

“楼花”一词来源于香港，是指未完工的物业，即期房。房子入住之前，内部认购的房号，正式认购的认购书，甚至赎买的预售或销售合同，只要能买卖的都可称为“楼花”炒作。炒楼花一般集中在内部认购买房号阶段。投资者在购买时，可以用自有资金支付房款，也可以首付住房约定销售价格的10%～20%，然后和开发商一起向银行申请按揭贷款，即银行向开发商支付余款，投资者承诺对此贷款还本付息。投资者一般会在房屋尚未交付时便将购房合同更名转让，赚取差价。楼花炒作也有较大风险，其中主要是来自市场方面的风险。从购买“楼花”到房屋建成一般需要2～3年，这期房地产市场难以预料，因此，洞悉住房价格的走势是这种投资成功的前提。

5. 其他房地产金融投资方式

以房地产投资信托为代表的房地产金融投资工具具备了证券的优势，降低了住房投资的门槛，使得中小投资者可以进入房地产市场进行投资，保证了房地产业的平衡发展和较高收益。此外，房地产股票、债券及基金等证券投资，依托基础因素是房地产业，也算是房地产业金融投资的方式。

（四）影响房地产价格的因素

房地产市场价格水平，既受到上述成本与费用构成的影响，同时也是其他众多因素相互作用的结果。这些因素包括以下几个方面。

1. 社会因素

社会因素包括社会治安状况、人口密度、家庭结构、消费心理等。例如，人口密度高的地方对住房需求多，价格也就较高；家庭结构趋于小型化增加了家庭单位数量，从而引起住房需求的增加，也会抬高住房的价格。人们消费心理的变化也影响着房地产的设计和开发建设，当人们消费心理倾向于经济实用型的时候，房地产的设计和开发都会以降低成本和售价为目标。当人们消费心理趋于舒适方便时，房地产开发则注重功能的完善和居住环境的美化。虽然这可能会增加开发成本，但同时也提高了售价。

2. 政治因素

政治因素是指会对房地产价格产生影响的国家政策法规，包括房地产价格政策、税收政策、城市发展规划等。例如，目前中国政府正通过制定政策法规致力于减少房地产开发和交易过程中的各种不合理收费，从而降低住房价格，使之与广大居民的收入相匹配。

3. 经济因素

经济因素包括宏观经济状况、物价状况、居民收入状况等。例如，当经济处于增长期时，社会对房地产的需求强烈，其价格也水涨船高。当经济处于萧条期时，社会对各种房地产的需求减少，价格自然会下降。物价水平和居民收入水平也与房地产价格呈同向变动。

4. 自然因素

自然因素包括房地产所处地段的地质、地形、地势及气候等。例如，地质和地形条件决定了房地产基础施工的难度，投入的成本越大，开发的房地产价格就越高。气候温和适宜、空气质量优良的地域，其房地产价格也会比气候相对恶劣的地域高。

5. 区域因素

区域因素包括交通状况、公共设施、配套设施、学校、医院、商业网点、环境状况等。例如，地处交通便利城区的房地产价格较高，交通不方便的郊区则价格偏低。对于商业房地产，区域因素尤其重要。繁荣的商圈区域内的房地产价格高昂，因持有这些区域的房地产而取得的租金收入不菲。

6. 房地产自身因素

个别因素是指影响某个房地产项目的具体因素，包括建筑物施工质量、造型、风格、色调、朝向、物业管理水平等。功能设计合理、施工质量优良、通风采光好和良好的朝向等因素都会相应地在房地产价格上体现出来。

（五）房地产投资收益分析

1. 出租房产的收益分析

房地产投资者在拥有房地产时，可凭借地产获取租金收入，但同时支付房地产的营运费用及偿还借款。即房地产投资者的收益为收取的租金总额减去营运费用和需要偿还的借款，投资者的收益大小取决于上述三者的多少，租金总额高、营运费用和还贷低，则收益就大。投资者在出租房屋时，还要考虑折旧。

当投资者投资房产主要用于出租时，最重要的就是评估其投资价值。以下三个公式可以帮助投资者估算投资价值。

（1）租金乘数小于12

租金乘数是比较全部售价与每年的总租金收入的一个简单公式，即：租金乘数＝投资金额/每年潜在租金收入。例如，某处房产2012年售价90万元，月租金2500元，那它的租金乘数为30，远远超过了合理范围，这样租房显然比买房合适。

投资者可以将目标物业的总租金乘数与自己所要求的进行比较，也可在不同物业间比较，取其小者。不过这个方法并未考虑房屋空置与欠租损失及营业费用、融资和税收的影响。

（2）8～10年收回投资

投资回收期法考虑了租金、价格和前期的主要投入，比租金乘数适用范围更广，还可以估算资金回收期的长短。其计算公式是：

投资回收年数＝(首期房款＋期房时间内的按揭款)/[(月租金－按揭月供款)×12]。

若房价上涨，而租金却并没有上涨，就会使投资回收年数增加。一般而言，回收年数越短越好，合理的年数在8～10年。仍以上面提到的房产为例，假设2012年首付20万元，每月供款1500元，2年后交房子，那它的投资回收年限是19.7年。这说明2012年房地产在国家宏观调控的形势下仍然不具有整体投资价值。

（3）15年收益是否物有所值

该方法是参考了国际专业理财公司通用的对物业进行评估的公式。如果该物业的年收益乘以15年等于房产购买价，则该物业物有所值；如果小于购房价，则物业价值被高估；反之亦反。

2. 销售房地产的收益分析

销售收益是指卖掉房地产的收入减去买房款、应纳税费及各种成本之后的收益。销售收益的高低取决于许多因素，如促销宣传、房屋所处地段、房屋质量和售房者声誉等。欲提高销售收益，在进行投资时就要严格考察房屋质量，看好房地产的发展前景再做投资。出售二手房则可采取加速折旧法尽快把折旧提足，在房屋需要大笔维修之前把房屋卖掉。具体收益计算的关键在于房地产的投资成本。

房产投资成本包括首期付款、按揭还款（包括本金和利息）、保险费、公证费、契税、二手房交易等费用，还包括首付款和按揭还款的利息损失（即机会成本）。首付款两成至五成不等，取决于国家的政策和购房的套数，该款项一般要求在签订购房合同时付清。银行按揭是指房款不足而向银行贷款的部分，贷款期限最长为30年，还款方式主要有等额本息还款和等额本金还款等。保险费根据按揭年限计算，提前还清贷款可以按年限退还。房产每交易一次要缴纳一次契税，二手房交易费用由中介公司收取。由于按揭还款本金部分已经包含在房屋总价之内，在计算按揭贷款成本时只要计算按揭还款利息即可。具体计算公式是：利润＝卖出价－买入合同价－交易费用－按揭利息支出－利息损失。

1）按揭贷款利息支出。如果投资人的资金有限或有意加大投资规模，必须依靠银行贷款，按月支付按揭利息。从上面计算公式不难看出，减少按揭利息支出可以降低成本。等额本息还款法是采取递增还本金、递减还利息的方法，即存在“先还利息”的现象；而等额本金还款法每期偿还的本金固定，按实际贷款余额计息。同样一笔银行按揭贷款，采用等额本息还款法前期偿还的本金要少于等额本金还款法。所以，对于准备提前还贷的投资人，应采用“等额本金还款法”，以减少利息支出。

2）计算投入资金的利息损失（机会成本）。投入资金包括首付款和按揭还款，主要部分是首付款，一般参照银行利息计算，如果按照一年期定期利率3.5%计算，10万首付款的年利息损失为3500元（不考虑利息税）。

3）估算一次性的交易费用，包括契税、印花税、保险费、公证费和中介费等。

税收，包括契约印花税，普通住宅为房价的1.5%；高楼住宅为房价的3%；产权印花税为5元每户。

交易手续费，每建筑平方米2.5元；交易登记费100元；图纸费25元；抵押登记200元。

按揭相关费用，包括律师费，占贷款额的0.25%~0.3%；公证费200元每份；保险及评估费，占贷款的1.5%。

维修基金，购房款的2%。

以上商品房买进费用总计约为购房价格的5%。如果是出售房产，不论是单位还是个人，在一定年限内转让的需缴纳一定比例的营业税。

本章重点

1. 储蓄的利息计算和理财方法。

2. 影响股票价格的因素、股票交易的程序。

3. 债券投资的策略和技巧。
4. 封闭式基金与开放式基金的区别。
5. 保险规划的制定。
6. 信托投资与银行理财产品的特点。
7. 期货交易的功能和特征。
8. 黄金投资的主要方式。
9. 房地产投资的收益分析。

复习思考题

一、名词解释

1. 储蓄	2. 利息	3. 信用卡	4. 股票
5. 优先股	6. 股价指数	7. 基本分析	8. 技术分析
9. K线	10. 债券	11. 贴现债券	12. 凭证式债券
13. 证券投资基金	14. 基金管理人	15. 第三方存管	16. 保险
17. 财产保险	18. 人身保险	19. 保险利益	20. 信托投资
21. 银行理财	22. 期货合约	23. 期货交易	24. 黄金投资
25. 房地产投资			

二、思考题

1. 储蓄理财的方法有哪些?
2. 特殊目的的储蓄形式有哪些?
3. 女性如何利用信用卡来进行理财?
4. 普通股与优先股的区别是什么?
5. 影响股票价格的因素有哪些?
6. 股票投资止损的方法有哪些?
7. 简述股票的分类、性质和特点。
8. 股票投资基本分析要考虑哪些因素?
9. 股票投资收益有哪些形式?
10. 影响行业兴衰的因素有哪些?
11. 举例说明股票投资的基本原则。
12. 试述股票投资的主要策略。
13. 影响债券估价的因素有哪些?
14. 简述国债投资的策略和技巧。
15. 封闭式基金与开放式基金的区别是什么?
16. 保险有哪些功能?

17．社会保险和商业保险有什么区别？

18．信托投资理财有哪些策略和技巧？

19．影响黄金价格波动的因素有哪些？

20．试述房地产投资的风险和特点。

三、案例分析题

1．李女士2006年刚刚入市，曾在半年内获得了翻倍收益。后来她加大投入，在2007年取得了不菲收益。但到了2008年，她却难以高兴起来，至2008年底，她的股票投资收益总体为负，远远不及固定收益券的收益率。在2009年，她开始赎买基金，并且采取定投方式把节约的资金投入到基金，至2010年底，收益率超过银行存款收益率。在2011年，李女士又开始购买银行理财产品和信托产品，收益率虽然不高，但超过了股票市场的投资收益率。

试分析李女士投资理财过程中各类工具的优劣，并结合时下的证券市场，提出相应的投资建议。

2．刘先生夫妇同龄，35岁，有一个12岁的小孩。刘先生夫妇的每月收支、年度收支和家庭资产负债状况如下：刘先生本人月收入5000元，家庭基本生活开销3000元；配偶月收入3000元，合计8000元；每月节余5000元。刘先生的年度收支状况如下：年终奖金10 000元，疾病健康等保险费支出8000元，旅游、节日礼物等费15 000元，每年节余－13 000元。家庭资产负债表（单位：元）包括现金和活期存款6000元，定期存款60 000元，股票基金40 000元，债券基金20 000元，房产（自用）150 000元，家庭资产净值276 000元。

刘先生夫妇的财务目标如下：首先是购房。由于和父母住在一起，老人的开销不用夫妇俩负担，但总价15万元的旧房显得偏小，不能满足一家五口的居住需求。当前房价偏高，刘先生夫妇打算在2年后买一个价值40万的三房一厅的房子自住（旧房子归父母），首付3成，准备按揭15年。其次是准备小孩的教育基金。正常情况下，刘先生的小孩将在18岁上大学。让小孩完成当前的大学教育，至少需要5万元，假设大学费用的年增长率是3%，刘先生希望6年后能攒够小孩的大学费。再次是退休金的储备，刘先生夫妇准备在55岁退休。退休后刘先生夫妇的合计社保退休金是每月3000元，刘先生希望达到退休前的生活水准。最后目标是买车。刘先生夫妇喜爱出游，有车则出外旅游更加便捷。如果有可能，刘先生希望4年后能买一辆15万的车子。

假定存款利率为3%，股票长期投资利率为8%，债券投资收益率为5%。

请为刘先生做一个财务规划，尽可能实现刘先生的财务目标。要实现刘先生的财务目标，刘先生的资产应如何分配？应该投资于股票、债券和银行存款的比重是多少？

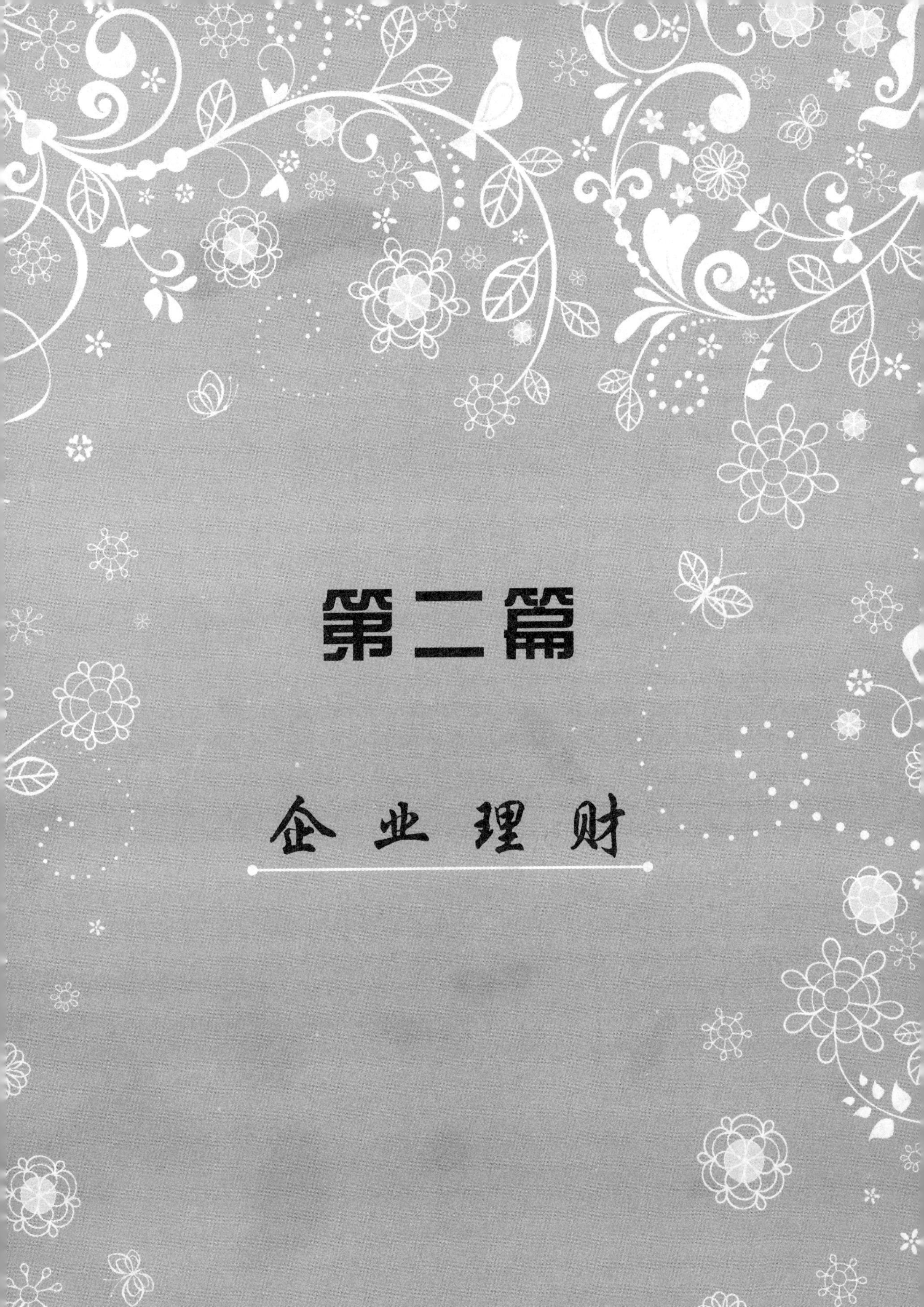

第二篇

企业理财

第四章

筹资管理

学习目标

知识目标

※ 理解筹资管理相关的概念

※ 掌握筹资的目的和主要类型

※ 掌握企业主要的筹资方式及其特点

※ 掌握个别资本成本和平均资本成本的计算

※ 掌握经营杠杆、财务杠杆和总杠杆系数的测算原理

※ 掌握资本结构优化方法

能力目标

※ 能够正确运用资本成本计算方法确定筹资成本

※ 能够正确运用平均资本成本比较法和每股收益无差别点法选择最优的筹资方案

导入案例

宏大公司是一家已上市的大型企业集团。公司现在急需1.5亿元的资金用于技术改造项目。为此，总经理陈女士召开由生产部、财务部、财务专家组成的研讨会，讨论该公司筹资问题。

陈女士首先发言，她说："公司正在进行一项技术改造项目，目前资金不足，预计需要筹措1.5亿元资金，请大家讨论如何筹措这笔资金。"

生产部孙经理说："目前筹集的1.5亿元资金，主要是用于投资少、效益高的技术改造项目。这些项目在两年内均能完成建设并正式投产，到时将大大提高公司的生产能力和产品质量，估计这笔投资在投产后三年内可完全收回。所以应发行五年期的债券筹集资金。"

财务部张经理提出了不同意见，他说："目前公司全部资金总额为12亿元，其中自有资金为5.5亿元，借入资金为6.5亿元，负债比率为54.2%。负债比率已经比较高了。如果再利用债券筹集1.5亿元资金，负

债比率将达到59.3%，显然负债比率过高，财务风险太大。所以，不能利用债券筹资，只能靠发行普通股股票或优先股股票筹集资金。”

财务专家指出：因为发行优先股所花费的筹资费用较多，预计利用优先股筹资的资本成本将达到18%，这已高出公司税后资金利润率。但若发行债券，由于税盾效应，实际资本成本大约9%左右。另外，目前我国正处于通货膨胀时期，利息率较高，这时不宜发行较长时期的具有固定负担的债券或优先股。所以，专家认为，可先向银行贷款1.5亿元，期限为一年，一年以后，再以较低的股息率发行股票来替换银行贷款。

思考：对于宏大公司来讲，究竟该采用哪种筹资方式？

第一节　筹资管理概述

资金是企业的血液，是企业设立、生存和发展的物质基础，是企业开展生产经营活动的基本前提。任何一个企业，为了构建生产经营所需资产、保证生产经营的正常运行，必须拥有一定数量的资金。企业筹资，是指企业为了满足其经营活动、投资活动、资本结构调整等需要，运用一定的筹资方式，筹措和获取所需资金的一种行为。

一、筹资的目的

筹资活动是企业一项重要的财务活动，是资金运转的起点。筹资的目的主要有两个：

（一）筹资能够满足企业日常生产经营的资金需求

筹资资金能够为企业的日常生产经营活动提供财务保障。作为企业资金周转运动的起点，企业生产经营发展的程度和资金运动的规模取决于资金的筹集状况。在企业成立之初，要按照企业的战略目标确定长期资金和流动资金的需求量；在企业日常生产经营期间，需要保持一定的营运资本数量，以满足企业日常生产经营的流动性需求。

（二）筹资能够满足企业长期发展的资金需求

筹集资金能够为企业未来的扩大再生产提供财务保障。在企业发展过程中，随着企业生产经营规模的不断扩大，由于战略发展的需要，企业还会以债权投资、权益投资和衍生金融工具投资等形式对外投资，这些投资活动往往会产生大量的资金需求，为了满足这些需求，企业必须进行筹资。

二、筹资的类型

企业筹资可以按不同的标准进行分类。

（一）债务筹资、股权筹资及衍生金融工具筹资

按照企业所取得资金的权益特性不同，企业筹资分为债务筹资、股权筹资及衍生金融工具筹资。

1. 债务筹资

债务筹资是企业通过借款、发行债券、融资租赁以及赊销商品或服务等方式形成的，在规定期限内需要偿还的债务。由于债务筹资需要在规定期限内还本付息，因而具有较大的财务风险，但其资本成本相对较低。

2. 股权筹资

股权筹资形成股权资本，是企业依法长期拥有、能够自主调配运用的资本。股权资本在企业持续经营期间不得抽回，因而也称为企业的权益资本、自有资本或主权资本。

股权筹资项目，包括实收资本（股本）、资本公积金、盈余公积金和未分配利润等。通常，盈余公积金和未分配利润统称为留存收益。股权筹资构成了企业的所有者权益的主要内容，其金额等于企业资产总额减去负债总额后的余额。

3. 衍生金融工具筹资

衍生金融工具筹资包括兼具股权与债务特性的混合融资和其他衍生金融工具融资等方式。目前我国常见的混合融资方式包括可转换债券、认股权证和优先股融资等。

（二）直接筹资与间接筹资

按照其是否以金融机构为媒介，企业筹资分为直接筹资和间接筹资。

1. 直接筹资

直接筹资，是企业直接与资金供应者协商融通资本的一种筹资活动。筹资方式主要有吸收直接投资、发行债券和发行股票等。

2. 间接筹资

间接筹资，是企业借助银行等金融机构融通资本的筹资活动。筹资的基本方式是向银行等金融机构借款、融资租赁等，主要形成债务性资金。

（三）长期筹资与短期筹资

按照筹集资金的使用期限不同，企业筹资分为长期筹资和短期筹资。

1. 长期筹资

长期筹资，是指企业筹集使用期限在1年以上的资金筹集活动。长期筹资通常采取吸收直接投资、发行股票等方式形成权益资本，采取长期借款、发行债券和融资租赁等长期方式吸收长期债务资本，筹集的资金主要用于扩大企业规模、更新设备和对外投资等。

2. 短期筹资

短期筹资，是指企业筹集使用期限在1年以内的资金筹集活动。短期筹资经常利

用短期借款、商业信用、保理业务等方式来筹集，筹集的资金主要用于企业的流动资产和日常资金周转，一般在短期内需要偿还。

（四）内部筹资与外部筹资

按照资金的来源不同，企业筹资分为内部筹资和外部筹资。

1．内部筹资

内部筹资是指企业通过利润留存而形成的筹资来源，筹资的数额主要取决于企业的盈余和股利政策。内部筹资无需花费筹资费用，相对于外部筹集的权益资本而言，资本成本较低。

2．外部筹资

外部筹资是指企业向外部筹措资金而形成的筹资来源。企业外部筹资往往需要耗费一定的筹资费用，筹资成本较高。

小贴士

筹资管理的基本要求和基本原则

企业筹资管理的基本要求是在严格遵守国家相关法律法规的基础上，分析影响筹资的各种因素，权衡各种资金来源的风险、性质、成本和金额，合理选择筹资方式，降低资本成本，提高筹集效果，达到企业的理财目的。筹资管理的基本原则包括合法性原则、适量性原则、及时性原则、效益性原则和合理性原则等。

第二节　主要筹资方式

筹资方式是指可供企业在筹措资金时选用的具体筹资形式。现阶段我国企业主要有吸收直接投资、发行股票、留存收益筹资、银行借款和发行公司债券等。前三者属于股权筹资范畴，其他属于债务筹资范畴。

一、吸收直接投资

吸收直接投资，是指企业按照“共同投资、共同经营、共担风险、共享收益”的原则，直接吸收国家、法人、个人和外商投入资金的一种筹资方式。吸收直接投资是除股份制企业之外的企业筹集权益资本的基本方式，采用吸收直接投资方式筹集权益资本的企业无需公开发行股票，资本不分为等额股份。在吸收直接投资中，注册资本部分形成实收资本，超过注册资本的部分形成资本公积。

一般来说，吸收直接投资可以迅速形成生产能力，信息披露成本低、筹资费用低，吸收投资不需通过中介机构，手续相对比较简便，但也存在例如资本成本高、控制权集中和不利于产权交易等缺陷。

小贴士

吸收直接投资相关法规

我国《公司法》规定，股东或发起人不得以劳务、信用、自然人姓名、商誉、特许经营权或者设定担保的财产等作价出资。对于非货币资产出资，需要满足三个条件：能够使用货币计量；可以依法转让；法律不禁止。同时，《外企企业法实施细则》规定，外资企业的工业产权、专有技术的作价应与国际上通常的作价原则相一致，且作价金额不得超过注册资本的20%。

二、发行股票筹资

发行股票筹资是股份有限公司筹集股权资本的基本方式。股票是股份有限公司为筹措股权资本而发行的有价证券，是公司签发的证明股东持有公司股份的凭证。

发行股票筹资的优点有：股权融资筹措的资金具有永久性，无到期日，不需归还；企业采用股权融资无须还本，但是投资人可以借助于流通市场将股票出售获取收入；股权融资没有固定的股利负担，股利的支付与否和支付多少视公司的经营需要而定。

发行股票筹资的缺点有：股票的资本成本较高。首先，从投资者角度讲，投资于普通股风险较高，相应的要求有较高的投资报酬率。其次，对筹资公司来讲，普通股股利从税后利润中支付，不像债务利息那样作为费用从税前支付，因而不具抵税作用。此外，股票的发行费一般也高于其他证券。发行股票筹资会增加新的股东，这可能会分散公司的控制权。同时，新股东会分享公司未发行新股前积累的盈余，降低普通股的每股净收益，从而可能引发股价下跌。

三、留存收益

企业留存收益包括盈余公积金和未分配利润，留存收益是企业缴纳所得税后形成的，其所有权属于股东。股东将这一部分未分派的税后利润留存于企业，实质上是对企业追加投资。

留存收益筹资的优点有：与普通股筹资相比较，留存收益筹资不需要发生筹资费用；利用留存收益筹资，虽然增加了企业的权益资本，但不会增加新的投资者，不会改变公司的股权结构，不会稀释原有股东的控制权。

留存收益筹资的缺点有：留存收益的最大限度是企业到期的净利润和以前年度未分配利润的总和，不像外部筹资可以筹集大量资金。另外，股东和投资者从自身期望出发，往往希望企业每年发放一定的利润，保持一定的利润分配比例，因此，留存收益筹资数额有限。

四、银行借款

银行借款是指企业向银行或其他非银行金融机构借入的、需要按时还本付息的款项。按其偿还期限不同，可以分为长期借款和短期借款，主要用于企业购建长期资产和满足流动资金周转的需要。

银行借款的优点有：与其他筹资方式相比，银行借款的程序相对简单，企业可以在短时间内较快获得所需资金；采用银行借款的方式进行筹资，企业具有较大灵活性；和发行公司债券相比，利用银行借款筹资的利息负担相对较低，无须支付证券发行费用，筹资成本较低。

银行借款的缺点有：限制条款较多；筹资数额有限。

五、发行公司债券

公司债券又称企业债券，是企业依照法定程序发行的、约定在一定期限内还本付息的有价证券。债券是持有人拥有企业债权的书面证明，代表持券人同发债公司之间的债权债务关系。

发行债券的筹资优点有：对于发行债券筹集的资金，企业更具自主性和灵活性，能够用于增加大型固定资产等基本建设投资的需求；发行公司债券能够一次性筹集较大规模的资金量，满足大中型企业扩张经营规模的需要；债券的发行主体往往是股份有限公司和有实力的有限责任公司等大中型企业，通过发行债券，在为企业经营活动和投资活动筹集大量资金的同时也扩大了公司的影响力；债券的还款期限较长、利率相对固定，在利率变动条件下，企业的资本成本相对稳定。

发行债券的筹资缺点有：发行资格要求较高，手续复杂；筹资弹性小；资本成本较高。

第三节　资本结构决策

一、资本成本

资本成本是衡量资本结构优化程度的标准，也是对投资获得经济效益的最低要求，企业筹得的资本付诸使用以后，只有获得高于资本成本的投资报酬率才能盈利。

（一）资本成本的含义

资本成本是指企业为筹集和使用资本而付出的代价，包括筹资费用和占用费用。资本成本是资本所有权与使用权分离的结果，是筹资人取得了资本使用权而必须支付的代价。对出资者来讲，由于让渡了资本使用权，要求取得一定利息或者股利作为补偿，资本成本表现为让渡资本使用权所带来的投资报酬。对筹资者来讲，由于取得了资本使用权，必须支付一定代价，资本成本表现为取得资本使用权所付出的代价。为了便于分析比较，资本成本一般用相对数即资本成本率表达。

（二）个别资本成本的计算

个别资本成本是指单一筹资方式的资本成本，筹资来源不同，其资本成本也不同。

小贴士

资本成本的作用

资本成本的作用主要表现在：

帮助企业选择合理的筹资方案

衡量资本结构的合理性

评价投资项目的可行性

评价企业业绩

个别资本成本可用于比较和评价各种筹资方式。

1．资本成本计算的基本模式

计算时，将初期的筹资费用作为筹资额的一项扣除，扣除筹资费用后的筹资额称为筹资净额，通用的计算公式是

$$资本成本率=\frac{年资金占用费}{筹资总额-筹资费用}=\frac{年利息率（股息率）}{1-筹资费用率}$$

若资金来源为负债，还存在税前资本成本和税后资本成本的区别。计算税后资本成本需要从年资金占用费中减去资金占用费税前扣除导致的所得税节约额。

2．银行借款资本成本的计算

银行借款资本成本包括借款利息和借款手续费用。利息费用税前支付，可以起抵税作用，一般计算税后资本成本率，税后资本成本率与权益资本成本率具有可比性。银行借款的资本成本率按一般模式计算为

$$K_l=\frac{i(1-T)}{1-f}$$

式中：K_l为银行借款资本成本率；i为银行借款年利率；f为筹资费用率；T为所得税税率。

【例 4-1】 长江公司取得 5 年期长期借款 500 万元，年利率 8%，每年付息一次，到期一次还本，借款费用率 1%，企业所得税税率 25%，该项借款的资本成本率为

$$K_l=\frac{i(1-T)}{1-f}=\frac{8\%(1-25\%)}{1-1\%}=6.06\%$$

3．债券资本成本的计算

债券资本成本包括债券利息和发行费用。债券可以溢价发行，也可以折价发行，其资本成本率按一般模式计算为

$$K_b=\frac{I(1-T)}{L(1-f)}$$

式中：K_b为银行借款资本成本率；L为公司债券筹资总额；I为公司债券年利息。

【例 4-2】 长江公司以 1200 元的价格，溢价发行面值为 1000 元、期限 3 年、票面利率为 8% 的公司债券一批。每年付息一次，到期一次还本，发行费用率 3%，所得税税率 25%。该批债券的资本成本率为

$$K_b=\frac{I(1-T)}{L(1-f)}=\frac{80(1-25\%)}{1200(1-3\%)}=5.15\%$$

4．普通股资本成本的计算

普通股资本成本主要是向股东支付的各期股利。由于各期股利并不一定固定，随企业各期收益波动，普通股的资本成本只能按贴现模式计算。如果是上市公司普通股，其资本成本还可以根据该公司的股票收益率与市场收益率的相关性，按资本资产定价模型法估计。

（1）股利增长模型法。假定某股票本期支付的股利为 D_0，未来各期股利按 g 速度增长。目前股票市场价格为 P_0，则普通股资本成本为

$$K_s=\frac{D_0(1+g)}{P_0(1-f)}+g=\frac{D_1}{P_0(1-f)}+g$$

【例 4-3】 长江公司普通股市价 25 元，筹资费用率 2%，本年发放现金股利每股 0.5 元，预期股利年增长率为 10%。则

$$K_s=\frac{0.5(1+10\%)}{25(1-2\%)}+10\%=12.24\%$$

（2）资本资产定价模型法。假定无风险报酬率为 R_f，市场平均报酬率为 R_m，某股票贝塔系数为 β，则普通股资本成本率为

$$K_s=R_s=R_f+\beta(R_m-R_f)$$

【例 4-4】 长江公司普通股 β 系数为 1.2，此时一年期国债利率 6%，市场平均报酬率 15%，则该普通股资本成本率为

$$K_s=6\%+1.2\times(15\%-6\%)=16.8\%$$

5．留存收益资本成本的计算

留存收益是企业税后净利形成的，所有权归企业的权益投资者，其实质是所有者向企业的追加投资。留存收益的资本成本，表现为股东追加投资要求的投资报酬率，其计算方法与普通股相同。企业利用留存收益筹资无需发生筹资费用，因此在计算留存收益资本成本时不考虑筹资费用。

（三）平均资本成本的计算

平均资本成本是指多元化融资方式下的综合资本成本，反映了企业资本成本整体水平的高低。在衡量和评价单一融资方案时，需要计算个别资本成本；在衡量和评价企业筹资方案的经济性时，需要计算企业的平均资本成本。平均资本成本用于衡量企业资本成本水平，确立企业理想的资本结构。

在计算平均资本成本时，需以各项个别资本在企业总资本中的比重为权数，对各项个别资本成本率进行加权平均，其计算公式为

$$K_W=\sum_{j=1}^{n}K_jW_j$$

式中：K_W 为平均资本成本；K_j 为第 j 种个别资本成本；W_j 为第 j 种个别资本在全部资本中的比重。

【例 4-5】 长江公司 2010 年期末的长期资本账面总额为 1000 万元，其中：银行长期贷款 400 万元，占 40%；长期债券 150 万元，占 15%；普通股 450 万元，占 45%。长期贷款、长期债券和普通股的个别资本成本分别为：5%、6%、9%。则该公司的平均资本成本为

$$K_W=5\%\times40\%+6\%\times15\%+9\%\times45\%=6.95\%$$

二、杠杆效应

由于特定固定支出的存在，导致当某一财务变量以较小幅度变动时，另一相关变量会以较大幅度变动，这类似于物理学中的杠杆效应，因此被称为杠杆效应，包括经营杠杆、财务杠杆和总杠杆三种形式。杠杆效应既可以产生杠杆利益，也可能带来杠杆风险。

（一）经营杠杆效应

1. 经营杠杆

经营杠杆，是指由于固定性经营成本的存在，而使得企业的资产报酬（息税前利润）变动率大于业务量变动率的现象。经营杠杆反映了资产报酬的波动性，用以评价企业的经营风险。用息税前利润（EBIT）表示资产总报酬，则

$$\text{EBIT}=S-V-F=(P-V_C)\times Q-F$$

式中：EBIT 为息税前利润；S 为销售额；V 为变动性经营成本；F 为固定性经营成本；Q 为业务量；P 为销售单价；V_C 为单位变动成本。

影响 EBIT 的因素包括产品售价、产品需求和产品成本等因素。当产品成本中存在固定成本时，如果其他条件不变，产销业务量的增加不会改变固定成本总额，但会降低单位产品分摊的固定成本，提高单位产品利润，使息税前利润的增长率大于产销业务量的增长率，进而产生经营杠杆效应。当不存在固定性经营成本时，所有成本都是变动性经营成本，此时息税前利润变动率与产销业务量的变动率完全一致。

2. 经营杠杆系数

只要企业存在固定性经营成本，就存在经营杠杆效应，我们常用经营杠杆系数衡量经营杠杆效应程度。经营杠杆系数（DOL），是息税前利润变动率与产销业务量变动率的比，计算公式为

$$\text{DOL}=\frac{\text{息税前利润变动率}}{\text{产销量变动率}}=\frac{\Delta\text{EBIT}/\text{EBIT}}{\Delta Q/Q}$$

式中：DOL 为经营杠杆系数；ΔEBIT 为息税前利润变动额；ΔQ 为产销业务量变动值。

上式经整理，经营杠杆系数的计算也可以简化为

$$\text{DOL}=\frac{\text{EBIT}+F}{\text{EBIT}}$$

【例 4-6】 长江公司固定成本 500 万元，变动成本率 70%。年产销额 5000 万元时，变动成本 3500 万元，固定成本 500 万元，息税前利润 1000 万元；年产销额 7000 万元时，变动成本为 4900 万元，固定成本仍为 500 万元，息税前利润为 1600 万元。可以看出，该公司产销量增长了 40%，息税前利润增长了 60%，产生了 1.5 倍的经营杠杆效应。

$$\text{DOL}=\frac{\Delta\text{EBIT}}{\text{EBIT}}\div\frac{\Delta Q}{Q}=\frac{600}{1000}\div\frac{2000}{5000}=1.5$$

或者

$$\text{DOL}=\frac{\text{EBIT}+F}{\text{EBIT}}=\frac{1000+500}{1000}=1.5$$

3. 经营杠杆与经营风险

经营风险是由生产经营导致的资产报酬波动的风险。引起经营风险的原因有很多，主要是市场需求和生产成本存在不确定性。我们常用经营杠杆来衡量经营风险，经营杠杆系数越高，表明资产报酬等利润波动程度越大，经营风险也就越大。根据经营杠杆系数的计算公式，有

$$\text{DOL}=\frac{\text{EBIT}+F}{\text{EBIT}}=1+\frac{F}{\text{EBIT}}$$

我们可以看出，只要存在固定性经营成本，企业不发生经营性亏损，经营杠杆系数总是大于 1。影响经营杠杆的因素主要是企业成本结构中的固定成本比重和息税前利润水平，其中，息税前利润水平又受产品销售数量、销售价格、成本水平（单位变动成本和固定成本）高低的影响。

（二）财务杠杆效应

1. 财务杠杆

财务杠杆，是指由于固定性资本成本的存在，而使得企业的普通股收益（或每股收益）变动率大于息税前利润变动率的现象。财务杠杆反映了股权资本报酬的波动性，用以评价企业的财务风险。用普通股收益或每股收益表示普通股权益资本报酬，则

$$\text{EPS}=\frac{(\text{EBIT}-I)(1-T)}{N}$$

式中：EPS 为每股收益；I 为债务资本利息；T 为所得税税率；N 为流通在外普通股股数。

2．财务杠杆系数

只要企业融资方式中存在固定性资本成本，就存在财务杠杆效应，如固定利息、固定融资租赁费等。在同一固定的资本成本支付水平上，不同的息税前利润水平，对固定的资本成本的承受负担是不一样的，其财务杠杆效应的大小程度是不一致的。我们常用财务杠杆系数衡量财务杠杆效应程度，财务杠杆系数（DFL），是每股收益变动率与息税前利润变动率的倍数，其计算公式为

$$\text{DFL}=\frac{\text{每股收益变动率}}{\text{息税前利润变动率}}=\frac{\Delta \text{EPS}/\text{EPS}}{\Delta \text{EBIT}/\text{EBIT}}$$

上式经整理，财务杠杆系数的计算也可以简化为

$$\text{DFL}=\frac{\text{息税前利润总额}}{\text{息税前利润额}-\text{利息}}=\frac{\text{EBIT}}{\text{EBIT}-1}$$

【案例4-1】 财务杠杆的运用

有甲、乙、丙三个公司，资本总额均为 1 000 万元，所得税税率均为 25%，每股面值均为 1 元。甲公司资本全部由普通股组成；乙公司债务资本 300 万元（利率 10%），普通股 700 万元；丙公司债务资本 500 万元（利率 10.8%），普通股 500 万元。三个公司 2010 年 EBIT 均为 200 万元，2011 年 EBIT 均为 300 万元，EBIT 增长了 50%。

案例分析：

甲、乙、丙三个公司有关财务指标的计算如表 4-1 所示。

表 4-1 普通股收益及财务杠杆的计算 单位：万元

利润项目		甲公司	乙公司	丙公司
普通股股数		1000 万股	700 万股	500 万股
利润总额	2010 年	200	170	146
	2011 年	300	270	246
	增长率	50%	58.82%	68.49%
净利润	2010 年	150	127.5	109.5
	2011 年	225	202.5	184.5
	增长率	50%	58.82%	68.49%
普通股收益	2010 年	150	127.5	109.5
	2011 年	225	202.5	184.5
	增长率	50%	58.82%	68.49%
每股收益	2010 年	0.15 元	0.182 元	0.219 元
	2011 年	0.21 元	0.289 元	0.369 元
	增长率	50%	58.82%	68.49%
财务杠杆系数		1.00	1.176	1.370

甲公司由于不存在固定资本成本的资本，没有财务杠杆效应；乙公司存在债务资本，其普通股收益增长幅度是息税前利润增长幅度的1.176倍；丙公司存在债务资本，并且债务资本的比重比乙公司高，其普通股收益增长幅度是息税前利润增长幅度的1.370倍。可见，资本成本固定型的资本所占比重越高，财务杠杆系数就越大。

3．财务杠杆与财务风险

财务风险是由筹资原因产生的资本成本负担导致的普通股收益波动的风险。引起企业财务风险的主要原因是资产报酬的不利变化和资本成本的固定负担。由于财务杠杆的作用，当企业的息税前利润下降时，企业仍然需要支付固定的资本成本，导致每股收益以更快的速度下降。财务杠杆放大了息税前利润的变化对每股收益的影响，财务杠杆系数越高，表明普通股每股收益的波动程度越大，财务风险也就越大。只要有固定性资本成本存在，财务杠杆系数总是大于1。

（三）总杠杆效应

1．总杠杆

总杠杆，是指由于固定经营成本和固定资本成本的存在，导致普通股每股收益变动率大于产销业务量的变动率的现象。总杠杆用来反映经营杠杆和财务杠杆共同作用结果，即普通股每股收益与产销业务量之间的变动关系。固定性经营成本导致经营杠杆效应，致使产销业务量变动对息税前利润变动有放大作用；固定性资本成本导致财务杠杆效应，致使息税前利润变动对普通股收益有放大作用。两种杠杆的共同作用，将导致产销业务量的变动引起普通股每股收益更大的变动。

2．总杠杆系数

只要企业同时存在固定性经营成本和固定性资本成本，就存在总杠杆效应。产销量变动通过息税前利润的变动，传导至普通股收益，使得每股收益发生更大的变动。我们常用总杠杆系数（DTL）表示总杠杆效应程度，总杠杆系数是经营杠杆系数和财务杠杆系数的乘积，是普通股每股收益变动率相当于产销量变动率的倍数，计算公式为

$$\mathrm{DTL}=\frac{\text{普通股每股收益变动率}}{\text{产销量变动率}}$$

总杠杆系数也可以用经营杠杆系数和财务杠杆系数的乘积来表示：

$$\mathrm{DTL}=\mathrm{DOL}\times\mathrm{DFL}=\frac{\mathrm{EBIT}+F}{\mathrm{EBIT}-1}$$

3．总杠杆与公司风险

企业的总体风险既包括生产经营活动中产生的经营风险，又包括资本运营活动中产生的财务风险，我们用总杠杆系数来评价企业的整体风险水平。总杠杆效应的意义在于：第一，能够说明产销业务量变动对普通股收益的影响，据以预测未来的每股收益水平；第

二，揭示了财务管理的风险管理策略：维持一定的总杠杆系数就能够控制总体风险水平。

企业可以通过分别调控经营杠杆和财务杠杆控制总体风险。对于固定资产比较重大的资本密集型企业来讲，固定成本比重大，经营风险大，那么就需要依靠筹集权益资本降低财务风险，以保持较小的财务杠杆系数和财务风险以控制总风险；对于变动成本比重较大的劳动密集型企业来讲，固定成本小，经营风险小，那么依靠债务资本筹资承受较大的财务风险，仍能够保持适中的总风险。

三、资本结构

资本结构及其管理是企业筹资管理的核心问题。企业应综合考虑有关影响因素，运用适当的方法确定最佳资本结构，提升企业价值。

（一）资本结构的含义

资本结构是指企业资本总额中各种资本的构成及其比例关系。不同的资本结构会给企业带来不同的后果。企业利用债务资本进行举债经营具有双重作用，既可以发挥财务杠杆效应，也可能带来财务风险。因此企业必须权衡财务风险和资本成本的关系，确定最佳的资本结构。

小贴士

影响资本结构的因素

在实务中，影响企业资本结构的因素有很多，主要包括：

经营状况的稳定性；

财务状况；

企业的信用等级；

资产结构；

投资者和管理当局的态度；

行业特征和企业发展周期；

经济环境的税务政策和货币政策。

（二）资本结构优化

资本结构优化，要求企业权衡负债的低资本成本和高财务风险的关系，确定合理的资本结构。资本结构优化的目标，是降低平均资本成本率或提高普通股每股收益。

1．平均资本成本比较法

平均资本成本比较法，是通过计算和比较各种可能的筹资组合方案的平均资本成本，选择平均资本成本率最低的方案。即能够降低平均资本成本的资本结构，就是合理的资本结构。

【案例4-2】 利用平均资本成本比较法确定筹资方案 

长江公司需筹集100万元长期资本，可以用贷款、发行债券、发行普通股三种方式筹集，其个别资本成本率已分别测定，有关资料如表4-2所示。

表4-2 长江公司资本成本与资本结构数据表

筹资方式	资本结构			个别资本成本率
	A方案	B方案	C方案	
长期借款	40%	30%	10%	6%
债券	10%	20%	30%	8%
普通股	50%	50%	60%	9%
合计	100%	100%	100%	

案例分析：

首先，分别计算三个方案的综合资本成本K。

A方案：$K=40\%\times6\%+10\%\times8\%+50\%\times9\%=7.7\%$

B方案：$K=30\%\times6\%+20\%\times8\%+50\%\times9\%=7.9\%$

C方案：$K=10\%\times6\%+30\%\times8\%+60\%\times9\%=8.4\%$

筹资建议：经过比较，A方案的综合资本成本最低，因此应该选择A方案。这样，长江公司的资本结构为贷款40万元，发行债券10万元，发行普通股50万元。

2．每股收益无差别点法

每股收益无差别点法是通过每股收益无差别点来进行资本结构决策的方法。所谓每股收益无差别点，是指不同筹资方式下每股收益都相等时的息税前利润和业务量水平。根据每股收益无差别点和既定的息税前利润，可以确定应采用何种筹资组合方式，进而确定企业的资本结构安排。

在每股收益无差别点上，无论采用何种筹资方案，每股收益都是相等的。当预期息税前利润或业务量水平大于每股收益无差别点时，应当选择财务杠杆效应较大的筹资方案，反之选择财务杠杆效应较小的筹资方案。在每股收益无差别点时，不同筹资方案的每股收益是相等的，用公式表示如下：

$$\frac{(\overline{\mathrm{EBIT}}-I_1)(1-T)}{N_1}=\frac{(\overline{\mathrm{EBIT}}-I_2)(1-T)}{N_2}$$

整理可得

$$\overline{\mathrm{EBIT}}=\frac{I_1N_2-I_2N_1}{N_2-N_1}$$

式中：$\overline{\mathrm{EBIT}}$为息税前利润平衡点，即每股收益无差别点；I_1、I_2为两种筹资方案下的债务利息；N_1、N_2为两种筹资方案下普通股股数；T为所得税税率。

【案例4-3】 利用每股收益无差别点法确定筹资方案

长江公司目前的资本结构为：总资本1000万元，其中债务资本400万元（年利息40万元），普通股资本600万元（600万股，面值1元，市价5元）。企业由于扩大规模经营，需要追加筹资800万元，所得税率20%，不考虑筹资费用。有两个筹资方案：

甲方案：增发普通股200万股，每股发行价3元；同时向银行借款200万元，利率保持原来的10%；

乙方案：增发普通股100万股，每股发行价3元；同时溢价发行债券500万元，面值为300万元的公司债券，票面利率15%。

要求：根据以上资料，运用每股收益无差别点法对两个筹资方案进行选择。

案例分析

增发普通股能够减轻资本成本的固定性支出，但股数增加会摊薄每股收益；采用债务筹资方式能够提高每股收益，但增加了固定性资本成本负担，受到的限制较多。两种方案各有优劣，筹资方案需要两两比较：

甲、乙两方案的比较：

$$\frac{(\overline{EBIT}-40-20)\times(1-20\%)}{600+200}=\frac{(\overline{EBIT}-40-45)(1-20\%)}{600+100}$$

解得：$\overline{EBIT}=260$（万元）

筹资建议：当长江公司EBIT预期为260万元以下时，应当采用甲筹资方案；EBIT预期为260万元以上时，应当采用乙筹资方案。

本章重点

1．企业筹资，是指企业为了满足其经营活动、投资活动、资本结构调整等需要，运用一定的筹资方式，筹措和获取所需资金的一种行为。筹资的目的主要是为了满足日常生产经营和长期发展的资金需求。

2．按照企业所取得资金的权益特性不同，企业筹资分为债务筹资、股权筹资及衍生金融工具筹资；按照其是否以金融机构为媒介，企业筹资分为直接筹资和间接筹资；按照筹集资金的使用期限不同，企业筹资分为长期筹资和短期筹资；按照资金的来源不同，企业筹资分为内部筹资和外部筹资。

3．筹资方式是指可供企业在筹措资金时选用的具体筹资形式。我国企业目前的筹资方式主要有吸收直接投资、发行股票、留存收益筹资、银行借款和发行公司债券等。

前三者属于股权筹资范畴，其他属于债务筹资范畴。

4．资本成本是衡量资本结构优化程度的标准，也是对投资获得经济效益的最低要求。企业筹得的资本付诸使用以后，只有获得高于资本成本的投资报酬率才能盈利。

5．资本成本是指企业为筹集和使用资本而付出的代价，包括筹资费用和占用费用。

$$资本成本率=\frac{年资金占用费}{筹资总额-筹资费用}=\frac{年利息率（股息率）}{1-筹资费用率}$$

6．银行借款资本成本：$K_l=\dfrac{i(1-T)}{1-f}$

公司债券资本成本：$K_b=\dfrac{I(1-T)}{L(1-f)}$

普通股资本成本：

(1) 股利增长模型法：$K_s=\dfrac{D_0(1+g)}{P_0(1-f)}+g=\dfrac{D_1}{P_0(1-f)}+g$

(2) 资本资产定价模型法：$K_s=R_s=R_f+\beta(R_m-R_f)$

7．平均资本成本是指多元化融资方式下的综合资本成本，反映了企业资本成本整体水平的高低。平均资本成本：$K_W=\sum_{j=1}^{n}K_jW_j$

8．杠杆效应包括经营杠杆、财务杠杆和总杠杆三种效应形式。

经营杠杆系数：$\text{DOL}=\dfrac{息税前利润变动率}{产销量变动率}=\dfrac{\text{EBIT}+F}{\text{EBIT}}$

财务杠杆系数：$\text{DFL}=\dfrac{息税前利润总额}{息税前利润额-利息}=\dfrac{\text{EBIT}}{\text{EBIT}-1}$

总杠杆系数：$\text{DTL}=\text{DOL}\times\text{DFL}=\dfrac{\text{EBIT}+F}{\text{EBIT}-1}$

9．资本结构是指企业资本总额中各种资本的构成及其比例关系。不同的资本结构会给企业带来不同的后果。

10．资本结构优化，要求企业权衡负债的低资本成本和高财务风险的关系，确定合理的资本结构。资本结构优化的目标，是降低平均资本成本率或提高普通股每股收益。

复习思考题

一、名词解释

1．筹资　2．资本成本　3．经营杠杆　4．财务杠杆

5．总杠杆　6．资本结构　7．每股收益无差别点

二、简答题

1．简述发行普通股筹资的优缺点。

2．简述发行债券筹资的优缺点。

3．简述长期借款筹资的优缺点。

4．说明经营杠杆原理和经营杠杆系数的测算原理。

5．说明财务杠杆原理和财务杠杆系数的测算原理。

6．说明总杠杆原理和总杠杆系数的测算原理。

三、案例分析题

1．长江公司计划筹集资金100万元，所得税税率25%。有关资料如下：

(1) 向银行借款10万元，借款年利率7%，手续费2%。

(2) 按溢价发行债券，债券面值14万元，溢价发行价格为15万元，票面利率9%，期限为5年，每年支付一次利息，其筹资费率为3%。

(3) 发行优先股25万元，预计年股利率为12%，筹资费率为4%。

(4) 发行普通股40万元，每股发行价格10元，筹资费率为6%。预计第一年每股股利1.2元，以后每年按8%递增。

(5) 其余所需资金通过留存收益取得。

要求：

(1) 计算个别资金成本。

(2) 计算该企业加权平均资金成本（以账面价值为权数）。

2．长江公司2010年初的负债及所有者权益总额为9000万元，其中，公司债券为1000万元（按面值发行，票面年利率为8%，每年年末付息，三年后到期）；普通股股本为4000万元（面值1元，4000万股）；资本公积为2000万元；其余为留存收益。2010年该公司为扩大生产规模，需要再筹集1000万元资金，有以下两个筹资方案可供选择。

方案一：增加发行普通股，预计每股发行价格为5元；

方案二：增加发行同类公司债券，按面值发行，票面年利率为8%。

预计2010年可实现息税前利润2000万元，适用的企业所得税税率为25%。

要求：

(1) 计算增发股票方案的下列指标：

① 2010年增发普通股股数；

② 2010年全年债券利息。

(2) 计算增发公司债券方案下的2010年全年债券利息。

(3) 计算每股利润的无差别点，并据此进行筹资决策。

第五章

投资管理

学习目标

知识目标

※理解投资的概念

※掌握项目投资现金流量的预测

※掌握各种投资决策指标的计算方法

※掌握项目投资多方案比较决策的方法

能力目标

※能够运用合适的投资决策评价方法进行项目投资决策

导入案例

嘉华快餐公司项目投资决策

嘉华快餐公司在一家公园内租用了一间售货亭向游人出售快餐。快餐公司与公园签订的租赁合同期限为3年，3年后售货亭作为临时建筑将被拆除。经过一个月的试营业后，快餐公司发现，每天的午饭和晚饭时间买快餐的游客很多，但是因为售货亭很小，只有一个售货窗口，所以顾客不得不排起长队，有些顾客因此而离开。为了解决这一问题，嘉华快餐公司设计了4种不同的方案，试图增加销售量，从而增加利润。

方案一：改装售货亭，增加窗口。这一方案要求对现有售货亭进行大幅度的改造，所以初始投资比较多，但是因为增加窗口吸引了更多的顾客，所以收入增加也会比较多。

方案二：在现有的售货窗口的基础上，更新设备，提高每份快餐的供应速度，缩短供应时间。

以上两个方案并不互斥，可以同时选择。但是，以下两个方案则要放弃现有的售货亭。

方案三：建造一个新的售货亭。此方案需要将现有的售货亭拆掉，在原来的地方建一个面积更大、售货窗口更多的新的售货亭。此方案的投资需求量最大，预期增加的收入也最多。

方案四：在公园内租一间更大的售货亭。此方案的初始支出是新售货亭的装修费用，以后每年的增量现金流出是每年的租金支出净额。

嘉华快餐公司可用于这项投资的资金需要从银行借入，资金成本为15%，与各个方案有关的现金流量预计如表5-1所示。

表5-1 嘉华公司4个方案的预计现金流量 单位：元

方案	投资额	第一年	第二年	第三年
革新现有设备	75 000	44 000	44 000	44 000
增加新的售货窗口	50 000	23 000	23 000	23 000
建造新的售货亭	–125 000	70 000	70 000	70 000
租赁更大的售货亭	1000	12 000	13 000	14 000

嘉华快餐公司应选择哪个方案？

资料来源：荆新，王化成，刘俊彦．财务管理学．北京：中国人民大学出版社，2005：334～335．

第一节 投资概述

一、投资的概念

投资有广义和狭义之分。广义投资是指投资者为某种目的而进行的一次资源投放活动。投资者包括政府、企业、公司和个人等。目的有政治、经济、其他防护等目的。资源有无形资源和有形资源两大类，无形资源主要指知识产权、发明专利、专有技术和商标商誉等，有形资源主要指人、财、物，包括房地产、物质设备、资本金和劳动力。随着科学技术的进步，无形资产在经济发展中所起的作用将越来越大，是知识经济的主要推动力。但我国的经济发展目前仍靠有形资源的投入。

狭义投资是指经济主体为经济目的而进行的一次资本金的投放活动。经济主体主要指为经济目的而从事经济活动的个人、公司或企业，经济目的是指现在投入资本金以期将来能获取收益和增值。

二、投资的特征

投资是一种独特的商品经济活动，有其自身的特征。

（一）收益性

收益最大化是投资者的主要追求目标，是通过完成投资过程来实现的。即投资者把投入的资本金（M）转化为资产进行商品生产，商品销售后又以货币形态收回本与利（M^1）。

收益过程净利为

$$\Delta M=M^1-M$$

收益率为

$$I=\frac{M^1-M}{M}\times 100\%$$

投资即通过上述不断的循环过程，实现收益最大化。

（二）风险性

风险性是指不确定性因素的存在导致未能实现预期目标的潜在可能性。理论和实践证明：风险与收益往往呈现出较强的正相关，收益越高，风险也就越大，反之，风险越小，收益也就越低。投资者一般对风险是厌恶的，期望越小越好，但实际也难以规避；对收益是喜爱的，期望越高越好，但过高也不切合实际。所以，在投资决策时，要综合分析风险与收益的关系，取其两者最佳的平衡值。

（三）回收性

按投资含义，投资是资本金的一次投放运动。因此，要求投放的资本金必须按期收回，不但要收本金，而且还要获利。因此，投资必须强调回收性，才能使收益不断提高，资金不断增值。对于不能按期回收的投资，经济主体通常是不能进行投资的。

相关链接

投机与投资

所谓投机一般是指在证券或外汇市场上抓住机遇，大量套汇套利，利用价差来谋取高利的一种交易行为。投机跟投资的含义和追求目标有点相似。所以有的学者认为：一次好的投资就是一次成功的投机；投资是稳健的投机，投机是冒险的投资。投资和投机在一定条件下可相互转化，其界限很难划清。但仔细观察，两者有本质的不同，如表5-2所示。

表5-2　投机与投资的区别

不同点	投　资	投　机
1．动机	获常利（正常利润）	获高利（价差暴利）
2．方式	长期项目直接投资——创造社会价值	短期证券间接投资——不创造社会价值
3．资本金来源	主要靠自筹	大量靠借贷
4．数额	相对量小	相对量大

续表

不同点	投　资	投　机
5．风险	风险小，$\beta<1$	风险大，$\beta>1$
6．市场发育程度	市场发育好，法制健全，主体均依法经营管理	市场发育差，法制不健全，有投机机遇存在
7．对经济波动影响程度	小	大：泡沫经济的起源，经济危机的起源

三、投资的分类

（一）按照投资的方向分类

按照投资的方向不同，分为对内投资和对外投资。

对内投资是指企业将资金投放于为取得供本企业生产经营使用的固定资产、无形资产、其他资产和垫支流动资金而形成的一种投资。

对外投资是指企业为购买国家及其他企业发行的有价证券或其他金融产品（包括：期货与期权、信托、保险），或以货币资金、实物资产、无形资产向其他企业（如联营企业、子公司等）注入资金而发生的投资。

（二）按照投资行为的介入程度分类

按照投资行为的介入程度不同，分为直接投资和间接投资。

直接投资是指不借助金融工具，由投资人直接将资金转移交付给被投资对象使用的投资，包括企业对内直接投资和对外直接投资，对内直接投资形成企业内部直接用于生产经营的各项资产，对外直接投资形成企业持有的各种股权性资产，如持有子公司或联营公司股份等。

间接投资是指通过购买被投资对象发行的金融工具而将资金间接转移交付给被投资对象使用的投资，如企业购买特定投资对象发行的股票、债券、基金等。

（三）按照投入的领域分类

按照投入的领域不同，分为生产性投资和非生产性投资。

生产性投资是指将资金投入生产、建设等物质生产领域中，并能够形成生产能力或可以产出产品的一种投资。这种投资的最终成果将形成各种生产性资产，包括形成固定资产的投资、形成无形资产的投资、形成其他资产的投资和流动资金投资。

非生产性投资是指将资金投入非物质生产领域中，不能形成生产能力，但能形成社会消费或服务能力，满足人民的物质文化生活需要的一种投资。这种投资的最终成果是形成各种非生产性资产。

(四) 按照投资的内容分类

按照投资的内容不同，分为固定资产投资、无形资产投资、流动资金投资、房地产投资、有价证券投资、期货与期权投资、信托投资和保险投资等多种形式。

本章所讨论的投资，是指属于直接投资范畴的企业内部投资，即项目投资。

第二节　项目投资概述

一、项目投资的特点和程序

(一) 项目投资的特点

项目投资是一种以特定项目为对象，直接与新建项目或更新改造项目有关的长期投资行为。从性质上看，它是企业直接的、生产性的对内实物投资，通常包括固定资产投资、无形资产投资和流动资金投资等内容。与其他形式的投资相比，项目投资具有以下主要特点：①投资金额大；②影响时间长；③变现能力差；④投资风险大。

(二) 项目投资的程序

项目投资的程序主要包括以下环节：①项目提出；②项目评价；③项目决策；④项目执行。

二、项目计算期的构成和投资成本构成

(一) 项目计算期的构成

项目计算期是指投资项目从投资建设开始到最终清理结束整个过程的全部时间，即该项目的有效持续期间。完整的项目计算期包括建设期和生产经营期。其中，建设期的第一年年初（通常记作第0年）称为建设起点；建设期的最后一年年末称为投产日；项目计算期的最后一年年末（通常记作第n年）称为终结点；从投产日到终结点之间的时间间隔称为生产经营期，而生产经营期又包括试产期和达产期。

【例5-1】 宏达公司拟投资新建一个项目，在建设起点开始投资，历经两年后投产，预计使用寿命为5年。根据上述资料，估算该项目建设期、运营期和计算期。

项目建设期＝2年

项目运营期＝5年

项目计算期＝2+5＝7（年）

(二) 投资成本构成

1. 原始总投资

原始总投资又称为初始投资，是反映项目所需现实资金水平的价值指标。从项目

投资的角度看，原始总投资是企业为使项目完全达到设计生产能力、开展正常经营而投入的全部资金，包括建设投资和流动资金投资两项内容。

1）建设投资是指在建设期内按一定生产经营规模和建设内容进行的投资，包括固定资产投资、无形资产投资和开办费投资。

2）流动资金投资是指项目投产前后分次或一次投放于流动资产项目的投资增加额，又称垫支流动资金或营运资金投资。

2．投资总额

投资总额是一个反映项目投资总体规模的价值指标，它等于原始总投资与建设期资本化利息之和。其中，建设期资本化利息是指在建设期发生的与购建项目所需的固定资产、无形资产等长期资产有关的借款利息，固定资产原值与固定资产投资的关系是：

固定资产原值＝固定资产投资＋建设期资本化利息

【课堂活动】 讨论项目投资成本构成之间的关系。

第三节　现金流量测算

在整个项目投资决策过程中，估计或预测投资项目的现金流量是非常关键的，是项目投资评价的首要环节，也是最重要、最困难的步骤之一。现金流量所包含的内容是否完整，预测结果是否准确，直接关系到投资项目的决策结果。

一、现金流量的概念及内容

现金流量是指一个项目在其计算期内发生的现金流入与现金流出的统称。

现金流量包括现金流入量、现金流出量和现金净流量三个方面。

（一）现金流入量

现金流入量是指投资项目引起的企业现金收入的增加额，通常包括：①项目投产后每年增加的营业收入；②固定资产残值收入或变现收入；③收回垫支营运资金。

（二）现金流出量

现金流出量是指投资引起的企业现金支出的增加额，通常包括：①在投资项目上的投资；②项目建设投产后为开展正常经营活动而需要投放在流动资产上的营运资金；③为制造和销售产品所发生的各种付现成本。这里的付现成本是指需要用现金支付的成本，可以用营业成本减去折旧来估计。

（三）现金净流量

项目投资的现金净流量，是指该项目投资的现金流入量减去现金流出量后的差额。

现金净流量＝现金流入量－现金流出量

相关链接

投资决策中使用现金流量的原因

投资决策之所以按照收付实现制计算的现金流量作为评价项目经济效益的基础，主要有以下几方面的原因。

1）采用现金流量有利于科学地考虑时间价值因素。由于不同时点的资金具有不同的价值，因此科学的投资决策必须考虑资金的时间价值，一定要弄清每笔预期现金收入和支出的具体时点，确定其价值。

2）采用现金流量保证了评价的客观性。利润的计算受到各种人为因素的影响，而现金流量的计算不受这些因素的影响。影响利润分布的人为因素不仅有折旧方法的选择，还有存货计价方法、间接费用分配方法、成本计算方法等。

3）在投资分析中，现金流动状况比盈亏状况更为重要。一个项目是否能维持下去，不取决于利润，而取决于有没有现金用于各种支付。

资料来源：张玉明．财务管理——原理、案例与应用．北京：清华大学出版社，2010：283．

二、现金流量估算方法

通常，将投资项目的现金流量分为以下三个部分加以估算。

（一）初始现金流量

初始现金流量是指投资项目开始时发生的现金流量，主要包括：

1）固定资产投资支出，如设备买价、运输费、安装费、建筑费等。

2）垫支的营运资金，指项目投产前后分次或一次投放于流动资产上的资本增加额。

3）原有固定资产的变价收入，指固定资产更新时，原有固定资产变卖所得的现金净流量。

4）其他费用，指与投资项目有关的筹建费用、培训费用等。

5）所得税效应，指固定资产重置时变价收入的税负损益。引起所得税多缴的部分视为现金流出，形成节税的部分视为现金流入。

项目建设期发生的现金流量大多为现金流出量，它们可以是一次性发生的，也可以是分次发生的。

（二）经营现金流量

经营现金流量，又称营业现金流量，是指投资项目投入使用后，在经营使用期内由于生产经营所带来的现金流入和现金流出的数量。这种现金流量一般以年为单位进行计算。这里的现金流入一般是指经营现金收入；现金流出一般是指经营现金支出和缴纳税金。

经营现金净流量一般可以按以下三种方法计算。

1）根据经营现金净流量的定义计算。

经营现金净流量＝营业收入－付现成本－所得税

2）根据年末营业结果来计算。企业每年现金增加来自两个主要方面：一是当年增加的净利；二是计提的折旧，以现金形式从销售收入中扣回，留在企业里。

经营现金净流量＝净利润＋折旧

3）根据所得税对收入、成本和折旧的影响计算。

经营现金净流量＝收入×(1－税率)－付现成本×(1－税率)＋折旧×税率

＝税后收入－税后成本＋折旧抵税额

以上三种方法的计算结果是一致的。

（三）终结现金流量

终结现金流量是指项目完结时所发生的现金流量，项目终结的“年份”具有双重含义，它既是项目经营使用期的最后年份，同时也是项目终了的年份。因此，终结现金流量既包括经营现金流量，又包括非经营现金流量。非经营现金流量包括固定资产的残值收入或变价收入、垫支营运资金的回收等。

【案例5-1】 现金流量的估算

宏达公司拟购入一台设备以扩充生产能力，现有甲、乙两个方案可供选择。甲方案需投资300 000元，使用寿命5年，采用直线法计提折旧，5年后设备无残值，5年中每年销售收入150 000元，每年付现成本50 000元。乙方案需投资360 000元，采用直线法折旧，使用寿命也是5年，5年后残值收入60 000元，5年中每年销售收入为170 000元，付现成本第1年为60 000元，以后随着设备陈旧逐年将增加修理费3000元，另需垫支营运资本30 000元。假设所得税税率为40%。如何估算该项目投资的现金流量？

案例分析：

根据以上资料编制的甲、乙两方案的现金流量表见表5-3和表5-4。

表5-3 投资方案的营业现金流量计算表 单位：元

年份	1	2	3	4	5
甲方案：					
销售收入	150 000	150 000	150 000	150 000	150 000
付现成本	50 000	50 000	50 000	50 000	50 000
折旧	60 000	60 000	60 000	60 000	60 000

续表

年　份	1	2	3	4	5
税前利润	40 000	40 000	40 000	40 000	40 000
所得税	16 000	16 000	16 000	16 000	16 000
税后利润	24 000	24 000	24 000	24 000	24 000
营业现金流量	84 000	84 000	84 000	84 000	84 000
乙方案：					
销售收入	170 000	170 000	170 000	170 000	170 000
付现成本	60 000	63 000	66 000	69 000	72 000
折旧	60 000	60 000	60 000	60 000	60 000
税前利润	50 000	47 000	44 000	41 000	38 000
所得税	20 000	18 800	17 600	16 400	15 200
税后利润	30 000	28 200	26 400	24 600	22 800
营业现金流量	90 000	88 200	86 400	84 600	82 800

注：甲方案年折旧额＝300 000÷5＝60 000（元）

乙方案年折旧额＝(360 000-60 000)÷5＝60 000（元）

表5-4　投资项目税后现金净流量计算表　　单位：元

年　份	0	1	2	3	4	5
甲方案：						
设备投资	－300 000					
营业现金流量		84 000	84 000	84 000	84 000	84 000
税后现金净流量	－300 000	84 000	84 000	84 000	84 000	84 000
乙方案：						
设备投资	－360 000					
垫支营运资本	－30 000					
营业现金流量		90 000	88 200	86 400	84 600	82 800
设备残值						60 000
营运资本回收						30 000
税后现金净流量	－390 000	90 000	88 200	86 400	84 600	172 800

资料来源：陈玉菁．财务管理实务与案例．2版．北京：中国人民大学出版社，2011：117～118.

第四节　项目投资决策评价指标及其应用

对项目投资的评价，通常使用两类指标：一类是非贴现指标，即没有考虑货币时间价值因素的指标，主要包括投资回收期、投资收益率等；另一类是贴现指标，即考虑了货币时间价值因素的指标，主要包括净现值、现值指数、内含报酬率等。

一、非贴现评价指标

（一）静态投资回收期

静态投资回收期又称全部投资回收期，简称回收期，是指以投资项目经营净现金流量抵偿原始总投资所需要的全部时间。其计算方法分以下两种情况：

1）在原始投资额（BI）一次支出，每年现金净流量（NCF）相等时，

$$回收期=\frac{原始投资额}{每年现金净流量}=\frac{BI}{NCF}$$

2）如果现金净流量（NCF）每年不等，或原始投资（BI）是分年投入的，则可使下式成立的 n 为回收期。

$$\sum_{K=0}^{m} BI_K=\sum_{J=0}^{n} NCF_J$$

式中：BI_K 为第 K 年的投资额；NCF_J 为第 J 年的现金净流入量。

静态投资回收期是一个非贴现的现金流量指标。在评价投资方案的可行性时，进行决策的标准是：投资回收期最短的方案为最佳方案。

回收期能够直观地反映原始总投资的返本期限，便于理解，计算也简便。其缺点在于不仅忽视货币时间价值，而且没有考虑回收期以后的收益。事实上，有战略意义的长期投资往往早期收益较低，而中后期收益较高。回收期法优先考虑急功近利的项目，可能导致放弃长期成功的方案，因此，该方法只作为辅助性方法使用，主要用来测定投资项目的流动性而非盈利性。

（二）投资收益率

投资收益率是投资所带来的年平均净现金流量与原始投资总额的比率。

$$投资收益率（ROI）=\frac{年平均净现金流量}{原始投资总额}\times 100\%$$

投资收益率法的决策标准是：投资项目的投资收益率越高越好，低于无风险投资利润率的方案为不可行方案。

投资收益率指标的优点是简单明了、易于掌握，且该指标不受建设期的长短、投资方式、回收额有无以及净现金流量大小等条件的影响，能够说明各投资方案的收益水平。该指标也存在以下缺点：①没有考虑货币时间价值因素，不能正确反映建设期长短及投资方式不同对项目的影响；②该指标的分子与分母在时间上口径不一致，因而影响指标的可比性。

二、贴现评价指标

（一）净现值

净现值（记作 NPV），是指在项目计算期内，按必要报酬率计算的各年净现金流量

现值之和。其理论计算公式为

$$净现值（NPV）=\sum_{k=0}^{n}\frac{I_k}{(1+i)^k}-\sum_{k=0}^{n}\frac{O_k}{(1+i)^k}$$

式中：n 为项目持续期；I_k 为第 k 年的现金流入量；O_k 为第 k 年的现金流出量；i 为折现率。

【例 5-2】 宏达公司某投资项目的所得税前净现金流量如下：建设期固定资产投资 1000 万元，建设期 1 年，第 2 年年初投产，经营期每年年末可获得净现金流量 200 万元，经营期 10 年，经营期末固定资产变现价值 100 万元。假定该投资项目的必要报酬率为 10%，求该项目的净现值。

根据上述资料，按公式法计算的该项目净现值如下：

$$\begin{aligned}NPV&=200\times(P/A,10\%,10)\times(P/F,10\%,1)-1000+100\times(P/F,10\%,11)\\&=200\times6.1446\times0.9091-1000+100\times0.3505\\&=152.26（万元）\end{aligned}$$

净现值法是通过比较所有已具备财务可行性投资方案的净现值指标的大小来选择最优方案的方法。该法适用于原始投资相同且项目计算期相等的多方案比较决策，在这种方法下，只有净现值指标大于或等于零的投资项目才具有财务可行性，净现值最大的方案为优。

净现值指标的优点是综合考虑了货币时间价值、项目计算期内全部净现金流量信息和投资风险；缺点在于无法从动态的角度直接反映投资项目的实际收益率水平，计算过程比较繁琐。

【例 5-3】 宏达公司某投资项目需要原始投资 100 万元，有 A 和 B 两个但项目计算期相同的备选方案可供选择，各方案的净现值指标分别为 22.89 万元和 20.6 万元。使用净现值法进行决策。

1）评价各备选方案的财务可行性。

A、B 两个备选方案的净现值均大于零，所以这两个方案均具有财务可行性。

2）按净现值法进行比较决策。

因为 A 项目的净现值（22.89）>B 项目的净现值（20.6），所以，A 方案优于 B 方案。

（二）现值指数法

现值指数又称获利指数，是指项目投资方案未来报酬的总现值与投资额现值的比率。

现值指数（PI）的计算公式为

$$现值指数（PI）=\sum_{k=0}^{n}\frac{I_k}{(1+i)^k}\div\sum_{k=0}^{n}\frac{O_k}{(1+i)^k}$$

式中：n 为项目持续期；I_k 为第 k 年的现金流入量；O_k 为第 k 年的现金流出量；i 为折现率。

利用现值指数法进行投资项目决策的标准是：如果投资方案的现值指数大于或等于 1，该方案为可行方案；如果投资方案的现值指数小于 1，该方案为不可行方案；如果几个方案的现值指数均大于1，那么现值指数越大，投资方案越好。

（三）内部收益率法

内部收益率（记作IRR），是指项目投资实际可望达到的收益率，它是能使项目的净现值等于零时的折现率。IRR满足下列等式：

$$\sum_{k=0}^{n}\frac{I_k}{(1+i)^k}\div\sum_{k=0}^{n}\frac{Q_k}{(1+i)^k}=0$$

内部收益率的计算通常采用逐步测试法，通过计算项目不同设定折现率的净现值，根据内部收益率的定义所揭示的净现值与设定折现率的关系，最终找到能使净现值等于零的折现率，又称为逐次测试逼近法。逐步测试法具体应用步骤如下：

1）先自行设定一个折现率 i_1，代入计算净现值的公式，求出按 i_1。为折现率的净现值 NPV_1，如果 $NPV_1=0$，则内部收益率 $IRR=i_1$；如果 $NPV_1>0$，则内部收益率 $IRR>i_1$，需调高折现率；如果 $NPV_1<0$，则内部收益率 $IRR<i_1$，需调低折现率。

2）根据上述计算结果，再次设定折现率 i_2，求出按 i_2 为折现率的净现值 NPV_2，继续下一轮的判断。

3）若经过有限次测试，仍未求得内部收益率IRR，但已无法继续使用货币时间价值系数表进行测试，则可利用最为接近零的两个净现值正负临界值 NPV_m、NPV_{m+1} 及其相应的折现率 i_m、i_{m+1} 四个数据，应用插值法计算近似的内部收益率。

$$IRR=i_m+\frac{NPV_m-0}{NPV_m-NPV_{m+1}}(i_{m+1}-i_m)r_m$$

使用内部收益率法进行投资决策时，计算出备选方案的内部收益率，并与必要报酬率进行比较，选择内部收益率较大的方案。该方法适用于原始投资不相同，但项目计算期相同的多方案的比较决策。

净现值法、现值指数法和内部收益率法是我们经常使用的方法，这几种方式都考虑了货币的时间价值，当使用的折现率 i 不变时，净现值NPV、现值指数PI和内部收益率IRR指标之间存在以下数量关系：

当 $NPV>0$ 时，$PI>1$，$IRR>i$；

当 $NPV=0$ 时，$PI=1$，$IRR=i$；

当 $NPV<0$ 时，$PI<1$，$IRR<i$。

三、投资决策指标的应用

（一）差额投资内部收益率法

差额投资内部收益率法是指在两个原始投资额不同方案的差量净现金流量（记作ΔNCF）的基础上，计算出差额内部收益率（记作ΔIRR），并与基准折现率进行比较，进而判断方案孰优孰劣的方法。当差额内部收益率指标大于或等于基准收益率或设定

折现率时，原始投资额大的方案较优；反之，则投资少的方案为优。该法适用于两个原始投资不相同，但项目计算期相同的多方案比较决策。

【案例5-2】 差额投资内部收益率法的应用

宏达公司有两个投资项目可供选择，项目持续期均为10年。A项目原始投资的现值为150万元，经营期净现金流量为29.29万元；B项目的原始投资额为100万元，经营期净现金流量为20.18万元。假定必要报酬率为10%。根据上述资料，使用差额投资内部收益率法进行投资决策。

案例分析：

1）计算差量净现金流量：

$$差额原始投资额=-150-(-100)=-50\ (万元)$$

$$差额净现值=29.29-20.18=9.11\ (万元)$$

2）计算差额内部收益率 ΔIRR：

$$9.11\times(P/A,\Delta \mathrm{IRR},10)=50$$

$$(P/A,\Delta \mathrm{IRR},10)=5.4885$$

当折现率为12%时：

$$(P/A,12\%,10)=5.6502>5.4885$$

当折现率为14%时：

$$(P/A,14\%,10)=5.2161<5.4885$$

12%<ΔIRR<14%，应用插值法：

$$\Delta \mathrm{IRR}=12\%+\frac{5.6502-5.4885}{5.6502-5.2161}\times(14\%-12\%)=12.74\%$$

理财建议：

因为差额投资内部收益率ΔIRR（12.74%）大于必要报酬率10%，所以应选择原始投资额大的项目，应投资A项目。

（二）年等额净回收额法

年等额净回收额法是指通过比较所有投资方案的年等额净回收额（NA）指标的大小来选择最优方案的决策方法。该法适用于原始投资不相同、项目持续期不同的多方案比较决策。这种方法下，年等额净回收额最大的方案为优。某计算公式为

$$年等额净回收额\ (\mathrm{NA})=\frac{投资方案净现值}{年金现值系数}$$

【案例5-3】 年等额净回收额法的应用

宏达公司拟投资建设一条新生产线，现有两个方案可供选择：A方案的原始投资为1150万元，项目持续期为5年，净现值为858.70万元；B方案的原始投资为1100万元，项目持续期为7年，净现值为1020.15万元。必要报酬率为10%。根据上述资料，按年等额净回收额法作出投资决策。

案例分析：

A方案和B方案的净现值大于零，这两个方案具有财务可行性。两方案投资额、项目持续期均不同，计算各个具有财务可行性方案的年等额净回收额。

$$\text{A方案的年等额净回收额}=\frac{858.70}{(P/A,10\%,5)}=226.52\text{（万元）}$$

$$\text{B方案的年等额净回收额}=\frac{1020.15}{(P/A,10\%,7)}=209.55\text{（万元）}$$

理财建议：

因为A方案的年等额净回收额（226.52万元）大于B方案的年等额净回收额（209.55万元），所以A方案优于B方案。

本章重点

1．投资是企业为获取收益而向一定对象投放资本金的经济行为，企业的投资活动构成企业生产经营活动的起点，它和生产经营活动互为条件，相互促进。企业投资按照不同的分类方法可以将其分为对内投资与对外投资、直接投资与间接投资等。

2．现金流量是评价投资方案是否可行时必须事先计算的一个基础性指标，现金流量包括现金流入量、现金流出量和现金净流量三个方面。

3．在进行固定资产投资评价时，可以采用不同的评价指标，主要包括非贴现现金流量和贴现现金流量指标两类。非贴现现金流量指标主要包括静态回收期和投资收益率；贴现现金流量主要包括净现值、现值指数和内部报酬率等。

4．项目投资多方案比较决策方法包括差额投资内部收益率法和年等额净回收额法。

复习思考题

一、简答题

1．怎样理解投资的含义？

2．投资有哪几种主要的分类方法？

3．什么是现金流量？如何计算？

4．固定资产投资有哪两类主要评价方法？各自包括哪些评价指标？

二、计算题

1．某企业计划投资新建一个生产车间，厂房设备投资105 000元，使用寿命5年，预计固定资产净残值5000元，按直线法计提折旧。建设期初需投入营运资本15 000元。投产后，预计第1年营业收入为10万元，以后每年增加5000元，营业税税率8%，所得税税率30%。营业成本（含折旧）每年为5万元，管理费用和财务费用每年各为5000元。

要求：判断各年的现金净流量。

2．购买某台设备需8000元，投入运营后每年净现金流量为1260元。设备报废后无残值。

要求：

(1) 若设备使用8年后报废，其IRR值为多少？

(2) 若希望IRR为10%，则设备至少应使用多少年才值得购买？

3．甲公司计划投资一个单纯固定资产投资项目，原始投资额为100万元，全部在建设期起点一次投入，并当年完成投产。投产后每年增加销售收入90万元、总成本费用62万元（其中含利息费用2万元），该固定资产预计使用5年，按照直线法计提折旧，预计净残值为10万元。该企业由于享受国家优惠政策，项目经营期第1、2年所得税税率为0，经营期第3～5年的所得税税率为30%。已知项目的折现率为10%。

要求：

(1) 计算固定资产的价值。

(2) 计算运营期内每年的折旧额。

(3) 计算运营期内每年的息税前利润。

(4) 计算运营期内各年的税后现金净流量。

(5) 计算该项目的净现值。

第六章

营运资本管理

学习目标

知识目标

※ 理解营运资本的相关概念及其特点

※ 掌握现金管理的目标和最佳现金持有量的确定方法

※ 掌握应收账款管理的目标和信用政策的确定

※ 掌握存货管理的目标和存货经济批量决策

※ 掌握商业信用的方式和特点

能力目标

※ 能够熟练运用流动资金管理的方法

※ 能够正确运用流动负债管理的方法

导入案例

赵女士是欧地医疗器械公司的总经理，也是主要投资人，公司经营不错，每年净利润颇丰，并且呈10%稳定增长。但是，赵总发现公司的现金流量常常面临不足，往往需要向银行借入短期款项满足经营需要，因此，赵总要求公司的总会计师王丽分析原因。总会计师王丽通过分析发现以下问题：

现金管理方面：欧地公司的现金管理体制较为严格，但是由于现金流量经常面临不足，所以并没有购买短期债券进行投资。

应收账款管理方面：欧地公司十大客户的业务量占了业务总额的3/4，公司有近25%的产品是由一个大客户田野公司购买的。为了留住田野公司，欧地公司为其提供了最优惠的信用条件，主要体现在三个方面：第一，田野公司享有欧地公司最长的应收账款期限；即使发生超期付款，也不会像对待其他客户那样，将其所有订单都停止供应，而是主动为其在系统中解锁，继续供货。第二，田野公司实行月结货款的政策，也就是它只在月内指定日期

结算到期账款，错过月结日就只能等到下个月结账，这条政策使得应收账款期限又被延长。综合分析，虽然欧地公司向客户提供的信用期间是30天，但欧地公司平均应收账款周转期95天，主要客户的账期较长，90天及以上的占了50%，60～90天的占了30%。

存货管理方面：欧地公司按照订单签订时间顺序进行材料采购、生产和出货，但是遇到比较急的订单，也会提前生产产品。为了避免材料占用大量资金，一般材料采购量比较小，很难取得折扣，所享有的信用政策也比较差，甚至对于紧缺货物需要提前付款，平均应付账款周转期为30天，并且由于取得订单后才购进原材料耽搁了时间，订单的出货时间明显比同行业其他企业要长，库存存货也一直居高不下。

欧地公司的现金管理、应收账款管理和存货管理存在着哪些问题？

第一节　营运资本管理概述

一、营运资本的概念

营运资本有狭义和广义之分。广义的营运资本是指生产经营中的短期资产；狭义的营运资本是指流动资产减去流动负债后的余额。营运资本管理主要包括流动资产管理和流动负债管理两部分。

流动资产是指可以在1年以内或超过1年的一个营业周期内变现或运用的资产，流动资产具有占用时间短、周转快、易变现等特点。拥有较多的流动资产，企业可在一定程度上降低财务风险。流动资产包括以下项目：现金、应收款项、预付款项及存货等。

流动负债是指需要在1年或者超过1年的一个营业周期内偿还的债务。流动负债具有资本成本低、偿还期短、灵活性强的特点。流动负债主要包括以下项目：短期借款、应付票据、应付账款、应付职工薪酬、应缴税费及应付利润等。

营运资本是流动资产与流动负债的差额，其公式为

营运资本＝流动资产－流动负债
＝(资产－非流动资产)－(资产－所有者权益－长期负债)
＝所有者权益＋长期负债－非流动资产
＝长期资本－长期资产

二、营运资本的特点

营运资本管理是对企业流动资产和流动负债的管理。营运资本管理是财务管理的重要组成部分，据调查，企业的财务负责人约有60%的时间用于营运资本管理，要维持正常的生产经营活动，企业就必须要保持适量的营运资本。

营运资本的特点主要包括：周转速度快；变现能力强；来源灵活多样；数量具有波动性。

第二节 流动资产管理

一、 现金管理

（一）现金管理的目标与内容

广义的现金是指在生产经营过程中以货币形态存在的资金，包括库存现金、银行存款和其他货币资金等。狭义的现金仅指库存现金。这里所讲的现金是指广义的现金。

现金是流动性最强的资产，代表着企业直接的支付能力，但是收益性最弱。现金管理的目标就是在现金的流动性和收益性之间做出选择，既要保持适度的流动性，又要尽可能提高资产的收益性。

小贴士

现金的持有动机

企业持有现金，往往基于以下需求的考虑：

交易性需求；

预防性需求；

投机性需求。

保持合理的现金持有量是企业现金管理的重要内容，企业现金管理的内容包括：

1）合理确定现金持有量。企业须建立一套行之有效的管理现金的方法，保持合理的现金数额使其在时间上具有继起性，在空间上具有并存性。

2）合理预测现金流入流出量。企业须编制现金预算，预测企业在未来一段时间内的现金流入量与流出量，保证企业日常经营活动所需现金。同时，尽可能减少企业闲置现金数额，提高资金收益率。

【课堂活动】 在既定的生产经营规模条件下，持有现金过少会出现哪些问题？

（二）最佳现金持有量的确定

1. 成本分析模型

成本分析模型强调：企业持有现金是存在成本的，最优的现金持有量能够使得现金持有成本最小。现金持有成本包括机会成本、管理成本和短缺成本三个项目。

（1）机会成本

现金的机会成本，是指企业因持有一定现金余额而丧失的再投资收益。再投资收益是企业不能同时用该现金进行有价证券投资所产生的机会成本，这种成本在数额上

等于资金成本。机会成本与现金的持有量正相关：

机会成本＝现金持有量 × 有价证券利率

【例 6-1】 国债的收益率为 5%，欧地公司年均现金持有量为 60 万元，那么，该公司每年的现金机会成本为 3 万元（60×5%）。

（2）管理成本

现金管理成本，是指企业因持有一定数量的现金而发生的管理费用，如现金管理人员薪金、现金保管部门的办公经费、安全措施费用等。在特定范围内，现金的管理成本与现金持有量无关，是固定性的。

（3）短缺成本

现金短缺成本是指在现金持有量不足，又无法及时补充时给企业造成的损失。现金的短缺成本与现金持有量负相关。

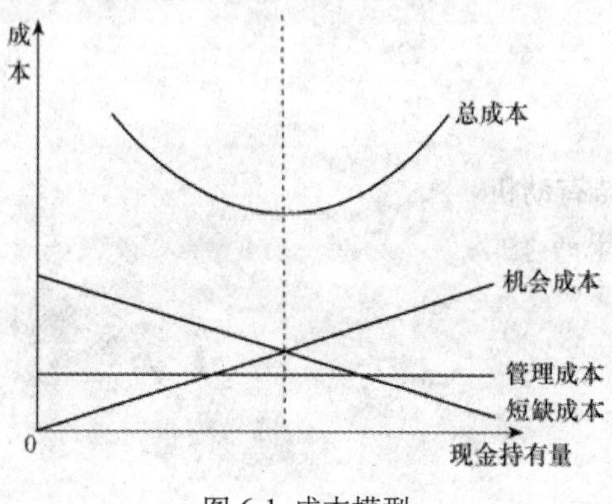

图 6-1 成本模型

在与企业现金持有量有关的成本中，管理成本属于固定成本，机会成本是正相关成本，短缺成本是负相关成本，如图 6-1 所示。

成本分析模型确定最佳现金持有量的具体步骤为：

1）测算各备选方案的相关成本数额；

2）根据各备选方案现金持有量和测算的相关成本资料编制最佳现金持有量测算表；

3）最佳现金持有量测算表中相关总成本最低时的现金持有量即最佳现金持有量。

【案例6-1】 欧地公司最佳现金持有量的确定

欧地公司决定加强现金管理，制定了 A、B、C 三种现金持有方案，有关成本资料如表 6-1 所示。

表6-1 欧地公司备选现金持有方案 单位：万元

项　目	A	B	C
现金持有量	200	300	400
机会成本率	12%	12%	12%
短缺成本	30	10	0

要求确定该公司的最佳现金持有量。

案例分析：

根据表 6-1，欧地公司的最佳现金持有量测算表如表 6-2 所示。

表6-2 欧地公司最佳现金持有量测算表 单位：万元

项 目	A	B	C
现金持有量	200	300	400
机会成本	200×12%=24	300×12%=36	400×12%=48
短缺成本	30	10	0
相关总成本	54	46	48

理财建议：

由表6-2可知，方案A相关总成本54万元，方案B的相关总成本46万元，方案C相关总成本48万元，所以应该选择总成本最低的B方案。

2. 存货模型

存货模型假设不存在现金短缺，短缺成本属于无关成本；不考虑管理成本；假设现金流出量稳定不变，即每次转换数量一定。在存货模型下，持有现金的总成本包括两个方面：一是持有成本，指持有现金放弃的收益，与现金持有量成正比例变化；二是转换成本，与交易次数有关，与现金持有量成反比例变化。

假定每次转换现金量为N，经过一定的消耗期t，现金持有量将为0，在这个期间，现金平均消耗，那么在这个时间段内则企业的平均现金余额为$N/2$。假定有价证券利息率为K，则持有成本为

$$持有成本=平均现金持有量\times有价证券利息率=\frac{N}{2}\times K$$

假定每年现金总需求量为T，每次转换成本为F。则每年现金转换次数为$\frac{T}{N}$，则持有现金的转换成本为

$$转换成本=转换次数\times每次转换成本=\frac{T}{N}\times F$$

企业持有现金的相关总成本TC为

$$TC=\frac{N}{2}\times K+\frac{T}{N}\times F$$

对此式求导数，可求出令总成本TC最小的N值。由此可得

$$最佳现金持有量\ (N)=\sqrt{\frac{2TF}{K}}$$

$$最低现金管理相关总成本\ (TC)=\sqrt{2TFK}$$

式中，T为一个周期内现金总需求量；F为每次转换有价证券的固定成本；N为最佳现金持有量；K为机会成本；TC为现金管理相关总成本。

【例6-2】 欧地公司预计全年（按360天计算）现金需要量为2 500 000元，现金

与有价证券的转换成本为每次1800元，有价证券年利率为10%。

要求：计算最佳现金持有量和最佳现金持有量下的全年现金管理总成本。

根据以上数据，代入公式可得

$$最佳现金持有量=\sqrt{\frac{2TF}{K}}=\sqrt{\frac{2\times 2\,500\,000\times 1800}{10\%}}=300\,000（元）$$

$$全年现金管理相关总成本=\sqrt{2TFK}=\sqrt{2\times 2\,500\,000\times 1800\times 10\%}=30\,000（元）$$

（三）现金的日常控制

1．加速现金周转

现金的周转是连续不断的，与企业的生产周期密切相关。首先，企业要购买原材料，可能支付现金，也可能延期付款形成应付账款；在对原材料进行加工形成产成品出售后，可能取得现金收入，也可能赊销形成应收账款。现金周转期是指企业现金支付与现金收入之间的时间间隔，用公式来表示就是：

现金周转期＝存货周转期＋应收账款周转期－应付账款周转期

2．争取现金流出与现金流入同步

企业财务管理人员要提高预测和管理能力，尽量使现金流出与现金流入同步配合，减少企业现金持有量。只有这样，才可以提高现金的利用效率，提高企业的盈利水平。

3．使用现金浮游量

从企业开出支票到收款人将支票存入银行，至银行划转资金有一段时间间隔，在这段时间，企业大于现金账面余额的现金占用称为现金浮游量。财务人员应该合理估计这一现金收支的时滞，使用现金浮游量。

二、应收账款管理

（一）应收账款的功能与管理目标

应收账款是指企业销售产品、商品、提供劳务等原因，应向购货客户或接受劳务的客户收取的款项和代垫的运杂费。它是企业赊销形成的债权性质的资产，是流动资产的重要组成部分。

应收账款在生产经营中发挥着重要的作用，主要体现在增加销售、减少存货两方面。应收账款也是企业的一项自有资金占用，会发生一些必要的成本。因此，应收账款管理的目标是制定合理的信用政策，在应收账款增加的盈利和增加的赊销成本之间作出权衡，只有当新的信用政策增加的销售盈利超过其增加的成本时，才能推行新的信用政策。应收账款的成本主要有：机会成本；管理成本；坏账成本。

小贴士

应收账款管理的内容拓展

应收账款管理还应包括对企业产品的未来销售前景和市场情况的预测和判断，及对应收账款的可回收性调查。如企业产品的销售前景良好，应收账款可回收性好，则可进一步放宽信用政策，扩大赊销额以获取更大利润。相反，则应采取更为严格的信用政策，或根据不同客户的信用程度适当调整信用政策，确保企业获取最大收入的情况下损失最低。

（二）应收账款信用政策的制定

企业的信用政策由信用标准、信用期间和折扣条件三部分内容组成。

1. 信用标准

信用标准代表企业愿意承担的最大的付款风险的金额。严格的信用标准可能会降低在可接受信用风险范围内的客户的赊销额，限制企业的销售机会，致使盈利减少；而宽松的信用标准可能会对在可接受信用风险范围外的客户提供赊销，致使收账风险增大进而增加坏账费用。

2. 信用期间

信用期间是企业允许顾客从购货到付款之间的时间，或者说是企业给予顾客的付

相关链接

“5C”信用评价系统

信用评价取决于可以获得的信息类型、信用评价的成本与收益，企业在设定顾客的信用标准时，首先要评估其收账风险，这可以使用“5C”信用评价系统，包括以下五个因素：

1）品质（character）：是指顾客的信誉，是个人申请人或企业申请人管理者的诚实和正直表现，品质反映了企业或个人在过去的还款事项中所体现的还款意图和愿望。

2）能力（capacity）：是指顾客的偿债能力，能力反映的是企业或个人在其债务到期时可以用于偿还债务的当前和未来的财务资源。

3）资本（capital）：是指顾客的财务实力和财务状况，资本评价如果企业或个人当前的现金流不足以还债，他们在短期和长期内可供使用的财务资源。

4）抵押（collateral）：抵押是指当企业或个人不能满足还款条款时，可以用作债务担保的资产或其他担保物。

5）条件（condition）：条件是指影响顾客还款能力和还款意愿的经济环境，对申请人的这些条件进行评价以决定是否给其提供信用。

款期间。若某企业的信用期间为30天，则是指企业允许顾客在购货后的30天内付款。信用期间过短，不足以吸引顾客购买产品实现销售；信用期间过长，销售额增长带来的收益可能不足以弥补因宽松的信用期间而增长的费用，造成利润减少。因此，企业必须综合考虑各方面影响因素，合理确定信用期间。

确定信用期间，首先要分析改变现行信用期间对收益和成本的影响。如果延长信用期间，销售量随之增长，收益增加，但收账费用和坏账损失等赊销成本也会随之增加，当销售增长带来的收益大于赊销成本时，延长信用期间对企业是有利的，应该延长信用期间，否则不宜延长。如果要对是否缩短信用期间进行决策，情况与此相反。

【案例6-2】 欧地公司信用政策决策Ⅰ

欧地公司目前采用30天按发票金额（即无现金折扣）付款的信用政策。为了增加销售量，拟将信用期间放宽至60天，其他条件不变。假设该风险投资的最低报酬率为15%，其他有关数据如表6-3所示。

表6-3 欧地公司信用期放宽的有关资料表

项　目	信用期间（30天）	信用期间（60天）
销售量（件/年）	1 000 000	1 200 000
销售额（单价10元）	10 000 000	12 000 000
销售成本（元）：		
变动成本（每件8元）	8 000 000	9 600 000
固定成本（元/年）	1 000 000	1 000 000
毛利（元/年）	1 000 000	1 400 000
可能发生的收账费用（元/年）	30 000	50 000
可能发生的坏账损失（元/年）	50 000	100 000

案例分析：

在分析时，首先计算放宽信用期间增加的收益，然后计算增加的赊销成本，最后将两者对比作出判断。

收益的增加：

收益的增加＝销售量的增加 × 单位边际贡献

$=(12\,000\,000-10\,000\,000)\times(10-8)=4\,000\,000$（元）

应收账款占用资金的机会成本：

应收账款占用资金的机会成本＝应收账款占用资金 × 资本成本

应收账款平均余额＝日销售额 × 信用期间

应收账款占用资金＝应收账款平均余额 × 变动成本率

应收账款占用资金的机会成本

＝应收账款占用资金 × 资本成本

＝应收账款平均余额 × 变动成本率 × 资本成本

＝日销售额 × 信用期间 × 变动成本率 × 资本成本

$$=\frac{\text{全年内赊销销售额}}{360}\times\text{信用期间}\times\text{变动成本率}\times\text{机会成本率}$$

$$30\text{天信用期机会成本}=\frac{10\,000\,000}{360}\times30\times\frac{8}{10}\times15\%=100\,000$$

$$60\text{天信用期机会成本}=\frac{12\,000\,000}{360}\times60\times\frac{8}{10}\times15\%=240\,000$$

机会成本的增加＝240 000－100 000＝140 000

收账费用和坏账费用损失增加：

收账费用增加＝50 000－30 000＝20 000（元）

坏账损失增加＝100 000－50 000＝50 000（元）

改变信用期的差额损益：

改变信用期间的差额损益＝收益增加－成本费用增加

＝4 000 000 －(140 000＋20 000＋50 000)＝3 790 000(元)

理财建议：

通过分析我们可以得知，收益的增加大于成本增加，故应采用 60 天信用期。

3．折扣条件

折扣条件是指企业给顾客提供的现金折扣。现金折扣是企业对客户在商品价格上的扣减。提供现金折扣的主要目的是吸引客户提前付款，缩短企业的平均收款期。现金折扣也会吸引一些客户前来购买产品，提高企业的销售收入。如果公司给客户提供现金折扣，那么客户在折扣期付款少付的金额产生的“成本”将影响公司收益，但收入方面的损失可能会全部或部分地由应收账款持有成本的下降所补偿。

折扣条件常用如 1/10、*N*/30 这样的符号表示。其中：1/10 表示 10 天内付款，可享受 1% 的价格优惠，即只需支付全部货款的 99%；*N*/30 表示顾客支付货款的最后期限为 30 天，此时付款无优惠。

【课堂活动】 什么是现金折扣？与销售折扣有什么区别？

【案例 6-3】 欧地公司信用政策决策2 

假设欧地公司在放宽信用期的同时，为了加快应收账款的周转速度，提出了1/30，N/60的现金折扣政策吸引顾客提前付款，估计会有一半的顾客（按60天信用期所能实现的销售量计算）将享受现金折扣优惠。

案例分析：

收益的增加：

收益的增加＝销售量的增加 × 单位边际贡献

$$=(12\,000\,000-10\,000\,000)\times(10-8)=4\,000\,000\text{（元）}$$

应收账款占用资金的机会成本：

$$30\text{天信用期机会成本}=\frac{10\,000\,000}{360}\times30\times\frac{8}{10}\times15\%=100\,000$$

$$60\text{天信用期机会成本}=\frac{12\,000\,000\times50\%}{360}\times60\times\frac{8}{10}\times15\%+\frac{12\,000\,000\times50\%}{360}\times30\times\frac{8}{10}\times15\%=180\,000$$

机会成本的增加＝180 000－100 000＝80 000（元）

收账费用和坏账费用损失增加：

收账费用增加＝50 000－30 000＝20 000（元）

坏账损失增加＝100 000－50 000＝50 000（元）

现金折扣成本：

现金折扣成本增加＝变化后的销售量 × 变化后的现金折扣率 × 享受现金折扣的顾客比例－变化前的销售量 × 变化前的现金折扣率 × 享受现金折扣的顾客比例

$$=12\,000\,000\times1\%\times50\% - 1000\,000\times0\times0 = 60\,000\text{（元）}$$

改变信用期的差额损益：

改变信用政策的差额损益＝收益增加－成本费用增加

$$=4\,000\,000-(80\,000+20\,000+50\,000+60\,000)$$

$$=3\,790\,000\text{（元）}$$

理财建议：

由此我们可以得知，考虑到现金折扣后，收益的增加大于成本增加，因此，欧地公司应采用60天信用期。

【课堂活动】 除了考虑收益成本之外，企业的信用政策还要考虑哪些因素的影响？

（三）应收账款的日常管理

除了确定应收账款信用政策外，做好应收账款的日常管理工作也非常重要，主要包括：

1．客户信用调查

客户信用调查是指收集和整理反映客户信用状况的有关资料的工作。这项工作是企业正确评价客户信用的前提条件，也是进行应收账款日常管理的基础。企业对顾客进行信用调查主要有两种：

1）直接调查。它是指调查人员通过与被调查单位进行直接接触，通过当面采访、询问、观看等方式获取信用资料的一种方法。

2）间接调查。它是以被调查单位以及其他单位保存的有关原始记录和核算资料为基础，通过加工整理获得被调查单位信用资料的一种方法。

2．收账管理

应收账款超期后，企业应根据客户信用状况的变化、应收账款的超期时间等情况，及时采取相应措施进行催收，否则有可能发生坏账使企业蒙受损失。因此，企业必须对比分析收账政策带来的收益与成本，制定切实可行的收账政策。

小贴士

应收账款的催收方式

通常可以采用的催收方式有：

寄发账单；电话催收；派人上门催收；法律诉讼。

催收账款会发生费用，一般来讲，收账费用越高，收账措施越有力，收回的欠款越多，坏账损失也就越小。

三、存货管理

（一）存货的功能与存货管理目标

存货是指企业在生产经营过程中为销售或者耗用而储备的物资，包括材料、燃料、低值易耗品、在产品、半成品、产成品、库存商品等。

存货在企业的日常生产经营过程中起到了重要作用，包括：

1）储存必要的原材料和在产品，是生产经营顺利进行的物质保证。

2）储存必要的产成品，有利于销售活动的顺利进行。

3）维持均衡生产，降低产品成本的必要保证。

4）降低存货取得成本的有效方式。

存货是企业非常重要的一项资产，存货管理水平的高低直接影响着企业生产经营的顺利进行，存货管理是财务管理的一项重要内容。存货管理的目标，就是要权衡存货的成本与收益，在实现存货功能的基础上，尽量降低存货成本，实现收益的最大化。

（二）存货的成本

1）采购成本。采购成本指为购买存货本身所支出的成本，是由买价和运杂费用构成的。采购成本与采购数量成正比例变动。

2）订货成本。订货成本指取得订单的成本，如办公费、差旅费、邮资、电话费、运输费等支出。有的订货成本与订货次数无关，如常设采购部门的办公费用、员工薪金等日常开支，称为固定的订货成本；有的订货成本与订货次数有关，如与每次采购有关的差旅费、通信费等，称为变动订货成本，订货次数越多，变动订货成本越大。

3）储存成本。储存成本指为保持存货而发生的成本，包括存货占用资金的机会成本、仓库储存费用、保险费用、存货破损和变质损失。储存成本也有固定成本和变动成本之分，固定储存成本与存货的持有数量无关，如仓库的折旧费、租赁费等；变动储存成本与存货的数量有关，如存货资金的应计利息、存货的破损和变质损失、存货的保险费用等，变动储存成本与储存量成正比例变化。

4）缺货成本。缺货成本指由于存货供应中断而造成的损失，包括原材料中断供应造成的停工损失、产品缺货造成的发货拖延损失和错过销售机会损失及造成的商誉损失等。

（三）经济订购批量决策

经济订购批量的基本模型建立在一系列严格假设基础上。这些假设包括：

1）企业能够及时补充存货，即订货能够及时取得存货。

2）存货集中入库，不存在陆续入库的情况。

3）不允许缺货，无缺货成本。

4）存货总需求量稳定且已知。

5）单位货物价格不变，无批量折扣。

6）企业现金充裕，不存在现金短缺影响进货的情况。

7）市场供应充足，不受其他货物影响。

在上述假设前提下，采购成本和缺货成本与经济批量决策无关，与经济批量决策有关的成本包括变动订货成本与变动储存成本。令 D 表示全年存货需求量，Q 表示每次订货批量，K 表示每次订货变动成本，K_C 表示单位存货持有费用率，TIC 表示与订货批量有关的总成本。则存货的变动订货成本为 $\frac{D}{Q}\times K$，变动储存成本为 $\frac{Q}{2}\times K_c$，与经济批量有关的总成本为

$$\text{TIC}=\frac{D}{Q}\times K+\frac{Q}{2}\times K_c$$

对此式求导数，求出令总成本 TIC 最小的 Q 值即为经济订购批量 EOQ。由此可得

$$\text{存货经济定购批量 EOQ}=\sqrt{\frac{2DK}{K_c}}$$

$$与经济批量有关总成本\ TIC=\sqrt{2DKK_c}$$

$$经济订购批数=\frac{D}{EOQ}=\sqrt{\frac{DK_c}{2K}}$$

【例 6-3】 欧地公司全年需用A材料72 000吨，每次订货成本为500元，每吨材料年储存成本为2元。要求确定A材料的经济订购批量、与A材料经济批量有关的总成本、经济订购批数。

根据上述题意，代入公式即可得

$$存货经济订购批量\ EOQ=\sqrt{\frac{2\times72\ 000\times500}{2}}=6000\ （吨/次）$$

$$与A材料经济批量有关总成本\ TIC=\sqrt{2\times72\ 000\times500\times2}=12\ 000\ （元/年）$$

$$经济订购批数=\frac{72\ 000}{6000}=\sqrt{\frac{72\ 000\times2}{2\times500}}=12\ （次/年）$$

（四）存货的日常控制

存货的日常控制是指日常生产经营过程中，按照存货计划的要求，对存货的使用和周转情况进行的组织、调节和监督。存货管理方式应该根据企业的特点，制定合理的存货管理制度。企业要加强对存货资金的集中、统一管理，促进供、产、销相互协调，实现资金使用的综合平衡，加速资金周转。

小贴士

存货ABC分类管理

存货ABC分类管理就是按照金额和品种数量等分类标准，将企业的存货划分为A、B、C三类，分别实行重点控制、一般控制和次要控制的存货管理方法。在划分存货时，要求按照企业存货的特点，按库存物占用资金金额和品种数量分为特别重要的库存（A类）、一般的库存（B类）和不重要的库存（C类）三个等级，然后针对不同等级分别进行管理和控制。一般而言，三类存货的金额比重大致为A：B：C=70%：20%：10%，三类存货的数量比重大致为A：B：C=10%：20%：70%。

第三节　流动负债管理

流动负债是指在一年或者一个营业周期内到期的债务。流动负债主要包括商业信用和短期借款，不同来源的流动负债具有不同的获取速度、成本和风险。

一、商业信用

商业信用是指企业在商品或劳务交易中，以延期付款或预收货款方式进行购销活动而形成的借贷关系，是企业之间的直接信用行为，也是企业短期资金的重要来源。商业信用是一种“自发性筹资”，产生于企业日常生产经营之中。

（一）商业信用的形式

1．应付账款

应付账款是供应商给企业提供的一个商业信用。由于企业在赊销后往往在信用期期末才付款，无偿使用供应方资金达一个信用期间，因此商业信用成为企业短期资金重要来源。商业信用条件包括两种：

1）有信用期，无现金折扣。如“*N*/20”表示20天内按发票金额全数支付款项。那么，购货方可以在20天内无偿使用供应方的资金，购货方一般会在信用期期末付款。

2）有信用期，有现金折扣。如“1/10，*N*/20”表示10天内支付货款享受1%的现金折扣，若买方放弃折扣，20天内须全数付清款项。通常，购货方放弃现金折扣的成本是高昂的，因此，供应方在信用条件中规定现金折扣的主要目的是加速资金回收。

如果企业购买货物后在供应方规定的折扣期内付款，可以获得现金折扣，这种情况下企业无偿使用了供应商的资金而没有付出任何代价。如果没有在折扣期内付款，购货方放弃了现金折扣，需要全额付款，也就是说购货方延期付款付出了代价，这个代价就是放弃的现金折扣。

$$放弃折扣的信用成本=\frac{应付账款总额\times 现金折扣率}{应付账款总额\times 1-现金折扣率}\times\frac{360}{信用期-折扣期}$$

$$=\frac{现金折扣率}{1-现金折扣率}\times\frac{360}{信用期-折扣期}$$

【例6-4】 欧地公司按“1/10，N/30”的付款条件购入货物300万元。如果企业在10天以后付款，便放弃了1%的现金折扣（共300×1%=3万元），也就是为了获得使用期限为20天（30－10）的297万元（300－3）的资金使用，企业放弃了3万元的现金折扣，那么放弃现金折扣的信用成本为

$$放弃折扣的信用成本=\frac{1\%}{1-1\%}\times\frac{360}{30-10}=18.18\%$$

2．应计未付款

应计未付款是企业在生产经营和利润分配过程中已经计提但尚未以货币支付的款项，包括应付职工薪酬、应缴税金、应付利润或应付股利等。以应缴税费为例，企业通常每月月初支付上月税金，在应缴税费计提但尚未支付这段时间，就会形成应计未付款，这笔资金可以用于企业生产经营。应付职工薪酬、应付利润或应付股利也有类

似的性质，企业使用这些自发形成的资金无需付出任何代价。应计未付款随着企业规模的扩大而增加，但企业支付这些款项有一定时间限制，不能拖欠，所以企业并不能控制这些流动负债的水平。

3．预收账款

预收账款，是指销货单位按照合同和协议规定，在发出货物之前向购货单位预先收取部分或全部货款的信用行为。对销售方来讲，相当于借入资金后用货物或劳务抵偿，对于供不应求、生产周期长或者造价较高的产品，销售方往往采用这种方式销售以缓和本企业资金占用过多的矛盾。

（二）商业信用筹资的优缺点

1．商业信用筹资的优点

1）筹资容易获得。商业信用是以商品购销行为为基础的，对大多数企业而言，资金的提供方不会像商业银行一样对企业的经营状况和风险作严格的考量，商业信用方式是自然的、持续的信贷形式，有利于应对企业生产经营所需的流动资产需求。

2）灵活性强。企业可以根据自身需求对取得的商业信用金额大小和期限长短进行选择，比银行借款等其他方式灵活得多，如果在信用期内不能付款或交货时，还可以通过协商延长期限。

3）一般不用提供担保。企业取得商业信用不需要提供第三方担保，也不需要用资产进行抵押。

2．商业信用筹资的缺点

1）筹资成本高。商业信用的筹资成本是不能享受现金折扣的机会成本，由于商业信用筹集的资金使用期限非常短，其筹资成本比银行借款要高得多。

2）容易恶化企业的信用水平。商业信用的期限短，还款压力大，如果长期或经常性地拖欠这些款项，会造成企业的信誉恶化。

3）受外部环境影响大。商业信用筹资受外部商品市场和资本市场影响较大，稳定性较差，不能无限利用。

二、短期借款

短期借款是指企业同银行或其他金融机构借入的期限在1年（含1年）以下的各种借款。企业向银行借贷，首先须向银行提出申请并递交相关材料，经审查同意后企业与银行签订借款合同，注明借款的用途、金额、利率、期限等内容，企业根据借款合同办理借款手续后取得借款。短期借款通常规定以下内容。

（一）信贷额度

信贷额度即贷款限额，是借款企业与银行在协议中规定的借款最高限额，信贷额度的有效期限通常为 1 年，也可以根据情况进行延期。在信贷额度内，企业可以随时向银行贷款。信贷额度不具有法律约束力，如果企业信誉持续恶化，银行不承担必须提供全部信贷额度的义务，即使银行不满足企业的贷款要求也不需承担法律责任。

（二）周转信贷协定

周转信贷协定是银行具有法律义务地承诺提供不超过某一最高限额的贷款协定。该协定在有效期内具有法律约束力，在贷款最高限额内，银行必须随时满足企业提出的贷款要求，且在贷款限额内资金可以周转使用。对于贷款限额内已使用的贷款，企业需按事先商定的利率支付利息，未使用部分，通常要支付给银行一笔承诺费用。

【例 6-5】 欧地公司与银行签订周转信贷协定，商定周转信贷额度为 2000 万元，年度内实际使用了 1800 万元，承诺费率为 0.5%，则企业应向银行支付的承诺费为

$$信贷承诺费=(2000-1800)\times0.5\%=1\ （万元）$$

（三）补偿性余额

补偿性余额是银行要求借款企业在银行中保持按贷款限额或实际借用额一定比例计算的最低存款余额。补偿性余额能够降低银行的信贷风险，提高企业向银行借款的实际利率，加重企业的财务负担。

三、流动负债的特点

（一）筹资速度快

由于短期筹资到期日较短，债权人承担的风险比较低，不需要像长期借款对借款方进行全面、复杂的财务调查，因此短期借款更容易取得。

（二）筹资灵活性强

在筹集长期资本时，资金的提供者基于资金安全的考虑会提出较多的限制性条款；短期筹资相关约束比较少，使得筹资方在资金使用和配置上更加灵活、富有弹性。

（三）资本成本低

当筹资到期日较短时，债权人承担的风险较低，其要求的投资回报率也越低，对企业来讲，资本成本比较低。

（四）筹资风险大

流动负债需要债务人在短期内偿还，否则将会对企业产生较大的影响。这需要债务人在短期内筹集用于偿还流动负债的本金和利息，对企业财务造成较大的压力。

本 章 重 点

1. 营运资本管理主要包括流动资产管理和流动负债管理两部分。流动资产是指可以在1年以内或超过1年的一个营业周期内变现或运用的资产。流动负债是指需要在1年或者超过1年的一个营业周期内偿还的债务。营运资本是流动资产与流动负债的差额，其公式为

营运资本＝流动资产－流动负债
＝(资产－非流动资产)－(资产－所有者权益－长期负债)
＝(所有者权益＋长期负债)－非流动资产
＝长期资本－长期资产

2. 现金有广义和狭义之分。广义的现金是指在生产经营过程中以货币形态存在的资金，包括库存现金、银行存款和其他货币资金等。狭义的现金仅指库存现金。本章所讲的现金是指广义的现金。企业现金管理的内容包括：合理确定现金持有量和合理预测现金流入流出量两个方面。

3. 确定最佳现金持有量通常使用成本分析模型和存货模型。成本分析模型强调的是：持有现金是有成本的，最优的现金持有量是使得现金持有成本最小化的持有量。模型考虑的现金持有成本包括机会成本、管理成本和短缺成本。在存货模型下，持有现金的总成本包括持有成本和转换成本两个方面，这种模式下的最佳现金持有量，是持有现金的机会成本与证券变现的交易成本相等时的现金持有量。

$$\text{最佳现金持有量 } N=\sqrt{\frac{2TF}{K}}$$

4. 应收账款是指企业因销售产品、商品，提供劳务等原因，应向购货客户或接受劳务的客户收取的款项和代垫的运杂费。应收账款的成本包括机会成本、管理成本和坏账成本。

5. 企业的信用政策包括信用标准、信用期间和折扣条件。信用标准代表企业愿意承担的最大的付款风险的金额；信用期间是企业允许顾客从购货到付款之间的时间；折扣条件是指企业给顾客提供的现金折扣。

6. 存货是指企业在生产经营过程中为销售或者耗用而储备的物资，其成本包括采购成本、订货成本、储存成本、缺货成本。

7. 存货经济订购批量的基本模型建立在一系列严格假设基础上，在假设前提下，采购成本和缺货成本与经济批量决策无关，与经济批量决策有关的成本包括变动订货成本与变动储存成本。

$$\text{存货经济订购批量 (EOQ)}=\sqrt{\frac{2DK}{K_c}}$$

8．商业信用是指企业在商品或劳务交易中，以延期付款或预收货款方式进行购销活动而形成的借贷关系，是企业之间的直接信用行为，也是企业短期资金的重要来源。

复习思考题

一、名词解释

1．营运资本　　2．流动资产　　3．流动负债

4．信用条件　　5．信用期间　　6．商业信用

二、简答题

1．简述企业持有现金的动机。

2．现金管理的内容包括哪些?

3．应收账款的管理目标是什么?

4．应收账款信用政策的影响因素包括哪些?

5．影响存货经济批量的成本项目有哪些?

6．采用商业信用筹集短期资金的优缺点有哪些?

三、案例分析题

2012年2月，长江股份有限公司（以下简称长江公司）本年度实现营业收入为46 838万元，当年营业成本37 780万元，毛利率19.34%，本年度亏损138万元，企业要求的必要报酬率为10%。财务总监赵女士对上年度财务报告进行分析的时候发现，企业的流动资产管理比较松散，导致流动资产使用效率低下。

现金管理方面，长江公司2011年度库存现金平均余额为8467万元，银行存款平均余额为846万元，其他货币资金平均余额为1074万元，没有交易性金融资产等短期投资。经测算，长江公司每年的现金需求量为600万元，如果要将持有的短期投资转换为现金，需要花费固定转换费用120元。

应收账款管理方面，长江公司2011年年报显示，应收账款余额9296万元，坏账准备1506万元，逾期的应收账款中，逾期1～5年的占80.6%，逾期5年以上的应收账款占18.5%，对于逾期应收账款，长江公司一般采用电话催收的方式要账，效果并不是特别理想。大量的坏账给企业造成了重大损失，如果想要降低损失，就必须采取更加严格的信用政策和更加强硬的收账政策。如果信用期间从原来的90天降低到60天，预测2012年数据如下表所示：

项目	当前政策（90天）	新政策（60天）
营业收入	10 000万元	9000万元
变动成本率	80%	80%
收账费用	2万元	50万元
坏账损失	250万元	50万元

存货管理方面，长江公司2011年年报显示，其中，存货账面余额7413万元，其中原材料账面余额2493万元，在产品账面余额812万元，库存商品4072万元，计提存货跌价准备共计150万元。原材料中的甲材料占用了大量的资金，可以降低库存量节约资金以提高总资产收益率。预计2012年甲材料全年需求量1000万吨，单位储存费用4元/吨，长江公司每次订货，需要支付500元的固定订货费用。

要求：请对长江公司存在的上述问题提出解决方案。

第七章

分配管理

学习目标

知识目标

※ 了解利润的构成

※ 熟悉利润分配程序

※ 理解利润分配原则

※ 理解股利理论的基本思想

※ 掌握股利政策的特点及其适用情况

※ 掌握现金股利与股票股利的动机

能力目标

※ 能够针对公司实际情况选用适合的股利政策

※ 能够选用合理的股利支付形式进行股利分配

导入案例

瑞丰公司理财案例

2009 年 5 月 22 日，瑞丰有限责任公司（以下简称“瑞丰公司”）公布了新的利润分配方案，每季度现金股利达到每股 2 美分。从 1997 年起开始支付股利的瑞丰公司表示，将于 6 月 1 日开始向股东支付季度股利。这次增加股利使瑞丰公司的年股利达到每股 8 美分，基于瑞丰公司 5 月 22 日的股票收盘价每股 16.10 美元，股利率为 0.5%。瑞丰公司认为：增加股利是一个向股东返还利润的好办法，尤其是在纳税人就股利支付的税率下降的情况下更是如此。截至 2009 年 5 月 15 日，瑞丰公司的现金储备为 120 亿美元。消息公布后，在纳斯达克股市上，瑞丰公司的股价下跌了 21 美分，跌幅为 1.3%，以每股 16.10 美元收盘。在 5 月 22 日的交易中，瑞丰公司的股价一度跌至 14.86 美元的低点。

为什么瑞丰公司增加股利却导致股价下跌呢？

第一节 分配管理概述

利润分配是企业按照国家有关法律法规以及企业章程的规定，在兼顾企业内外各利益主体的利益关系基础上，将企业在一定时期内实现的利润在企业与企业所有者之间、企业内部的有关项目之间、企业所有者之间进行分配的活动。利润分配是企业财务管理中非常重要的一个环节，利润分配政策合理与否，会影响企业的生存与发展。

一、利润的构成

企业进行利润分配的前提条件是企业实现了利润。因此，要合理地进行利润分配，必须要正确地确认企业的利润。利润是企业在一定会计期间实现的经营成果。利润的多少决定着企业利润分配参与者的利益。

利润是企业生产经营成果的综合反映。利润包括收入减去费用后的净额、直接计入当期利润的利得和损失等。其中，收入减去费用后的净额反映的是企业日常活动的经营成果；直接计入当期利润的利得和损失反映的是企业非日常活动的结果。利润的构成公式表示如下：

利润总额＝营业利润＋营业外收支净额

净利润＝利润总额－所得税费用

（一）税前利润（利润总额）构成

1．营业利润

营业利润是企业在一定会计期间从事生产经营活动所取得的利润。它集中反映了企业进行生产经营活动的成果，是企业利润的主要来源。

营业利润＝营业收入－营业成本－营业税金及附加－销售费用－管理费用－财务费用－资产减值损失＋公允价值变动收益（－公允价值变动损失）＋投资收益（－投资损失）

2．营业外收支净额

营业外收支净额是指营业外收入减去营业外支出后的金额。营业外收支会为企业带来经济利益流入流出，对企业的利润总额及净利润能够产生较大的影响。

营业外收支净额＝营业外收入－营业外支出

（二）税前利润调整和所得税计征

企业在计算出利润总额后，必须按照税法规定对利润总额进行调整，以便计算应纳所得税额。税前利润调整包括永久性差异调整、暂时性差异调整两个方面。企业当期应缴纳的所得税额为

应纳所得税额＝应纳税所得额 × 所得税税率

（三）企业最终利润形成

企业利润总额减去所得税费用后，剩余部分就是税后净利润，它是企业进行利润分配的基础。

二、利润分配程序

公司应当按照一定的顺序进行利润分配。按照《公司法》等法律法规的规定，利润分配应按以下顺序进行。

（一）弥补以前年度亏损

企业在提取法定公积金之前，应先用当年利润弥补亏损。企业年度亏损可以用下一年度的税前利润弥补，下一年度不足以弥补的，可以在五年之内用税前利润连续弥补，连续五年未弥补的亏损则用税后利润弥补。其中，税后利润弥补亏损可以用当年实现的净利润，也可以用盈余公积转入。

（二）提取法定公积金

法定公积金按照本年净利润抵减年初累计亏损后的 10% 提取。即本年净利润只有在弥补了年初累计亏损后，才能提取法定公积金和进行后续利润分配，不能用投入资本发放股利，也不能在没有累计盈余的情况下提取公积金。法定公积金达到注册资本的 50% 时，可不再提取。

（三）提取任意公积金

企业按照章程规定或股东会议决议可以提取任意公积金。提取任意公积金可以调节和限制对投资者的利润分配，有利于企业的长远发展。

小贴士

任意公积金与法定公积金

任意公积金与法定公积金的提取依据是不同的：任意公积金的提取由企业自行决定；法定公积金的提取则以国家法律或行政规章为依据，按照本年净利润抵减年初累计亏损后的 10% 提取（非公司制企业法定公积金的提取比例可超过净利润的 10%）。

（四）向投资者分配利润或股利

利润在进行了上述分配以后，企业可以按照同股同权、同股同利的原则向投资者分配利润或股利。

【例 7-1】 瑞丰公司 2011 年有关资料如下：①年度实现利润总额为 6000 万元，所得税按25%计缴。②公司前2年累计亏损为2000万元。③经董事会决定，提取300万元的任意公积金。④支付1000万股普通股股利，每股1元。利润分配过程如表7-1所示。

表7-1 利润分配过程金额 单位：万元

项　目	本年实际
一、利润总额	6000
加：年初未分配利润	−2000
二、可分配利润	4000
减：应交所得税	1000
三、净利润	3000
提取法定公积金	300
提取任意公积金	300
四、可供股东分配利润	2400
分配普通股股利	1000
五、未分配利润	1400

三、利润分配原则

利润分配是企业的一项重要工作，它不仅关系到国家、企业、投资者、职工等多方面的利益，而且会影响企业的筹资、投资决策乃至企业的生存和发展。因此，企业在进行利润分配时应遵循以下原则。

（一）依法分配原则

企业进行利润分配的对象是税后净利润，这些利润是企业的经营成果，也是企业的权益，企业有权自主分配。但是，为规范企业的利润分配行为，国家有关法律法规对企业利润分配的原则、次序和比例作了明确规定，企业必须按照相关规定进行利润分配。企业章程也必须在不违背相关法律法规规定的前提下，对本企业利润分配的原则、方法、程序等内容作出具体要求，以保障企业利润分配的有序进行。

（二）兼顾各方面利益原则

利润分配是利用价值形式对社会产品的分配，直接关系到投资者、经营者、职工等多方面的利益，利润分配的合理与否是利益机制能否持续发挥作用的关键。因此，企业在进行利润分配时，必须兼顾各方利益，统筹安排，尽可能地保持稳定。在企业获得稳定增长的利润后，可以适当增加利润分配的数额或百分比。

（三）资本保全原则

利润分配的对象是企业经营中积累的资本增值额，利润分配不是对资本金的返还，因此企业在进行利润分配时不能侵蚀资本。按照这一原则，企业在进行利润分配时，应当首先抵减尚未弥补的亏损，然后才能进行其他的分配。

（四）积累与分配并重的原则

企业利润分配应正确处理长远利益和近期利益的关系，坚持积累与分配并重的原则。企业除依法留用利润外，还要出于长远发展的考虑，适当留存一部分利润作为积累。这部分留存收益仍归企业所有者所有，而且这部分积累还有利于企业的扩大再生产和长远发展，正确贯彻此原则，可以使利润分配成为促进企业发展的有效手段。

（五）投资与收益对等原则

投资者因其投资而享有收益权，企业在进行利润分配时，应本着“谁投资，谁受益”的原则，使收益大小与投资比例相适应，体现投资与收益对等的原则，决不允许发生任何一方随意多分多占的现象，从根本上保护投资者的利益，鼓励投资者投资的积极性。

【课堂活动】 若瑞丰公司年初未分配利润100万元，本年净亏损50万元。在这种情况下，该公司当年是否需要计提法定公积金？是否可以向股东分配利润？

第二节　股利分配

一、股利理论

股利理论包括股利无关论和股利相关论两大流派。

（一）股利无关论

股利无关论认为，在一定的假设条件限制下，股利政策不会对公司的价值或股票的价格产生任何影响，投资者不关心公司股利的分配。该理论的假设条件包括：①公司的投资政策已确定并且已经为投资者所理解；②不存在股票的发行和交易费用；③不存在个人或公司所得税；④不存在信息不对称；⑤经理与外部投资者之间不存在代理成本。因这些假设条件对资本市场的描述是非常完美的一种资本市场，该理论亦称完全市场理论。股利无关论的观点主要有以下几种。

1．投资者对公司的股利分配不关心

如果公司留存较多的利润用于再投资，公司股票价格会因此而上升，此时虽然投资者分得的股利较少，但是需要现金的投资者可以出售股票换取现金。如果公司选择发放较多的股利，现金暂时闲置的投资者又可以通过再买入一些股票来扩大投资，从而获取收益。也就是说，投资者对得到股利还是资本利得并无偏好，因此投资者对是否分配股利和分配多少股利都不关心。

2. 股利支付率对公司的价值没有影响

公司是否进行股利分配和股利分配的多少对投资者而言，区别仅仅在于获得的是现金股利还是资本利得。既然投资者对是否进行股利分配和股利分配的多少毫无偏好，公司市场价值的高低完全取决于公司投资政策的好坏，公司股利的支付比率不会影响公司的价值。

（二）股利相关论

1.“一鸟在手”理论

该理论认为，用留存收益再投资给投资者带来的收益具有较大的不确定性，并且投资的风险随着时间的推移会进一步加大，因此，厌恶风险的投资者会偏好确定的股利收益，而不愿将收益留存在公司内部，去承担未来的投资风险。投资者通过当期股利和未来资本利得两个方面获得投资收益，企业利润分配决策的核心问题就是权衡当期股利分配与预期资本利得做出股利决策。“一鸟在手”理论认为，投资者对当期股利和资本利得是有偏好的。由于企业在经营过程中存在着诸多的不确定因素，大部分投资者会更偏好确定的股利收益。因此，资本利得是“林中之鸟”，随时都可能飞走；而现金股利却是“在手之鸟”，比未来的资本利得更可靠。投资者的这种宁愿现在取得确定的股利收益，也不愿意待未来再收回风险较大的较多的资本利得的态度偏好，被称为“一鸟在手，强于百鸟在林”。根据这种理论，投资者更偏好于当前的现金股利而非未来具有不确定性的资本利得，倾向于选择股利支付率高的股票。公司分配的股利越多，公司的市场价值也就越大，因此，企业应实行高股利分配率的股利政策。

2. 信号传递理论

该理论认为，在信息不对称的情况下，公司可以通过股利政策向市场传递有关公司未来获利能力的信息，从而会影响公司的股价。一般来讲，公司如果预期未来获利能力较强，那么公司可以通过提高股利支付率来向市场传递企业未来业绩将大幅度增长的信号。随着股利支付率的提高，公司股价应该是上升的，从而能够吸引更多的投资者。市场上的投资者会把股利政策的差异看成是反映公司预期获利能力的信号。如果公司的股利支付水平连续稳定在同一水平，那么投资者会认为公司预期获利能力以及现金支付能力较强；而如果公司的股利支付发生突然变动，投资者会对公司的预期获利能力以及现金流量作出不乐观的估计，从而会影响股票的市场价格。因此，信号传递理论认为公司通过股利政策向市场传递企业信息可以表现为股利增长的信号作用和股利减少的信号作用两个方面。

3. 代理理论

该理论认为，股利政策有助于减缓管理者与股东之间的代理冲突，即股利政策是协调股东与管理者之间代理关系的一种约束机制。企业中的股东、债权人、管理者等诸多利益相关者的目标并非完全一致，为了追求自身利益有可能会牺牲其他方的利益，这种利益冲突也会反映在公司股利分配决策过程中。代理理论提出：股利政策能够有效地缓解股东、债权人与管理者之间的利益冲突。第一，股东与债权人之间的利益冲突。企业股东在进行投融资决策时，为了增加自身财富可能会选择一些加大债权人风险的决策；而债权人为了保证自己的利益，往往希望企业采取低股利支付率，防止企业发生债务偿付困难。因此，债权人在签订借款合同时，往往对企业的股利分配政策进行约束。第二，管理者与股东之间的利益冲突。股东一般倾向于高股利分配政策，而管理者却希望企业能够拥有较多的现金流。因此，企业实施高股利支付率的分配政策既能够满足股东取得股利收益的愿望，也有利于抑制管理者随意支配自由现金流的代理成本。第三，控股股东与中小股东之间的利益冲突。现代企业的控制权往往集中于少数大股东手中，企业管理层通常由大股东出任或指派，企业管理层与大股东的利益趋于一致。控制权的集中使控股股东有机会侵占中小股东的利益，控股股东为了取得私利而与中小股东之间的代理冲突日益显现。如果控股股东因其控制权取得的私利机会较多，往往会忽视正常的股利分配活动，甚至因过多的利益侵占而缺少可供分配的现金。因此，企业可以通过股利政策向外界传递声誉信息。

二、股利政策

股利政策是指在法律允许的范围内，可供企业管理当局选择的、有关净利润分配事项的方针及对策。企业常用的股利政策主要有以下几种。

（一）剩余股利政策

剩余股利政策是指公司在有良好的投资机会时，根据目标资本结构，测算出投资所需的权益资本额，先从盈余中留用，然后将剩余的盈余作为股利来分配的股利政策，即净利润首先满足公司的资金需求，如果还有剩余，就派发股利；如果没有，则不派发股利。

剩余股利政策的具体步骤如下：

1）设定目标资本结构；

2）根据公司的目标资本结构预计未来投资机会所需的权益资本数额；

3）按照预计的权益资本数额最大限度地使用留存收益；

4）若留存收益还有剩余，将其作为股利发放给股东。

【例 7-2】 瑞丰公司将权益资本占 60%，债务资本占 40% 的资本结构作为目标资本结构一直保持。2011 年末，该公司预计 2012 年的投资计划需要资金 1000 万元，瑞丰公司税后净利润为 800 万元（当年流通在外的普通股为 1000 万股）。若采用剩余股利政策，瑞丰公司应分配多少股利？

1）按照目标资本结构的要求，公司投资所需的权益资本数额为 1000×60%＝600（万元）。

2）满足了上述投资方案所需的权益资本数额外，还有剩余 800 － 600＝200（万元），可用于发放股利。若公司采用剩余股利政策，应分配的股利额为 200 万元。

每股股利为：200÷1000＝0.2（元 / 股）

剩余股利政策充分利用留存收益这一筹资费用最低的资金来源保证企业投资的需要，有利于公司保持最佳资本结构、实现企业价值最大化。但是，若公司完全执行剩余股利政策，意味着公司只将剩余的盈余用于发放股利，公司发放的股利数额就会每年随着盈利水平和投资机会的变动而发生变动，不利于投资者安排收入与支出，也不利于良好企业形象的树立。因此，该政策一般适用于公司初创阶段。

（二）固定或持续增长的股利政策

固定或持续增长的股利政策是指公司将每年派发的股利额固定在某一特定水平或是在此基础上维持某一固定比率逐年稳定增长的股利政策。实施该政策的公司将每年发放的股利金额固定在某一特定水平上，只有当管理当局认为未来盈余的增长显著且不可逆转时，才会增加支付的股利数额。

1．固定或持续增长的股利政策的优点

1）稳定的股利能够使投资者提前安排收入和支出，有助于吸引那些对股利依赖性较高的长期投资者。

2）在市场中，稳定股利是公司正常发展的信号，有利于良好公司形象的树立和本公司投资者信心的增强。

2．固定或持续增长的股利政策的缺点

1）该政策可能无法像剩余股利政策那样一直保持较低的资本成本。

2）股利的支付与企业盈利相脱节。在企业盈利较低时，也要支付一定数额的股利，这容易导致企业的财务状况恶化。如果在企业没有可分配利润的情况下依然实施该股利政策，会违反《公司法》的规定。

要采用固定或持续增长的股利政策，公司必须能够准确判断未来的盈利能力和支付能力，而且固定股利额不宜太高。该政策通常只适用于经营状况稳定或处于成长期、信誉一般的企业，且很难被长期采用。

（三）固定股利支付率政策

固定股利支付率政策是指公司将每年净利润的某一固定百分比作为股利分派给股东的股利政策，这一百分比通常称为股利支付率。股利支付率一经确定，一般不得随意变更。

1．固定股利支付率政策的优点

①采用固定股利支付率政策，每年的股利也随着公司收益的变动而变动，从公司支付能力的角度看，这是一种稳定的股利政策。②在股利支付率不变的情况下，公司发放的股利数额取决于公司盈余的多少，体现了“多盈多分、少盈少分”的分配原则。

2．固定股利支付率政策的缺点

①在这种政策下，每年的股利额会随着公司每年收益的波动而波动，很容易使投资者认为公司经营不够稳定、投资风险较大，不利于股票价格的稳定与上涨。②公司很难确定一个合适的固定股利支付率。③公司实现的盈利与现金流没有必然联系，因此，盈利较多的年份，公司需要较多的现金用来支付股利，这可能会使公司面临较大的财务压力。

因为公司每年的投资机会、现金流的多少、筹资方式等都可能有变化，在实际中，公司很难一成不变地采用固定股利支付率政策。因此，该政策只适用于处于稳定发展期且财务状况也较稳定的公司。

【例 7-3】 瑞丰公司采用固定股利支付率政策进行股利分配并保持不变，确定的股利支付率为 30%。2010 年税后净利润为 3000 万元，如果仍然继续执行固定股利支付率政策，公司本年度将要支付的股利为

$$3000\times30\%=900\text{（万元）}$$

（四）低正常股利加额外股利政策

低正常股利加额外股利政策，是指公司事先设定一个较低的正常股利额，每年除了按正常股利额向股东发放股利外，还在公司盈余较多、资金较为充裕的年份向股东发放额外股利的股利政策。该政策可以用以下公式表示：

$$Y=a+bX$$

式中：Y——每股股利；a——低正常股利；b——股利支付比率；X——每股收益。

1．低正常股利加额外股利政策的优点

①使那些具有股利偏好的投资者每年可以得到固定的股利，有助于吸引需要稳定股利收入的投资者。②该政策使公司可根据年度盈利水平、投资机会及筹资渠道等方面的具体情况，决定股利发放水平，具有一定的灵活性，也有利于稳定和提高股价。

2．低正常股利加额外股利政策的缺点

①公司每年发放的额外股利会随着各年盈利水平的波动而波动，造成公司派发的股利缺乏稳定性，容易使投资者感觉企业的获利能力不够稳定。②投资者会将连续多年持续发放额外股利误认为是“正常股利”，一旦取消，极易造成公司财务状况逆转、预期获利能力降低的负面影响，影响企业的市场价值。

综上所述，对那些具有明显的经济周期或者盈利水平、现金流量波动较大的公司来说，低正常股利加额外股利政策是一种不错的选择。

【案例7-1】 中林公司的股利分配

中林公司是一家主营软件开发与维护的高新科技企业，目标资本结构为权益资本占 60%，债务资本占 40%。2011 年，该公司实现的税后净利润为 2000 万元，下

一年度的投资计划需要资金1500万元。该公司当年流通在外的普通股为1000万股，2011年向股东支付股利200万元。

1）若采用剩余股利政策，问：公司2012年应分配多少股利？

2）若公司采用持续增长的股利政策，股利年增长率为7%。问：公司2012年应分配多少股利？

3）若公司采用固定股利支付率政策进行股利分配，确定的股利支付率为25%。问：公司2012年应分配多少股利？

4）若公司采用低正常股利加额外股利政策，公司一般情况下每年按每股0.2元发放现金股利，当公司盈余较多、资金较为充裕时，按照25%的股利支付率向股东发放额外股利。问：公司2012年应分配多少股利？

案例分析：

1）公司投资所需的权益资本数额为：1500×60%=900（万元）

满足了上述投资方案所需的权益资本数额外，还有剩余2000－900=1100（万元），可用于发放股利。因此，公司应分配的股利额为1100万元。

2）若采用持续增长的股利政策，该公司应分配的股利为

$$200\times(1+7\%)=214(\text{万元})$$

3）若采用固定股利支付率政策，该公司应分配的股利为

$$2000\times25\%=500\ (\text{万元})$$

4）每股收益X=2000÷1000=2（元）

该公司应分配的每股股利：Y=0.2+25%×2=0.7（元）

若采用低正常股利加额外股利政策，该公司应分配的股利为：0.7×1000=700（万元）。

理财建议：

公司初创阶段，为了降低再投资的资金成本，保持最佳的资本结构，可以采用剩余股利政策；公司经营比较稳定或处于成长期、信誉一般的情况下，可以采用固定或持续增长的股利政策，但该政策很难被长期采用；公司处于稳定发展且财务状况也较稳定时可以采用固定股利支付率政策；公司盈利波动较大或者公司盈利与现金流量很不稳定的情况下，可以采用低正常股利加额外股利政策。

三、股利的支付形式

（一）现金股利

现金股利是以现金支付的股利，是最常见的股利支付方式。如果要发放现金股利，公司必须要有足够的未指明用途的留存收益和足够的现金。制约公司采用现金股利形式发放股利的主要因素是公司的现金是否充足。

小贴士

股利支付过程中的重要日期

股利宣告日：即股东大会决议通过并由董事会将股利支付情况予以公告的日期。

股权登记日：即有权领取本期股利的股东资格登记截止日期。

除息日：即领取股利的权利与股票分离的日期。一般股权登记日的下一个交易日即为除息日。除息日后不再享有分红派息的权利。

股利支付日：即公司按照公布的分红方案向股权登记日在册的股东实际支付股利的日期。

（二）财产股利

财产股利，是以现金以外的其他资产支付的股利。作为股利支付给投资者的资产主要是公司持有的债券、股票等有价证券。

（三）负债股利

负债股利，是以负债方式支付的股利。通常支付给投资者的是公司的应付票据，少数情况下也有发放公司债券支付股利的。

（四）股票股利

股票股利，是公司以增发股票的方式所支付的股利。股票股利并不会导致公司资产的流出或负债的增加，只是将留存收益转化成为公司的股本和资本公积，但是股票股利会使流通在外的股票数量增加，从而使股票的每股价值下降。

【例 7-4】 瑞丰公司在发放股票股利前的股东权益情况如表 7-2 所示。

表7-2 股利发放前的股东权益情况表 单位：万元

项 目	金 额
普通股（面值 1 元，发行在外 2000 万股）	2000
资本公积	3000
盈余公积	4000
未分配利润	4000
股东权益合计	13 000

假定该公司宣布发放 10% 的股票股利，即现有股东每持有 10 股可获得 1 股普通股。若该股票当时市价为 8 元，那么随着股票股利的发放，需从“未分配利润”项目划转出的资金为：

$$2000\times10\%\times8=1600\text{（万元）}$$

由于股票面值（1 元）不变，发放 200 万股（2000×10%）股票股利，“普通股”项目只应增加 200 万元，其余的 1400 万元（1600－200）应作为股票溢价转至“资本公积”项目，而公司的股东权益总额并未发生改变，仍是 13 000 万元，股票股利发放后的股东权益情况如表 7-3 所示。

表7-3 股利发放后的股东权益情况表 单位：万元

项 目	金 额
普通股（面值 1 元，发行在外 2200 万股）	2200
资本公积	4400
盈余公积	4000
未分配利润	2400
股东权益合计	13 000

【例 7-5】 沿用例 7-4 的资料，假设瑞丰公司的股东张女士在公司派发股票股利之前持有公司的普通股 200 万股，那么，她所拥有的股权比例为 200÷2000×100%＝10%。

派发股票股利之后，她所拥有的股票数量为 200×(1＋10%)＝220（万股）。

此时张女士拥有的股权比例为 220÷2200×100%＝10%。

可见，发放股票股利并不会引起公司股东权益总额的变动，但会使所有者权益各项目的构成发生变化；股票股利的发放也不会改变每一位股东的持股比例。

尽管发放股票股利不直接增加股东的财富，也不增加公司的价值，但股票股利对投资者和公司都有特殊意义。

对投资者来讲：①由于股利收入和资本利得的税率存在差异，投资者通过出售股票获得现金时，会得到资本利得纳税上的优惠。②在理论上，股票股利的发放会导致每股股票的市场价格成比例下降；但在实务中，投资者往往把股票股利的发放看作是公司有较大发展的征兆，从而使股票的市场价格稳定或下降比例减少甚至不降反升，投资者能够获得股票价值相对上升的好处。

对公司来讲：①发放股票股利避免了企业的现金流出，在再投资机会较多的情况下，有助于再投资资金成本的降低和企业价值最大化的实现。②发放股票股利往往可以向投资者传递公司未来发展前景良好的信息，从而增强其信心，在一定程度上稳定股票价格。③发放股票股利在一定程度上会降低公司股票的市场价格，这有助于股票的流通，吸引投资者，从而使股权进一步分散，防止公司被恶意控制。

本 章 重 点

1．税后净利润是企业利润总额减去所得税费用后的余额，它是企业进行利润分配的基础。

2．利润分配的程序：弥补以前年度亏损；提取法定公积金；提取任意公积金；向投资者分配利润或股利。

3．利润分配的原则包括：依法分配原则、兼顾各方面利益原则、资本保全原则、积累与分配并重的原则和投资与收益对等原则。

4．股利政策有剩余股利政策、固定或持续增长的股利政策、固定股利支付率政策和低正常股利加额外股利政策。

剩余股利政策是指公司在有良好的投资机会时，根据目标资本结构，测算出投资所需的权益资本额，先从盈余中留用，然后将剩余的盈余作为股利来分配的股利政策，即净利润首先满足公司的资金需求，如果还有剩余，就派发股利；如果没有，则不派发股利。

固定或持续增长的股利政策是指公司将每年派发的股利额固定在某一特定水平或是在此基础上维持某一固定比率逐年稳定增长的股利政策。

固定股利支付率政策是指公司将每年净利润的某一固定百分比作为股利分派给股东的股利政策，这一百分比通常称为股利支付率。股利支付率一经确定，一般不得随意变更。

低正常股利加额外股利政策，是指公司事先设定一个较低的正常股利额，每年除了按正常股利额向股东发放股利外，还在公司盈余较多、资金较为充裕的年份向股东发放额外股利的股利政策。

5．股利的支付形式有现金股利、财产股利、负债股利和股票股利。

复习思考题

一、名词解释

1．剩余股利政策
2．固定或持续增长的股利政策
3．固定股利支付率政策
4．低正常股利加额外股利政策
5．股票股利
6．现金股利

二、简答题

1．简述现金股利与股票股利的联系与区别。

2．选择不同的股利分配政策可能对企业产生什么影响？

3．某公司2010年实现净利润5000万元，该公司按10%提取法定公积金，按5%提取任意公积金。该公司预计2011年需要增加投资资本6000万元。公司目标资金结构是维持权益乘数为1.6的资金结构。

要求：若采用剩余股利政策，该公司2011年应向股东分派的股利额是多少？

4．某公司2011年的有关资料如下：

(1) 公司本年年初未分配利润为3000万元，本年息税前利润为25 000万元，适用的所得税税率为25%。

(2) 公司流通在外的普通股10 000万股，发行时每股面值1元，每股溢价收入8元；公司负债总额为8000万元，均为长期负债，平均年利率为5%，假定公司筹资费用均忽略不计。

(3) 公司经股东大会决议本年度按10%的比例计提法定公积金，按5%的比例计提任意公积金。本年按可供普通股分配利润的20%向普通股股东发放现金股利，预计现金股利以后每年增长5%。

要求：

(1) 计算该公司本年度净利润。

(2) 计算该公司本年度应向股东分派的股利金额。

(3) 如果该公司的股票市价为5元，投资者要求的必要投资收益率为10%，问投资者是否应该购买该公司的股票？

三、案例分析题

2005年以前，某公司的股利每年以5%的速度增长。2005～2007年间，公司的每股股利稳定在3.56元/年。2007年，公司因盈利下降调整了股利政策，每股股利从3.56元/年调整为1.53元/年，下降超过50%。维持多年的稳定的股利政策发生了变化。

2008年，公司因决策失误导致巨大亏损，股票价格下跌60%，股利削减53%。2009年，公司的问题累积成堆，股利不得不从1.53元再次削减到0.72元。

面对公司的问题，老的管理层不得不辞职。直到2010年，新管理层推行的改革开始奏效，公司从2009年的亏损转为盈利，2010年的EPS达到4.92元，2011年EPS则高达11元。因为公司恢复了盈利，股利政策又重新提到议事日程上来。

根据资料，思考以下问题：

(1) 为什么该公司早期的董事会没有实行削减股利或取消股利的政策？

(2) 该公司是否应该调整其股利政策？为什么？

(3) 如果该公司再次调整股利政策，是否会影响其股票价格？

第八章

企业财务分析

学习目标

知识目标

※ 了解财务分析的目的、依据

※ 掌握3张财务报表的基本格式

※ 了解财务分析的不同方法及重点掌握比率分析法

※ 掌握偿债、营运、盈利能力分析的各个指标

能力目标

※ 熟练运用偿债、营运、盈利能力等指标进行企业财务分析

导入案例

蓝田股份的失败

蓝田股份公司是一家主要从事水产品生产和开发的农业企业，1995年12月公司正式上市。蓝田股份公司历年公布的资料显示：1996～2000年的4年间，公司总资产规模从2.66亿元增加到28.38亿元，扩大10倍；股本从9696万股增加至4.46亿股，扩张了360%；主营业务收入从4.68亿元增长到18.4亿元，增长了293%；净利润从0.593亿元增加到4.32亿元，增长了628%。因此，蓝田股份被誉为“中国农业第一股”，创造了“蓝田神话”。

2001年12月6日，北京的学者刘姝威在《金融内参》上发表文章《应立即停止对蓝田股份发放贷款》，对蓝田股份财务数据造假，财务状况恶化进行了揭露。刘姝威通过计算分析蓝田股份的20多个财务比率，对其资产结构、现金流情况、偿债能力等方面做了详尽的分析，她发现蓝天股份公司业绩虚假，财务状况恶化，已无力偿还银行20亿的贷款。主要问题包括：

1）蓝田股份公司已无力偿还债务。蓝田股份的流动比率是0.77，说明其短期可变现的流动资产不足以偿还到期债务；速动比率是0.35，说明扣除

存货后，流动资产只能偿还35%的到期债务；净营运资金-1.3亿元，进一步说明蓝田股份偿债能力极差。

2）蓝田股份资产结构虚假。2000年蓝田股份流动资产占总资产的百分比是同行业平均值的1/3；存货占流动资产的百分比约高出同行业平均值的3倍；固定资产占总资产的百分比高于同行业平均值1倍；在产品占存货的百分比高于同行业平均值的1倍。

3）资产经营能力异常。2000年蓝田股份销售收入18.4亿元，应收账款仅857.2万元，应收账款周转率为45，这与现代信用经济条件极为不符。

4）融资行为与现金流情况不符。2001年报显示，蓝田股份流动资金借款新增1.93亿元，增幅达到200%，说明公司越来越依赖银行贷款，这与公司优秀的现金流表现不符。

5）毛利率、净利率过高。报表显示蓝田股份水饮料的毛利率46%，利润率为71.6%，大大高于同行业平均值。根据公司所在的行业属性、市场环境、技术含量等方面分析，很难达到此水平。

6）税负异常。蓝田股份所交税金与其高额的销售收入不符。

2002年元月21日、22日，蓝田股份的股票被停牌。不久蓝田高管受到公安机关调查、资金链断裂以及受到中国证监会深入进行的稽查，这只“绩优股”的神话走向了终结。

思考：投资者从蓝田股份事件中得到了什么启示？

资料来源：裘益政．失败的教训——中国上市公司财务失败案例．北京：中国人民大学出版社，2006：149．

第一节 财务分析概述

财务分析是以会计核算和报表资料及其他相关资料为依据，采用一系列专门的分析技术和方法，对企业的财务状况和经营成果进行分析和评价的经济管理活动。通过对企业的盈利能力、营运能力、偿债能力和增长能力等进行分析与评价，为企业的投资者、债权人、经营者了解企业过去的经营业绩、评价企业的财务现状、预测企业未来的发展趋势，从而做出正确的投资理财决策提供了信息和依据。

一、财务分析的基础

企业的财务报告和日常核算资料构成了财务分析的基础，通过对这些资料加工整理，计算出一系列财务指标，用以分析评价企业的财务状况。其中财务报告是财务分析的主要基础，日常核算资料只是补充。财务报告又包括财务报表和财务状况说明书，它们反映了企业在一定时期内的财务状况、经营成果以及重要的经营事项。资产负债表、利润表和现金流量表是财务分析常用的三张基本会计报表。

（一）资产负债表

资产负债表是反映企业在某一特定日期全部资产、负债和股东权益情况的报表。它采用账户式结构，分左右两部分，左边列示资产，右边列示负债以及所有者权益，遵循会计等式“资产＝负债＋所有者权益”。

资产负债表提供了企业各类资产和负债的规模、资产流动性、负债水平以及结构等财务信息。通过对资产负债表的分析，可以了解企业的财务结构、偿债能力等情况，结合利润表还可以了解企业的资金营运能力和营运效果，为投资者、债权人、经营者提供决策依据。

资产负债表格式如表 8-1 所示。

表8-1　资产负债表

编制单位：东方公司　　　　2010 年 12 月 31 日　　　　单位：万元

资产	年初数	期末数	负债及所有者权益	年初数	期末数
流动资产：			流动负债：		
货币资金	28 554	55 030	短期借款	80 000	83 000
交易性金融资产	589	265	交易性金融负债		
应收票据	19 182	29 202	应付票据	65 928	36 066
应收账款	63 572	104 689	应付账款	121 406	128 302
预付账款	112 944	116 877	预收账款	99 947	117 677
应收利息			应付职工薪酬	5057	4691
应收股利	1000	400	应交税费	179	120
其他应收款	23 474	9844	应付利息		
存货	285 921	202 194	应付股利	14 988	11 368
一年内到期的非流动资产			其他应付款	9710	13 434
其他流动资产			一年内到期的非流动负债	20 473	
流动资产合计	535 236	518 501	其他流动负债	19 773	11 716
非流动资产：			流动负债合计	437 461	406 374
可供出售金融资产			非流动负债：		
持有至到期投资			长期借款	40 000	86 000
长期应收款			应付债券		
长期股权投资	6449	1302	长期应付款	6894	11 585
投资性房地产			专项应付款	0	1179
固定资产：			预计负债		
固定资产原值	182 300	234 001	递延所得税负债		
减：累计折旧	52 964	69 315	其他非流动负债		
固定资产净值	129 336	164 686	非流动负债合计	46 894	98 764
在建工程	5811	25 199	负债合计	484 355	505 138
工程物资			所有者权益		
固定资产清理	39		实收资本（或股本）	48 489	48 489
固定资产合计：	135 186	188 871	资本公积	132 661	147 031
无形资产	21 221	39 986	盈余公积	25 909	29 675
开发支出			未分配利润	23 303	34 952
商誉			所有者权益合计（股东权益）	230 362	260 147
长期待摊费用	16 625	16 625			
递延所得税资产					
其他非流动资产					
非流动资产合计	179 481	246 784			
资产总计	714 717	765 285	负债及所有者权益总计	714 717	765 285

（二）利润表

利润表也称损益表，是反映企业在某一特定期间经营成果的报表。它按照各项收入、费用以及构成利润的各个项目分别列示，依据会计等式“利润＝收入－费用”得出企业的本期利润。

利润表反映了企业本期取得的收入和发生的产品成本、各项期间费用及税金及盈利总水平的情况。通过利润表的分析，可以了解企业的获利能力、利润来源和影响企业利润增减变化的原因，预测企业未来的利润变化趋势。利润表的格式如表 8-2 所示。

表8-2 利润表

编制单位：东方公司　　2010 年度　　单位：万元

项　目	行　次	本 月 数	本年累计数
一、营业收入	1	（略）	1 055 467
减：营业成本	2		799 923
营业税金及附加	3		2433
销售费用	4		156 481
管理费用	5		41 649
财务费用	6		15 967
资产减值损失	7		
加：投资收益	8		－572
二、营业利润	9		38 442
加：营业外收入	10		2005
减：营业外支出	11		14 383
三、利润总额	12		26 064
减：所得税费用	13		955
四、净利润	14		25 109

（三）现金流量表

现金流量表是反映在一定期间内，企业现金及现金等价物流入和流出及其增减变动情况的报表。通过现金流量表，可以概括反映经营活动、投资活动和筹资活动对企业现金流入流出的影响，有助于投资者和管理者了解和评价企业的偿债能力和支付能力，预测企业未来获取现金的能力。

现金流量表中的现金，是指企业库存现金以及可以随时用于支付的存款。现金等价物，是指企业持有的期限短、流动性强、易于转换为已知金额现金、价值变动风险很小的投资。

现金流量表中的会计等式为

$$现金流入－现金流出＝现金净流量$$

现金流量表格式如表 8-3 所示。

表8-3　现金流量表

编制单位：东方公司　　　　2010 年度　　　　单位：万元

项　目	行　次	金　额
一、经营活动产生的现金流量：		
销售商品、提供劳务收到的现金	1	1 207 427
收到的税费返还	3	5998
收到的其他与经营活动有关的现金	8	11 700
现金流入小计	9	1 225 125
购买商品、接受劳务支付的现金	10	910 630
支付给职工以及为职工支付的现金	11	36 313
支付的各项税费	13	69 057
支付的其他与经营活动有关的现金	18	127 052
现金流出小计	20	1 153 052
经营活动产生的现金流量净额	21	82 073
二、投资活动产生的现金流量：		
收回投资所收到的现金	22	2845
取得投资收益所收到的现金	23	
处置固定资产、无形资产和其他长期资产所收回的现金净额	25	107
收到的其他与投资活动有关的现金	28	
现金流入小计	29	2952
购建固定资产、无形资产和其他长期资产所支付的现金	30	62 936
投资所支付的现金	31	100
支付的其他与投资活动有关的现金	35	
现金流出小计	36	63 036
投资活动产生的现金流量净额	37	－60 084
三、筹资活动产生的现金流量：		
吸收投资所收到的现金	38	3998
借款所收到的现金	40	364 750
收到的其他与筹资活动有关的现金	43	
现金流入小计	44	368 748
偿还债务所支付的现金	45	336 223
分配股利、利润或偿付利息所支付的现金	46	27 921
支付的其他与筹资活动有关的现金	52	100
现金流出小计	53	364 244
筹资活动产生的现金流量净额	54	4504
四、汇率变动对现金的影响	55	－17
五、现金及现金等价物净增加额	56	76

【课堂活动】 从三张会计报表中，投资者可以了解哪些会计信息?

二、财务分析的主要内容和方法

(一) 财务分析的主要内容

财务分析主要包括：偿债能力分析、营运能力分析、盈利能力分析、发展能力分析、财务状况变化趋势分析和财务状况综合分析。通过这些分析，投资者能够比较全面地了解和评价企业的收益水平、风险程度等方面的财务状况，为投资决策提供依据。

(二) 财务分析方法

财务分析方法主要有比率分析法、比较分析法和因素分析法。

1．比率分析法

比率分析法是将企业同一时期财务报表中若干相关项目的数据相互比较，求出一系列比率，用以分析和评价公司的经营活动的一种方法，是财务分析最基本的工具。不同的分析者如投资者、债权人、管理者等因进行财务分析的目的不同，分析的范围和侧重点也有所不同。作为投资者，主要关注四类比率，即反映公司的获利能力比率、偿债能力比率、成长能力比率、周转能力比率。

2．比较分析法

比较分析法是将同一企业不同时期或不同企业相同时期的财务报表中的数据进行比较，从而揭示财务状况差异的分析方法。通过对财务报表中各类有关的可比数据进行对比，确定其增减变动情况和差异及程度，以此判断一个企业财务状况的发展变化趋势以及存在的问题。

3．因素分析法

因素分析法是依据分析指标和影响因素间关系，从数量上确定各因素对指标的影响程度的一种分析方法。它又可分为指标分解法和连环替代法。指标分解法是将一个指标分解为几个指标，分析影响原因。连环替代法是依次用分析值替代标准值，测定各因素对指标的影响。

运用因素分析法，能够计算各个影响因素对分析指标的影响方向和影响程度，有利于企业进行事前计划、事中控制和事后监督，促进企业进行目标管理，提高企业经营管理水平。

【课堂活动】 运用比较分析法和比率分析法时应该注意什么问题？

第二节 财务状况分析

一、偿债能力分析

偿债能力是指企业偿还各种到期债务的能力。它是反映企业财务状况和经营能力的重要标志。企业有无支付现金的能力和偿还债务能力，是企业能否生存和健康发展的关键。偿债能力分析主要分为短期偿债能力分析和长期偿债能力分析。

（一）短期偿债能力分析

短期偿债能力是指企业以流动资产偿还流动负债的能力，它反映企业偿付日常到期债务的能力。流动负债也称作短期负债，主要包括短期借款、应付及预收款、各项应交税款、一年内即将到期的长期负债等。对债权人而言，借款企业良好的偿还能力是其债权的保证，才能使其按期取得利息，到期取回本金；对投资者来说，如果企业的短期偿债能力出现问题，企业经营管理人员就需要耗费大量精力筹措资金，用来偿还债务，企业筹资的难度和成本会随之增加，因而影响企业的盈利能力。评价企业短期偿债能力经常使用的指标主要有：流动比率、速动比率、现金比率等。

1. **流动比率**

流动比率是流动资产与流动负债的比值。其计算公式为

$$流动比率=\frac{流动资产}{流动负债}$$

根据表 8-1 中东方公司的数据，该公司的流动比率为

$$流动比率=\frac{518\ 501}{406\ 374}=1.28$$

流动比率指标用于衡量流动资产对于流动负债的保障程度，该指标值越高，说明企业偿还流动负债的能力越强。但是，流动比率指标有一定的局限性，主要表现在：第一，流动比率高，可能是存货积压或滞销造成的，也可能是应收账款没有及时收回的结果，还可能是企业持有过多的现金而未能有效利用的缘故，这些都可能影响企业的获利能力。第二，如果流动资产的变现时间与流动负债的偿还时间没有很好地匹配，即使流动比率高，也无法保证流动负债的偿还。另外，流动比率比较容易操纵，有些企业通过年终还，年初借等办法提高该比率，掩饰了企业短期偿债能力的真实情况。根据西方的经验，流动比率值为 2∶1 比较合适，但到 20 世纪 90 年代之后，平均值已降为 1.5∶1 左右。

2. **速动比率**

速动比率是速动资产同流动负债的比值。所谓的速动资产是流动资产扣除存货后的余额，即

$$速动资产=流动资产-存货$$

$$速动比率=\frac{速动资产}{流动负债}=\frac{流动资产-存货}{流动负债}$$

根据表 8-1 中东方公司的数据，该公司的速动比率为

$$速动比率=\frac{518\ 501-202\ 194}{406\ 374}=0.78$$

与流动比率相比，用速动比率衡量企业的短期偿债能力，消除了变现性较差的存货的影响，更加直观可信。速动比率越高，表明企业短期偿债能力越强。速动比率国际常规值为 1，我国目前较好为 0.8 ～ 0.9。速动比率能否准确地反映企业的短期偿债能力，可信度主要取决于该企业应收账款的变现能力。该比率是流动比率的补充。

3. **现金比率**

现金比率是现金及现金等价物与流动负债的比值。现金比率只量度所有资产中相对于当前负债最具流动性的项目，因此，它最能反映企业直接偿付流动负债的能力。现金比率的计算公式为

$$现金比率=\frac{现金+现金等价物}{流动负债}$$

现金是指企业的库存现金以及随时可以支付的存款。现金等价物是指企业持有的期限短、流动性强、易于转换为已知金额现金、价值变动风险很小的短期投资。现金

等价物虽然不是现金，但其支付能力与现金的差别不大，可视为现金。

根据表 8-1 中东方公司的数据，该公司的现金比率为

$$现金比率=\frac{55\,030+265}{406\,374}=0.14$$

现金比率一般认为 20% 以上为好。但这一比率过高，就意味着企业现金类资产未能得到合理运用，持有现金类资产金额太高会导致企业机会成本增加，获利能力下降。

【课堂活动】 流动比率、速动比率比较高一定说明企业短期偿债能力强吗？若流动比率与速动比率的变动趋势产生差异，说明什么？

（二）长期偿债能力分析

长期偿债能力是指企业偿还长期债务的能力，企业的长期负债主要包括长期借款、应付长期债券、长期应付款等。长期偿债能力的强弱主要取决于企业资金结构以及企业长期盈利能力。分析长期偿债能力的主要指标有：资产负债率、股东权益比率、权益乘数、负债股权比率、利息保障倍数。

1. 资产负债率

资产负债率是企业负债总额与资产总额的比率，也称为负债比率，用于衡量在企业总资产中有多大的比例是通过举债获得的。其计算公式为

$$资产负债率=\frac{负债总额}{资产总额}\times 100\%$$

资产负债率是衡量企业负债水平及风险程度的重要判断标准，它反映企业偿还债务的综合能力，这个比率越高，企业偿还债务的能力越差；反之，偿还债务的能力越强。资产负债率的评价标准需要结合经济周期、行业性质、企业生命周期、金融市场发展程度等因素来确定。通常认为资产负债率小于 50%，企业偿债能力较强，处于经营比较安全的状态；资产负债率在 50% ～ 100% 之间，表明企业偿债能力较弱，经营风险较大。

根据表 8-1 中东方公司的数据，该公司的资产负债率为

$$资产负债率=\frac{505\,138}{765\,285}\times 100\%=66\%$$

2. 股东权益比率和权益乘数

股东权益比率是股东权益与资产总额的比率，该比率反映企业资产中所有者投入的比例大小。其计算公式为

$$股东权益比率=\frac{股东权益总额}{资产总额}\times 100\%$$

根据上述公式可知：股东权益比率＋资产负债率＝1

股东权益比率从另一个侧面反映企业的财务状况，该指标越大，资产负债率就越低，企业的财务风险越小，偿债能力越强。

根据表 8-1 中东方公司的数据，该公司的股东权益比率为

$$股东权益比率=\frac{260\ 147}{765\ 285}\times100\%=34\%$$

股东权益比率的倒数，称为权益乘数，即资产总额是股东权益的倍数。该指标越大，表明资产中所有者投入的比例越小，企业偿债能力越弱。

$$权益乘数=\frac{资产总额}{股东权益总额}$$

3．负债股权比率

负债股权比率是负债总额与股东权益总额的之比，也称产权比率。其计算公式为

$$负债股权比率=\frac{负债总额}{股东权益总额}\times100\%$$

负债股权比率反映了债权人所提供资金与投资者所提供资金的对比关系，以及财务结构的稳健程度，因此它可以衡量所有者权益对债权人权益的保障程度。该比率越低，表明债权人资金的安全越有保障，企业财务风险越小，长期偿债能力就越强。

根据表 8-1 中东方公司的数据，该公司的负债股权比率为

$$负债股权比率=\frac{505\ 138}{260\ 147}\times100\%=1.94$$

4．利息保障倍数

利息保障倍数又称已获利息倍数，是税前利润加利息费用之和与利息费用的比值。其计算公式为

$$利息保障倍数=\frac{税前利润+利息费用}{利息费用}$$

利息保障倍数反映企业用其获得的息税前利润支付债务利息的能力，该指标越高，说明企业支付利息的能力越强，对债务偿还的保障程度就越高。

从长远看，企业的利息保障倍数至少要大于 1，否则，就难以偿还债务及利息，也就无法举债经营。

根据表 8-2 中东方公司的数据，该公司的利息保障倍数为

$$利息保障倍数=\frac{26\ 064+15\ 967}{15\ 967}=2.63$$

【课堂活动】 企业在什么情况下，可以适当提高资产负债率？

二、营运能力分析

企业营运能力主要指企业经营运行能力，即各项资产的使用效率，它反映了企业资金周转状况。通过营运能力的分析，可以了解和评价企业的经营管理水平和资源利用效率，如果资金周转快，说明资金利用效率越高，企业的经营管理水平越好。营运能力指标包括应收账款周转率、存货周转率、流动资产周转率、固定资产周转率和总

资产周转率等指标。

（一）应收账款周转率

应收账款周转率又称为应收账款周转次数，指年度内应收账款转为现金的平均次数，它说明应收账款的变现速度。

其计算公式为

$$应收账款周转率=\frac{赊销收入净额}{应收账款平均余额}$$

$$应收账款平均余额=\frac{期初应收账款+期末应收账款}{2}$$

公式中的赊销收入净额＝销售收入－销货退回、折扣、折让，由于利润表中没有直接公布这一数据，所以计算时多以销售收入代替。

根据表 8-1 和表 8-2 中东方公司的数据，该公司的应收账款周转率为

$$应收账款周转率=\frac{1\ 055\ 467}{(63\ 572+104\ 689)/2}=12.55$$

如果从时间角度分析，反映企业应收账款变现的指标是应收账款周转天数，即企业从发生应收账款到收回现金所需要的时间。

其计算公式为

$$应收账款周转天数=\frac{360}{应收账款周转率}$$

根据东方公司的应收账款周转率，计算出其应收账款周转天数为

$$应收账款周转天数=\frac{360}{12.55}=28.69(天)$$

一般而言，企业的应收账款周转率越高，平均收账期越短，说明企业的应收账款回收速度越快；反之，则企业的营运资金过多地占用在应收账款上，会严重影响企业资金的正常周转。对应收账款周转率、周转天数指标的高与低的评价，应结合同行业平均水平、企业历年水平以及企业赊销政策而定。

（二）存货周转率

存货周转率也叫存货周转次数，是企业一定时期的营业成本与平均存货的比率。存货周转率可用以测定企业存货的变现速度，衡量企业的销货能力及存货是否储备过量。它是对企业供、产、销各环节管理状况的综合反映。用时间表示的存货周转率就是存货周转天数，指企业的存货自入库登账之日起到发运出售之日止的平均天数。其计算公式为

$$存货周转率=\frac{营业成本}{存货平均余额}$$

$$存货平均余额=\frac{期初存货余额+期末存货余额}{2}$$

一般而言，企业存货的周转速度越快，存货的资金占用水平就越低，流动性就越强，存货的变现速度越快。所以，提高存货周转率可以提高企业的变现能力。

根据表 8-1 和表 8-2 中东方公司的数据，该公司的存货周转率为

$$存货周转率=\frac{799\ 923}{(285\ 921+202\ 194)/2}=3.28$$

用时间表示的存货周转率就是存货周转天数，指企业的存货自入库登账之日起到发运出售之日止的平均天数。其计算公式为

$$存货周转天数=\frac{360}{存货周转率}$$

根据东方公司的存货周转率，计算出其存货周转天数为

$$存货周转天数=\frac{360}{3.28}=109.76(天)$$

通过存货周转率和存货周转天数的分析可以发现企业存货管理中存在的问题，从而提高存货管理的水平。在保证企业生产经营连续性的同时，尽可能减少经营资金的占用，提高企业资金的使用效率。

（三）流动资产周转率

流动资产周转率又叫流动资产周转次数，是营业收入与全部流动资产平均余额的比率。它反映的是全部流动资产的利用效率。用时间表示流动资产周转速度的指标叫流动资产周转天数，它表示流动资产平均周转一次所需的时间。其计算公式分别为

$$流动资产周转率=\frac{营业收入}{流动资产平均余额}$$

$$流动资产平均余额=\frac{流动资产期初余额+流动资产期末余额}{2}$$

$$流动资产周转天数=\frac{360}{流动资产周转率}$$

流动资产周转率是反映流动资产周转情况的一个综合指标。流动资产周转快，会相对节约流动资产，相当于扩大了企业资产投入，增强了企业盈利能力；反之，若周转速度慢，为维持正常经营，企业必须不断投入更多的资源，以满足流动资产周转需要，导致资金使用效率低，也降低了企业盈利能力。

根据表 8-1 和表 8-2 中东方公司的数据，该公司的流动资产周转率为

$$流动资产周转率=\frac{1\ 055\ 467}{(535\ 236+518\ 501)/2}=2.00$$

流动资产周转天数为

$$流动资产周转天数=\frac{360}{2.00}=180\ (天)$$

（四）固定资产周转率

固定资产周转率是企业的营业收入与平均固定资产净值的比率。其计算公式为

$$固定资产周转率=\frac{营业收入}{固定资产平均净值}$$

$$固定资产平均净值=\frac{期初固定资产净值+期末固定资产净值}{2}$$

固定资产的周转率越高，周转天数越少，表明公司固定资产的利用效率越高，公司的获利能力越强；反之，则公司的获利能力越弱。

根据表 8-1 和表 8-2 中东方公司的数据，该公司的固定资产周转率为

$$固定资产周转率=\frac{1\ 055\ 467}{(129\ 336+164\ 686)/2}=7.18$$

（五）总资产周转率

总资产周转率是企业营业收入与平均资产总额的比率，反映企业用营业收入收回总资产的速度。计算公式为

$$总资产周转率=\frac{营业收入}{平均资产总额}$$

$$平均资产总额=\frac{期初资产总额+期末资产总额}{2}$$

总资产周转次数越高，则表明企业全部资产的利用效率越高，公司的获利能力就越强。反之，说明企业利用其资产进行经营的效率较差，获利能力会受到影响。因此，企业需要采取措施处置多余的资产或提高营业收入从而提高资产利用效率。

根据表 8-1 和表 8-2 中东方公司的数据，该公司的总资产周转率为

$$总资产周转率=\frac{1\ 055\ 467}{(714\ 717+765\ 285)/2}=1.43$$

【课堂活动】 周转率指标很高，一定说明企业经营管理水平高吗?

三、获利能力分析

获利能力是指企业在一定时期内获得利润的能力。利润是投资者取得投资收益、债权人收取本息的资金来源，是经营者经营业绩和管理水平的集中体现。因此，无论是企业的投资者、债权人还是经营者都十分关心企业的获利能力，并重视对收益率及其变动趋势的分析与预测。反映企业获利能力的指标主要有销售净利率、成本费用净利率、资产收益率、净资产收益率等。

（一）销售净利率

销售利润率是企业一定时期的净利润与产品营业净收入的比值，其反映的是企业通过销售获取利润的能力。这项指标越高，说明企业从营业收入中获取利润的能力越强。影响该指标的因素主要有商品质量、成本、价格、销售数量、期间费用及税金等。其计算公式为

$$销售利润率=\frac{净利润}{营业收入净额}\times 100\%$$

评价企业销售净利率指标时，应以企业该指标的历史值和行业平均值作为参照，从而掌握企业销售净利率的变化趋势，了解企业在同行业中所处的水平。

根据表 8-2 中东方公司的数据，该公司的销售净利率为

$$销售利润率=\frac{25\ 109}{1\ 055\ 467}\times 100\%=2.38\%$$

（二）成本费用净利率

成本费用利润率是指企业净利润与成本费用总额的比率。它是反映企业生产经营过程中发生的耗费与获得的收益之间关系的指标。其计算公式为

$$成本费用利润率=\frac{净利润}{成本费用总额}\times 100\%$$

式中成本费用总额包括营业成本、营业税金、销售费用、管理费用、财务费用和所得税。该比率越高，表明企业为取得收益付出的代价就越低。这是一个能直接反映增收节支、增产节约效益的指标。企业生产销售的增加和费用开支的节约，都能使这一比率提高。

根据表 8-2 中东方公司的数据，该公司的成本费用净利率为

$$成本费用利润率=\frac{25\ 109}{799\ 923+2433+156\ 481+41\ 649+15\ 967+955}\times 100\%=2.47\%$$

（三）资产收益率

资产收益率又称为资产报酬率，是企业净利润与企业资产平均总额的比率。它是反映企业资产综合利用效果的指标，也是衡量企业利用债务和所有者权益总额取得盈利的能力大小的重要指标。其计算公式为

$$资产收益率=\frac{净利润}{资产平均总额}\times 100\%$$

资产平均总额为年初资产总额与年末资产总额的平均数。此项比率越高，说明企业的资产利用的效益越好，整个企业获利能力越强，经营管理水平越高。

根据表 8-1 和表 8-2 中东方公司的数据，该公司的资产收益率为

$$资产收益率=\frac{25\ 109}{(714\ 717+765\ 285)/2}\times 100\%=3.39\%$$

（四）净资产收益率

净资产收益率也称为股东权益报酬率，它是一定时期企业的净利润与所有者权益平均总额的比值。它是反映股东投资收益水平的指标。计算公式为

$$净资产收益率=\frac{净利润}{所有者权益平均总额}\times 100\%$$

净资产收益率也可以表示为如下公式：

$$\begin{aligned}净资产收益率&=资产收益率\times 权益乘数\\&=销售净利率\times 总资产周转率\times 权益乘数\end{aligned}$$

由此可见，净资产收益率取决于三个因素，即销售净利率、总资产周转率和权益乘数。因此，企业通过提高销售获取利润的能力、提高资产的利用效率以及适当提高企业的负债比率，从而达到提高净资产收益率的目的。

根据表 8-1 和表 8-2 中东方公司的数据，该公司的净资产收益率为

$$净资产收益率=\frac{25\,109}{(230\,362+260\,147)}\times 100\%=5.12\%$$

除了以上指标，评价股份制企业的获利能力，还需要分析每股利润、每股股利和市盈率等指标。

（五）每股利润

每股利润又称每股收益或每股盈余，是指普通股每股税后净利润，即税后净利润扣除优先股股利后的余额，除以发行在外的普通股平均股数。其计算公式为

$$每股利润=\frac{净利润-优先股股利}{发行在外的普通股平均股数}$$

（六）每股股利

每股股利是普通股分配现金股利的总额与发行在外的普通股股数的比率。每股股利是反映股份公司每一普通股获得股利多少的一个指标。其计算公式为

$$每股股利=\frac{现金股利总额-优先股股利}{发行在外的普通股平均股数}$$

每股股利的高低，一方面取决于企业获利能力的强弱，同时，还受企业股利分配政策的影响。如果企业处于成长期，为了扩大经营规模，增强企业实力，往往采取高留存收益，低分配股利的策略。投资者要分析不同企业的股利分配政策，根据自己的投资需要，进行选择。

（七）市盈率

市盈率又称股价收益比率，是普通股每股市场价格与每股利润的比率。它是反映

股票盈利状况的重要指标，也是投资者对从某种股票获得1元利润所愿支付的价格。计算公式如下：

$$市盈率=\frac{每股市价}{每股利润}$$

该项比率高，说明投资者看好该公司的发展前景，愿意以高的价格购买公司股票。但是，市盈率过高也表明该公司股票价格泡沫多，价值被高估，投资该股票风险较大。

本章重点

1. 财务分析是以企业财务报告等会计资料为基础，对企业的财务状况和经营成果进行分析和评价的一种方法。其主要目的是通过判断企业的偿债能力、获利能力、营运能力和发展趋势，为投资者、经营者、债权人提供财务决策依据。财务分析的主要方法有比较分析法、比率分析法和因素分析法。

2. 资产负债表、利润表和现金流量表是财务分析使用的三张基本会计报表。资产负债表是反映企业在某一特定日期全部资产、负债和股东权益情况的报表。利润表是反映企业在某一特定期间经营成果的报表。现金流量表是反映在一定期间内，企业现金及现金等价物流入和流出及其增减变动情况的报表。

3. 偿债能力分析包括短期偿债能力分析和长期偿债能力分析。评价企业短期偿债能力的指标主要有流动比率、速动比率、现金比率；分析长期偿债能力的主要指标有资产负债率、股东权益比率、权益乘数、负债股权比率、利息保障倍数。

4. 企业营运能力主要指企业经营运行能力，它反映了企业资金周转状况。营运能力指标包括应收账款周转率、存货周转率、流动资产周转率、固定资产周转率和总资产周转率。

5. 获利能力是指企业在一定时期内获取利润的能力。反映企业获利能力的指标主要有销售净利率、成本费用净利率、资产收益率、净资产收益率、每股利润、每股股利和市盈率。

复习思考题

一、名词解释

1. 因素分析法 2. 比率分析法 3. 偿债能力 4. 营运能力 5. 获利能力

二、简答题

1. 投资者关注企业哪些方面的财务能力，可以通过分析哪些指标作出判断？

2. 企业资产负债率的高低对债权人和投资者会产生什么影响？

3. 为什么说企业的营运能力可以反映其经营管理水平？

4. 投资者评价企业获利能力时，应当把哪个比率作为核心财务指标？

第三篇

家 庭 理 财

第九章

家庭理财的基本财务体系

学习目标

知识目标

※ 掌握家庭理财的四大财务体系的内容

※ 掌握现金规划、保险规划、养老规划的方法

※ 掌握日常消费规划、教育基金规划、购房规划的方法

※ 掌握投资规划、财产传承规划的方法

能力目标

※ 能够树立家庭理财的基本理念，并运用到家庭理财决策中

※ 能够正确运用各种理财规划方法解决家庭理财的实际问题

导入案例

吴先生和吴太太今年都44岁，他们有一个15岁的女儿，吴先生的父母在农村生活。吴先生从事室内装饰设计工作，月收入10 000元；吴太太在一家社区医院任护士长，月收入4000元。

吴先生的工资收入主要用于父母的医疗费用、子女教育费用及家庭基本的生活开支，只有少量结余。吴太太的工资和夫妻两人的奖金用来储蓄。他们除各自单位的“五险一金”外，没有购买任何商业保险。

2007年，吴先生投入了全部储蓄，与朋友一起创办了一家室内装饰公司，由于市场定位不当，投资失败，2008年底公司倒闭。其后，在近三个月的时间里吴先生处于失业状态，他的母亲又生病住院，家庭的各项开支完全由吴太太一人的工资收入负担。吴先生一家的生活陷入了窘迫的境地。2009年7月吴先生重新找到工作，担任一家装饰公司的设计师。

吴先生和太太认真地反思了过去，决定重新开始。首先，他们对每个月的家庭收支进行预算，在保证日常生活需要的前提下，尽量减少不必要的开支。同时还持有家庭每月支出总额3倍的现金作为应急备用金，以应对意外

事件。其次，他们为吴先生购买了意外险，为吴太太购买了医疗险，以此来加强家庭的风险保障程度；并且开始准备女儿的高等教育基金和父母以及自己的养老金。最后，他们将结余投资购买基金、银行理财产品和股票等，从而提高了家庭资产的投资收益水平。

思考：吴先生及太太管理家庭财务的观念和方法先后发生了哪些变化？

家庭理财就是管理家庭的财富，从而提高家庭财富效能的经济活动。也就是通过收集整理和分析家庭的财务信息，根据家庭的财务状况、理财目标、风险承受能力等情况，制定和实施家庭消费、保险、投资、税务、退休养老等规划，以期在保障家庭财务安全稳定的基础上实现家庭财务自由。家庭理财是一门新兴的实用科学。

随着家庭收入和财富的增长以及市场的各种不确定性的增加，家庭理财变得越来越受重视。如何管理好家庭经济，是关系家庭幸福的至关重要的问题。因此，家庭理财是摆在每个家庭面前不可忽视的重要课题。有人认为，我们国家还不富裕，多数人的家庭收入还不算高，没有什么闲钱能省下来，哪里还谈得上什么家庭理财。其实，这是一种错误的看法。收入相差不大的家庭，有些过得富裕并能小有积蓄。而有些却生活得紧张拮据，这就说明每个家庭都应该重视家庭理财问题。

通过家庭理财实现财务安全和财务自由的目标，首先应当构建科学合理的家庭理财基本财务体系，它包括风险防控体系、消费管理体系、投资获利体系和财产传承体系。

第一节　家庭风险防控体系

在人的一生中，经常会面临各种意外和风险。正如古语所说："月有阴晴圆缺，人有朝夕祸福。"

在日常生活中，人们可能遇到的风险主要有以下几类。第一类：人身风险。它是指人的生老病死或残疾所导致的风险。常常会因此造成经济收入能力降低或丧失，或增加额外经济负担。第二类：财产风险。它是指造成实物财产的贬值、损毁或灭失的风险。这类风险可能导致财产的直接损失和与财产相关利益的间接损失。第三类：责任风险。是指因为自身或被监护人的行为对他人造成伤害或者损失而必须承担的风险。

为了避免或减少风险可能带来的损失，必须树立风险管理的意识，做好风险防控工作。对于家庭理财而言，风险防控就是通过建立家庭风险防控体系，实现对家庭财富的保护。家庭风险防控体系由一系列具体理财规划构成，它包括：现金规划、保险规划、税收规划及退休养老规划。如果把家庭理财的基本财务体系比作大厦，那么，风险防控体系就是这座大厦的基座。

一、现金规划

现金规划主要是对家庭财产的流动性风险进行管理，是为满足家庭短期需求而进行的管理日常的现金及现金等价物和短期融资的活动。其中现金及现金等价物通常是指流动性比较强、价值变动风险很小、易于转换成已知金额现金的资产。一般包括：活期储蓄、各类银行存款和货币市场基金等金融资产。

现金规划的基本目标就是既要保持家庭资产适度的流动性，又要尽可能提高其收益性，即实现家庭资产流动性与收益性的平衡。现金规划具体包括评估家庭资产流动性水平和家用收支状况、合理确定家庭日常现金需要量、配置方式和备用金额度，并提出临时性现金需求满足方案以及增加家庭收入减少支出的建议。

（一）家庭短期需求

1. 日常生活开支

家庭日常生活开支是维持家庭生存的必要支出，它主要包括食品、水电、煤气、交通、通信、房贷、税收及教育等支出项目。

家庭日常生活开支一般需要用现金支付，为了这些日常支出，家庭需要持有一定量的现金。

2. 预防突发事件现金储备

为了应付一些突发事件和偶然情况，如家庭成员生病、失业、事故等意外事件，必须持有一定量的现金。这些意外事件一旦发生就可能在短时间内急需大量的现金，还可能导致家庭收入减少或中断。如果没有一定的现金储备，极易导致家庭陷入财务困难的境地。因此，家庭留有一定数额的现金作为备用金以备应急之用是必要的。

（二）现金规划的工具

1. 现金

现金是指家庭的库存现金，如纸币、硬币。现金的流动性最强，但是它的获利性最弱。

2. 相关储蓄品种

储蓄主要包括：活期存款、定活两便、整存整取、零存整取、整存零取、定额定期、个人通知存款。储蓄存款的流动性较好，随时可以支取，对定期存款而言，提前支取只是利息损失，一般本金不会损失。持有储蓄存款的风险较低，收益也偏低。

3. 货币市场基金

货币市场基金的变现性比较好，仅次于活期存款。通常，其收益率高于一般的储蓄，相当于一年定期存款的利率水平，但是风险高于现金和储蓄存款。

4. 银行短期理财品种

银行短期理财品种指各银行推出的期限为 1 天、3 天、7 天的短期理财产品，如工商银行的“灵通快线”、浦发行的“周周赢”等，这类理财产品赎回资金即时到账，流动性强、风险较低，收益是活期存款的 2 ～ 4 倍。

（三）现金规划的融资工具

当一个家庭出现现金资产不足，无法满足短期需要时，可以采用以下方法进行短期融资。

1. 信用卡融资

狭义的信用卡是指贷记卡。贷记卡是指由金融机构发行的在信用额度内先消费后还款的信用卡。信用卡实质上是一个有明确信用额度的循环信贷账户，它具有提供消费贷款、预借现金等理财功能，而不仅仅是一种支付工具。

信用卡的优点是取得资金方便快捷，消费透支的资金在 25 ～ 55 天的免息期内还清，没有任何利息和费用，能够获得资金的时间价值。持有信用卡的家庭，需要时可以刷卡消费、取现、转账，那么，就可以适当减少家庭备用金的储备。

小贴士

信用卡透支免息期

信用卡（贷记卡）的免息还款期只针对消费业务，而不包括支取现金和转账。另外，免息还款期指透支消费日到次月的 25 日前，在这期间还款可以免收利息。

2. 保单质押融资

保单质押贷款是保单所有者以保单作为质押物，按照保单现金价值的一定比例获得短期资金的一种融资方式。保单质押可以采取两种方式：一种是投保人将保单质押给保险公司，直接从保险公司获得贷款；另一种是投保人将保单质押给银行，从银行取得贷款。一般情况下，贷款人可以获得保单现金价值 70% ～ 90% 的贷款额度。

这种方式手续简便快捷，既可以防范风险，又可以在资金周转困难时筹集资金。但是，不是所有的保单都可以质押，必须具有现金价值，保单才可以质押。一般医疗保险、意外伤害保险和财产保险合同不能作为质押物，只有那些具有储蓄功能的养老保险、投资分红型保险及年金保险等人寿保险合同，在投保人缴纳保费 1 年后，具有了现金价值，才可以用于质押。分红性质的保单在用于质押后，可能享受不到分红。

3. 存单质押融资

存单质押贷款是存单所有者以银行存单作为质押品，按照存单面额的一定比例获得短期资金的一种融资方式。以这种方式取得的贷款额一般不超过质押品面额的 80% ～ 90%。

存单质押贷款手续简便，不需要手续费，获得贷款迅速。一般适用于短期、临时性的资金需求。

4．凭证式国债质押融资

凭证式国债质押贷款与存单质押贷款相似，它以凭证式国债作为质押品，取得贷款。贷款额度不超过质押国债面额的90%。

当利率较高时，可以购买适量的凭证式国债。当利率下降时，一旦需要资金，可以用这些国债质押贷款，贷款利率往往低于国债利率，这样，既可以实现良好的流动性，又可以获得高于以现金方式持资产的收益。

5．典当融资

典当，是指当户将其动产、财产权利作为当物质押或者将其房地产作为当物抵押给典当行，交付一定比例费用，取得当金，并在约定期限内支付当金利息、偿还当金、赎回当物的行为。

典当融资信用要求极低，动产和不动产均可作为抵押物，典当物品起点低，手续十分简单，取得资金迅速。但是，利息和手续费高于其他融资方式。

（四）家庭现金资产的配置

1．确定家庭备用金数额

在现金规划的过程中，既要使家庭财产的配置保持一定的流动性，同时还要兼顾其收益性。确定合理的现金及现金等价物的持有量是关键，持有太少容易感觉捉襟见肘，出现重大意外花费的情况难以应对，持有太多又使资金的利用效率过低。

一般把家庭每月支出总额的3～6倍作为最低备用金，如一个家庭月支出4000元，那么需要准备12 000～24 000元的备用金。实际拥有的数额大小需要考虑家庭成员的年龄、身体状况、收入稳定情况等方面而决定。这些备用金按照一定比例在现金、储蓄及货币市场基金中进行配置。

2．现金资产的配置方式

(1) 日常支出需求的现金配置

通常将备用金中数额不超过1个月支出量的现金，以库存现金或活期存款的方式持有，用来满足日常支出的现金需求。其中，库存现金主要用于零星开支，数量可按10天支出量配置，因为现金容易丢失、损毁而且无收益，所以家中不要留有大量的现金，可以把大部分用于日常支出的现金存入银行活期账户，待用时再提取。目前，POS机和自动取款机的普及使得提款、付现非常方便，大大降低了人们的时间成本。

(2) 临时性支出需求的现金配置

当家庭遭遇一些突发事件，如家庭成员生病、失业、事故等意外事件，会出现现金支出骤然增加或家庭收入减少、中断等情况，因此产生临时性的现金需求。家庭备用金中除去满足日常支出的现金外，剩余部分就是为应对以上情况进行的现金准备。由于突发事件难于预料何时发生或不发生，临时性支出需求也无法预测，因此，这部分应急资金不宜以库存现金和活期存款的方式持有，应该配置在有一定收益而且流动性好的现金资产上作为现金储备，一旦需要，立即变现。通常可以以货币基金、银行

短期理财产品的方式进行配置。

【课堂活动】 计算你的家庭备用金额度。

【案例9-1】 李女士家庭现金规划案例

李女士36岁，是中学教师，每年税后工资收入5万元，其他收入2万元。丈夫是大型国企的中层管理人员，每年税后工资收入12万元，税后年终奖金3万元。儿子小伟10岁，是小学4年级学生。

根据李女士的家庭收入和支出情况作出现金流量表9-1，根据其家庭资产和负债情况做资产负债表9-2。

表9-1 家庭现金流量表 单位：元

收入		支出	
本人工资收入	50 000	饮食支出	28 800
配偶工资收入	120 000	日用品支出	2400
其他成员收入		其他基本生活支出	4800
奖金收入	30 000	医疗费支出	3000
利息收入		交通费支出	15 000
投资收入		房屋按揭还贷	30 000
租金收入		教育费支出	6000
其他收入	20 000	保险支出	2500
		娱乐休闲支出	5000
		其他支出	7000
收入合计	220 000	支出合计	104 500
年结余	115 500		

表9-2 家庭资产负债表 单位：元

资　产	金　额	负债及净资产	金　额
现金	5000	负债	
活期存款	25 000	信用卡透支	0
货币基金		住房贷款	200 000
定期储蓄	70 000	负债合计	200 000
股票			
其他基金			
保险理财产品			
自住房	900 000	净资产	950 000
投资性房地产			
机动车	150 000		
资产合计	1 150 000	负债及净资产	1 150 000

案例分析：

1）现金规划目标：保持家庭财产适当的流动性。

2）财务分析：

平均月支出＝104 500/12＝8708（元/月）

年度结余比率＝115 500/220 000＝0.525

流动性比率＝流动资产/每月支出＝100 000/8708＝11.48

偿付比率：净资产/资产＝950 000/1 150 000＝0.83

最低备用金额度＝8708×3＝26 124（元）

最高备用金额度＝8708×6＝52 248（元）

从家庭财务指标可以看出，李女士家庭的年度结余比较高，增加其他资产配置进行理财规划的空间较大；家庭流动性比率过高，资产的流动性过剩，影响了家庭资产的收益水平。家庭偿付比率较高，财务风险不大。

理财建议：

李女士家庭每月生活支出约为8708元，夫妻收入稳定，支出也没有大的波动。因此持有备用金26 000元即可。备用金按现金3000元，活期存款5000元，货币基金18 000元的比例配置。若家庭发生意外事件，变现货币基金的同时，还可以利用信用卡透支消费，帮助解决临时性的现金需要。另外，目前李女士家庭资产流动性比率11.48，资产的流动性过剩。其中70 000元定期存款的收益较低，应将其进行其他投资，提高家庭资产的收益率。

二、保险规划

保险规划是对家庭财产的风险和家庭成员的生命健康风险进行的管理，通过社会保险、企业补充保险和商业保险的适当组合，达到转移和分散风险的目的。它是构建家庭风险防控体系首先需要考虑的内容，是实现其他理财目标的基础和保障。

在日常生活及经济活动中，家庭将面临多种风险。人身风险、财产风险和责任风险都可能导致家庭经济收入减少、中断及额外费用增加，或家庭实物资产贬值、损毁及灭失，从而对家庭生活带来重大的经济影响。对家庭风险的处理有四种方式，即回避风险、预防风险、自留风险和转移风险。其中转移风险即将损失转嫁由他人承担，通过转移风险而得到保障，是应用最广泛和最有效的风险管理方式，保险就是风险转移的重要手段。在家庭理财的过程中，通过制定保险规划来转移家庭风险，实现家庭财务安全。

（一）影响保险规划的因素

在制定保险规划时，应当考虑以下因素。

1．家庭成员的重要程度

家庭成员中，承担家庭责任越大的人，其重要程度也就越大。这样的成员一旦发生意外，将对家庭造成极大的损失。单亲父亲或母亲、需要赡养老人和抚养子女的家庭成员以及对家庭经济收入贡献最大的人，都是家庭的"顶梁柱"，是保险的重点，首先应当为其投保，以降低他遭受意外时对家庭经济造成的损失。有些家庭选择保险时，把孩子放到家长之前，这样做是不合适的。合理的保险顺序是：先保父母，再保子女。

2．家庭生命周期所处的阶段

处于生命周期不同阶段的家庭，有着不同的保险需求，要根据所处的生命周期阶段，调整保险的方向和侧重点。家庭生命周期可分为单身期、初建期、成长期、成熟期和衰退期。初建期是从结婚到子女出生阶段，成长期是子女出生到子女完成学业阶段，成熟期是子女完成学业到夫妻退休阶段，衰老期是夫妻退休到去世阶段。

一般来说，单身期以定期寿险为主，有经济能力可以购买储蓄投资型寿险；在家庭的初建期，以个人意外险、医疗、定期寿险为主；在家庭的成长期，应追加家庭主要经济来源人的高额意外保险，同时夫妻双方需要进行重大疾病保险以及对子女进行教育基金保险；处于家庭的成熟期，则应着重考虑重大疾病保险并附加住院医疗险、投资型定期寿险、养老保险和财产险等；在家庭衰退期，应以医疗保险和养老保险为主。

3．家庭成员的职业性质和爱好习惯

属于不同职业类别和工作环境中的人员，可能面临的各种风险发生的概率不同。高责任职业的家庭成员，如医生、律师、司机，面临的责任风险发生的概率高，应重视责任保险项目。而有些家庭成员从事的职业，需要经常乘坐各种交通工具，常年奔波在外，遇到交通意外的概率较高，因此要注重人身意外保险。另外，家庭成员若有特殊的爱好或习惯也会对保险需求产生影响，有的家庭成员爱好登山、骑自行车等户外运动，意外事故的概率就较大；有饮酒、抽烟等不良健康习惯的成员，患疾病的风险也大，因此，应进行相应的保险安排。

4．家庭收入状况

家庭收入水平是影响保险需求的重要因素，按照收入水平可以将家庭分为中低收入家庭、高薪家庭和富豪家庭。我们应该分析各层次家庭的特点及购买力，制定合理可行的保险规划。

中低收入家庭的成员从事的职业种类广泛，家庭收入相对较低，抵御风险能力较差，低保费、高保障的消费型险种如保障型的定期寿险和短期意外伤害险是其首选。通常保费支出应当是家庭收入的5%～10%。

高薪家庭收入较高，保险购买力较强，选择保险应以兼具储蓄、养老及保障功能的返还型险种为主，具体来讲，该类家庭主要考虑返还型的养老保险、终身寿险、医疗保险、意外伤害保险。家庭总保费支出可以占到家庭总收入的10%～15%。

富豪家庭的主要成员一般是经商者或是文艺体育明星，尽管家庭收入很高，经济实力和抵御风险的能力很强，但是，该类家庭同样面临未来的财务不确定性，需要通过保险规划转移和控制风险。富豪家庭选择保险一般以意外伤害保险、高额寿险、医疗保险、长效还本型财产保险为主。保费支出可以是家庭年收入的20%。

5．家庭成员拥有社会保险、企业补充保险的情况

一个家庭比较完善的保险规划通常是社会保险、企业补充保险和商业保险的适当结合。社会保险包括养老保险、医疗（含生育和工伤）保险、失业保险和住房公积金。企业补充保险包括企业补充养老保险和企业补充医疗保险两部分。制定保险规划要充分了解家庭成员拥有的社会保险和企业补充保险的类型和保额，仔细分析现有保险的覆盖范围，查找漏洞，根据家庭的实际需要，选择合适的商业保险，作为对家庭财产和家庭成员生命健康的进一步保障。

（二）制定保险规划的步骤

1．分析家庭保险需求和投保能力，评估家庭保障水平

根据家庭的实际情况，认真分析家庭所处的生命周期、家庭成员的重要程度及职业性质、家庭收入水平和已配置的保险产品的状况等基本影响因素，了解家庭的保险需求和投保能力，对家庭保障水平作出客观全面的评价。

2．明确家庭保险规划的目标

保险规划的基本目标就是通过设计合理的保险方案，转移和分散家庭风险以及补偿风险所致的损失，保障家庭财务安全，维护家庭稳定。具体目标可以分为三类：

1）建立对家庭成员因死亡、疾病、意外事故、失业、退休而导致预期收入损失或额外费用增加的风险保障。

2）建立对家庭财产因自然灾害或意外事故而导致损失的风险保障。

3）建立对家庭成员因承担疏忽或过失责任而导致家庭收入、储蓄以及财产损失的风险保障。

3．制定保险产品方案

这是保险规划的核心内容。它包括确定家庭保险标的、确定保险金额、选择保险品种、明确保险期限等环节。

(1) 确定家庭保险标的

家庭保险标的主要是家庭成员的寿命和身体，以及家庭所拥有的财产。保险标的是在对家庭成员和财产潜在风险分析的基础上根据其保险需求确定的，对于发生概率大而且影响严重的风险要重点保障。

对于人身保险，可以将家庭成员按照其创造收入的数额由大到小排列，再将每个人的风险按可能造成损失大小进行排列，确定投保的优先顺序。

对于财产保险，需要视家庭财产情况而定。家庭财产中价值所占比重大的单项资产，是投保的首选，可以用相对风险价值指标加以判断，其计算公式为

相对风险价值＝单项资产价值 / 全部资产价值

该指标越大，表明这项资产一旦损失家庭面临的风险也就越大。除此之外，还要根据家庭财产所处的自然环境、社会环境和室内环境分析风险损失的概率，确定投保对象。

（2）选择保险品种

每一个具体的保险标的都面临着很多风险，相应就有多种险种提供不同的保障。如人身保险有意外伤害保险、健康险、人寿保险；财产保险有房屋保险、室内财产保险、家庭或个人责任保险和其他专用财产保险。每一个险种的保障范围、保险责任以及保费都存在差异。因此，在确定了家庭保险标的之后，就需要根据家庭的实际情况选择合适的险种。

在进行险种选择时首先要注意分清主次和轻重缓急。一般来讲，家庭的“经济支柱”要优先于家庭无收入人员投保，人身保险要优先于财产保险，人身保险险种可以按照定期寿险、意外险、医疗险和终身寿险排序。其次，要充分考虑保险责任，不能只贪图保费支出少。只有保障范围和保障程度合适，才能够较好地覆盖家庭风险，起到有效转移风险和弥补损失的作用，在此基础上再考虑保费是否便宜。第三，要充分利用保险产品组合。保障全面，覆盖风险范围广泛，是投保必须注意的问题。最常见的保险组合是主险加附加险。很多附加险具有价格便宜、保障面广、保险金额较高的特点，有一些附加险是专为弥补主险保障空缺而设计的。通过合理的保险组合，如主险附加意外伤害、重大疾病保险，能够达到全面保障、节约保费支出和避免重复投保的目的。

（3）确定保险金额

保险金额简称保额，是当保险标的发生保险事故时保险公司所赔付的最高金额。保险金额的确定一般以保险标的实际价值或经济价值为依据。一般性财产的保险金额通常根据财产的实际价值或重置价值确定。但对特殊财产，如古董、字画、珠宝等，其实际价值不易确定，必须由专家鉴定评估来确定其价值。财产保险可以选择足额投保或不足额投保，因为保险公司是按实际损失程度赔付，所以不应超额投保或重复投保。对于人身保险金额而言，其确定方法相对复杂。由于人的价值无法用货币计量，从保险的角度来看，只能基于人的生命的经济价值来衡量人的价值，因此，一般是根据个人的性别、年龄、家庭情况、财务状况以及经济因素来计算人的价值以确定保额。对人身价值评估常用的方法有：倍数法、生命价值法和家庭需求法。

（4）明确保险期限

保险期限的长短与投保人所需缴纳保费数额、个人未来的预期收入变化紧密联系。财产保险、意外伤害保险、医疗保险等险种期限相对较短，但在期满后可以续保或停保。而一般的人寿保险期限较长，投保人可以根据自己的实际情况，确定保险期限、缴费期限和领取保险金的时间。

小贴士

保险的双十原则

在购买保险时，人们可以参照“双十原则”，即以简单的倍数关系估计寿险保障的经验法则。根据“双十原则”，家庭需要的寿险保额约为家庭税后收入的十倍，保费支出占家庭税后收入的1/10。根据“双十原则”，年税后收入10万元的家庭，每年寿险保费支出1万元，获得保额100万元，是比较合理的。

【课堂活动】 想一想，你了解多少保险产品？你的家庭保障程度合适吗？

【案例9-2】 李女士家庭保险规划案例

案例9-1中，李女士的丈夫除单位“五险一金”外，没有配置任何其他商业保险。李女士属事业单位编制，享有公费医疗等待遇，也没有购买商业保险。他们的儿子通过学校购买了学生平安险。

案例分析：

1）保险规划目标：为家庭成员和财产建立必要的风险保障。

2）设计思路：目前，李女士及家庭成员没有购买任何商业保险，保险投入不足，没有做好应对意外事件的准备，家庭缺少风险保障。根据保险的“双十原则”，保费占家庭税后收入的10%，保额为家庭税后收入的10倍，这种安排是比较合理的。李女士家庭年收入22万元，保费支出应为2.2万元，保额为220万元。考虑到李女士家庭养老、子女教育等规划的需要，保费支出以不超过2万元为宜。

理财建议：

李女士的丈夫是主要的家庭收入提供者，是保险的重点。可以投保定期寿险，同时附加意外伤害险、医疗险，适当增加养老保险。李女士应购买定期寿险，附加重大疾病险，作为公费医疗的补充。可以为儿子配置重大疾病险或综合保障险。此外，保费分配比例按照丈夫、李女士、儿子6∶3∶1。另外，还应购买家庭财产险。保费总支出约2万元/年。

三、税收规划

税收规划是对家庭收入面临的重复收税、税负过重风险的管理。它是在法律允许的范围内，事前选择税收利益最大化的纳税方案处理家庭的理财活动，充分利用税收优惠政策，以减少家庭税收负担或延缓纳税时间，实现税后家庭收入的最大化。家庭税收规划主要是针对个人所得税进行的筹划。

个人所得税筹划的任务是通过各种策略合法地将个人所得税税负减到最低。总体思路是对个人的资产或收入结构进行调整，以及通过投资于有税收优惠的产品来获得税收利益。因为我国的个人所得税是一个多项目课征的复税制体系，纳税人的所得可能要涉及多个应税项目，仅仅考虑某项所得的税负最低，不一定会带来纳税人整体税负的减轻。因此，在实施税收筹划的过程中，一定要树立整体、全局的筹划观。

四、退休养老规划

退休养老规划是对家庭主要经济收入的来源者因退休而引起家庭经济收入减少风险的管理。它是指人们为了在将来拥有高品质的退休生活，而从现在开始进行的财富积累和资产规划。一个科学合理的退休养老规划的制定和执行，不但可以满足退休后生活的支出需要，保证生活品质，抵御通货膨胀的影响，而且可以提高家庭的净财富。一个完整的退休养老规划包括：工作生涯设计、退休后生活设计及自筹养老金的投资设计。退休养老规划一般需要在退休前 15 ～ 20 年开始制定。

（一）工作生涯设计

1．确定退休年龄

通常情况下，上班族会在 60 岁退休，女性可能会更早一些。在快节奏的现代生活中，退休对人们的心理、收入、生活状态都会产生一定程度的影响。尤其是退休后日常收入的大幅度削减更加降低了人们的生活水平和质量。因此为了平衡退休前后两段时期的生活水平，人们需要结合自身的财务、身体等状况，为自己确定一个理想的退休年龄。

2．估算养老金的数额

养老金来源一是社会养老保险，每月由企业和个人缴纳一定比例的社保养老金，等到退休后，就可以领取一定的养老金。二是企业年金（企业补充养老保险），个人与企业固定提拨一笔钱用来投资累积养老金，退休后按规定方式支付。三是商业保险，养老商业保险在设计上比较人性化，投保人可以根据自己的经济情况以及想要的养老保障设计养老保险。四是个人理财收入，每个家庭根据年龄、偏好和财务状况灵活选择和运用不同的投资工具，获得投资收益。社会养老保险、企业年金、商业保险和个人理财收入被统称为养老金的四大支柱。

由工作生涯设计可以估算出家庭成员可以领取多少养老金。

相关链接

我国养老保险的体系层次

养老保险制度改革后的我国养老保险体系分为三个层次：

一是基本养老保险，它是按国家统一政策规定强制实施的为保障广大离退休人员基本生活需要的一种养老保险制度；

二是企业补充养老保险，它是企业根据自身经济实力，在国家规定的实施政策和实施条件下为本企业职工建立的一种辅助性养老保险，由国家宏观指导，企业内部决策执行；

三是个人储蓄性养老保险，它是由职工个人自愿参加、自愿选择经办机构的补充保险形式。

后两个层次中，企业和个人既可以将养老保险费按规定存入社会保险机构设立的养老保险基金账户，也可以选择在商业保险公司投保。

（二）退休后生活设计

如何安排退休后的生活，每个人会有不同的计划，所需要的费用也不尽相同。在制定个人退休计划时，对退休后生活的安排和打算应尽可能详细，并列出大概所需的费用，根据这些费用来测算个人退休后的生活成本，对比已准备的养老金，考虑这些养老金能否满足自己预期的退休生活。

【案例9-3】 林女士养老金测算

林女士夫妻同岁，今年都40岁，打算60岁退休。目前家庭的年支出情况和退休后年生活费估算如表9-3所示。夫妻俩预计可以活到80岁，假设退休后养老金投资收益率为3%，通货膨胀率为3%，不考虑退休金增长因素。林女士夫妻退休后需要多少退休养老金？

表9-3 退休后第一年生活费估算（按目前价格） 单元：万元

项　目	目前支出	退休支出
饮食	1.5	1.5
衣物	0.8	0.3
交通	0.8	0.3
休闲	0.5	0.8
医疗	0.5	0.8
保险及房贷	2	0.3
子女教育	1.5	0
其他	1	1
合计	8.6	5

案例分析：

已知通货膨胀率3%，现在距退休20年，按目前价格计算的退休后第一年生活费5万元，即：I＝3%，N＝20年，PV＝5万元，那么：

终值FV＝5×(F/P，3%，20)＝5×1.806＝9.03（万元）

也就是说，考虑到物价上涨的因素，20年后林女士退休第一年生活费总支出预计为9.03万元。

由于退休后养老金投资收益率与通货膨胀率相抵消，则林女士退休后所需要的退休养老金计算如下：

退休养老金额＝9.03×(80－60)＝180.6万元

理财建议：

在假设未来通货膨胀率3%，投资收益率3%，不考虑退休金增长因素的条件下，林女士退休后需要退休养老金180.6万元。需要进一步测算可领取的养老金数额，最终计算出养老金缺口，据此制定养老金筹集方案。

（三）自筹养老金的投资设计

由退休后生活设计可以估算退休养老所需要的资金数额，由工作生涯设计可以估算出领取的养老金数额，两者之间的差额，即是需要自筹的养老金。

自筹养老金的来源，一是运用过去的积蓄投资，二是运用现在到退休前的剩余工作生涯中的储蓄积累投资。为了使有限资金发挥更大效用，可以选择市场上合适的投资工具。因此，退休养老规划设计需要考虑通货膨胀率、工作薪金增长率和投资报酬率的影响。

【案例9-4】 林女士养老金规划 

案例9-3中的林女士夫妻退休后，每年将有5万元的养老保险金。林女士决定拿出10万元储蓄进行投资，采取比较积极的投资策略，假设年投资收益率为6%(退休后则转为比较保守的投资策略，假设年收益率为3%)。林女士的退休养老金来源充足吗？若有缺口，则每年年末再投入固定的资金，以定期定投的方式积累资金，弥补不足部分。林女士每年年末应投入的资金是多少？

案例分析：

根据以上资料可知：N＝20年，I＝6%，PV＝10万元

目前10万元投资到60岁退休时的本利和是：

FV＝10×(F/P，6%，20)＝10×3.207＝32.07(万元)

养老保险金＝20×5＝100（万元）

养老金总额＝32.07＋100＝132.07（万元）

从案例9-3中可知林女士夫妻需要退休养老金180.06万元，那么

退休养老金缺口＝180.06－132.07＝47.99（万元）

若以定期定投的方式进行投资，林女士每年年末应投入的资金计算如下：

N＝20 年，I＝6%，FV＝47.99 万元

那么 A＝47.99÷(F/A，6%，20)＝47.99÷36.786＝1.30 万元

即林女士每年年末应投入资金 1.30 万元，用于退休养老金的积累。

理财建议：

林女士养老金缺口为 47.99 万元，还需要每年年末投资 1.3 万元于收益率 6% 的资产上，直到退休。

相关链接

养老理财新模式——以房养老

随着全国城镇化步伐加快，城市人口越来越多，土地资源越来越稀缺。房产价格虽然有涨有跌，但长期看，还是会逐步升值，因而将房产投资作为一种投资方式，可以稳定收入来源。

中国一些老年人虽然积蓄不多，但是在房改后，很多人拥有了产权房，甚至拥有了第二套、第三套房。在拥有多个房产的情况下，拿出一部分来解决养老问题也不失为一个好办法。以房养老最简单的形式，就是把手中的房产出租或变现，以租售所得收入作为养老金。

另一种新的养老方法正逐渐走来，即住房反向抵押贷款或"倒按揭"。也就是房屋产权拥有者把房子抵押给银行、保险公司等金融机构，后者在综合评估后，定期给房主发放固定资金。房主去世后，其房产出售，所得用来偿还贷款本息，其升值部分归抵押权人所有。其最大的特点是分期放贷，一次偿还。这种做法与传统按揭贷款的"一次发放，分期偿还"正好相反，即"抵押房产、领取年（月）金"。这种"倒按揭"在西方发达国家已是"以房养老"的普遍模式，但在我国还处于起步阶段，没有大规模实行。

作为养老计划的一部分，房产投资必须目标明确。即根据自己的投资规划，合理安排房产投资在养老投资计划中所占的份额以及科学选择房产投资的品种。在房产投资中有住宅、商铺、写字楼等形式的物业可供选择。不同的物业形式对资金、风险承受能力、获利模式的要求有很大的不同。

资料来源：南宁晚报，中国网 http:// www.china.com.cn.

第二节 消费管理体系

家庭消费管理体系主要是安排家庭目前和未来的各项消费支出，节约成本，保持家庭财务状况稳健的一系列方法。一般来讲，家庭消费管理体系包括日常生活消费支出规划和大额消费支出规划。消费支出规划主要是基于一定的财务资源下，对家庭消

费水平和消费结构进行规划，以达到适度消费、稳步提高生活质量的目标。

一、日常生活消费支出规划

由于人们收入水平存在着差距，消费观念、消费模式和消费习惯也各不相同，从而导致日常生活消费支出规划的构成内容也有较大差异。以一般家庭为例：

（一）日常消费支出的内容

1）基本生活消费：一个家庭的衣、食、用、交通、社会交际等费用。

2）居住费用：不动产购置后居住期间产生的或房屋租赁产生的费用。

3）家庭成员的目前教育和再教育费用支出。

4）赡养老年家庭成员的支出。

5）旅游、休闲、度假等消费支出。

（二）制定日常生活消费支出规划需要考虑的因素

1．家庭成员的收入水平、稳定程度

收入水平直接决定了消费水平，高收入的家庭通常会选择较高的消费标准。收入稳定程度会对家庭消费习惯和消费预期产生影响，进而会影响其消费水平。收入不稳定的家庭可能会尽量增加储蓄，以备收入减少时，满足家庭的开支需要。

2．家庭的消费模式和消费倾向

同等收入水平的家庭，其消费模式决定了它每年的消费支出水平。家庭的消费模式主要有：收大于支型、收支相抵型及支大于收型。其中收大于支型的消费模式是稳健的。家庭出现支大于收的状况，主要的原因有：①收入过少，入不敷出，基本生活无法保障；②缺乏正确的消费观念，过分高消费；③缺乏消费计划，没有合理的家庭消费预算。

家庭在进行消费时对不同消费类型的资金投放倾向，决定了家庭的消费结构，即生存消费、发展消费和享受消费的比例。不同的家庭其消费倾向也有所不同，几种主要的消费倾向有：①重智力消费倾向；②重用品消费倾向；③重健康消费倾向；④重偏好消费倾向。

3．家庭的理财目标

家庭的比较重大的理财目标通常有：为子女未来教育准备资金；为购买住房筹备资金；为将来创业积累资金。如果一个家庭在未来有这些目标规划，则需要有计划地压缩家庭日常消费支出，以便更多地积累资金。

4．家庭的生命周期阶段

处于不同生命周期阶段的家庭，其生活方式、生理需求、消费行为有很大的差异。因此，制定日常生活消费规划也要考虑家庭生命周期阶段的不同。

“开源节流”是家庭理财的基本原则，其中“节流”就是要精打细算，理性消费。在综合考虑以上因素的基础上，确定家庭最佳的日常生活消费支出规划，既满足家庭成员的基本需要，又可以实现货币效益最大化，这是“节流”在家庭理财中的最佳体现。

【课堂活动】 列出你的日常消费支出表，找出不合理的支出，提出改进方案。

【案例9-5】 王女士日常生活消费规划 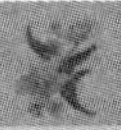

王女士一家生活在中等城市，她是一中型公司的职员，税后月工资收入4000元，年终奖1万元，今年32岁；丈夫罗先生是外企技术人员，税后年收入12万元，年终奖2万元，今年35岁。他们的儿子4岁。罗先生的父母在农村生活，身体状况一般。王女士准备两年内购买一套住房，价值大约90万元。

案例分析：

收集整理王女士家庭收入和支出信息，编制家庭日常收支表，如表9-4所示。

表9-4 家庭日常收支表 单位：元

收入		支出	
本人工资收入	48 000	饮食支出	24 000
配偶工资收入	120 000	日用品支出	1800
其他成员收入		服装化妆品支出	30 000
奖金收入	30 000	水电煤气	3600
租金收入		房屋租金	30 000
利息收入		交通费支出	18 000
投资收入		医疗费支出	3000
其他收入		教育费支出	6000
		娱乐休闲支出	10 000
		人情交往支出	20 000
		赡养老人支出	6000
收入合计	198 000	支出合计	152 400
年结余	45 600		

年结余比率＝45 600/198 000＝0.23

王女士家庭年税后收入19.8万元，在中等城市属于中等以上收入家庭。日常生活消费年支出15.24万元，月平均支出1.27万元，结余比0.23，反映出她的家庭日常消费支出比较高，结余水平一般。从对王女士家庭日常生活消费支出的具体项目分析，可以看出服装化妆品支出和人情交往支出分别占总支出的19.7%和13.1%，两项支出过高。另外，房屋租金支出偏高。

理财建议：

由于王女士计划在两年内购买住房，家中有老人需要赡养，还有子女需要教育金准备，这些理财目标需要一定量的资金积累，王女士必须通过缩减家庭日常消费支出，增加结余用于投资，来提高家庭的财富积累能力。王女士应认真分析查找家庭支出中的浪费和不理智消费，把家庭日常消费支出控制在11万元以内。

二、大额消费支出规划

大额消费支出规划包括：住房消费规划、汽车消费规划及教育规划。

（一）住房消费规划

住房支出可以分为住房消费支出和住房投资支出。住房消费是为了取得住房提供的庇护、休息、娱乐和生活空间的服务而进行的消费。其消费形式有租房和购房两种。住房投资是将住房当做投资工具，通过出租或住房价格上升应对通货膨胀，获得投资收益以期望资产保值和增值。住房消费规划是对住房消费支出的计划和安排。

1．住房消费规划的步骤

1）分析家庭各项资产信息，编制家庭资产负债表和现金流量表。

2）分析影响家庭住房消费支出的因素，制定购房目标。

3）选择住房消费的消费方式，即租房或购房。

4）制定储蓄计划或消费信贷计划。选择全额付款，需要制定储蓄计划，若选择了住房消费信贷，就要制定消费信贷计划。

5）购房计划实施。

2．影响家庭住房消费支出的因素

影响家庭住房消费支出的因素包括：家庭可负担的房屋总价、房屋单价、家庭的支付能力和其他非财务因素。

（1）家庭可负担的房屋总价

家庭可负担的房屋总价是由其支付首付款的能力和未来偿付贷款的能力共同决定的。用公式表示如下：

可负担的房屋总价＝可负担的首付款＋可负担的房贷总额

可负担的首付款＝现有积蓄 × 复利终值系数＋目前年收入
× 收入中可用于首付款的比率 × 年金终值系数

式中，复利终值系数和年金终值系数中的期数为距离购房的年数，利率为投资收益率或市场利率。

可负担的房贷总额＝目前年收入 × 复利终值系数
× 收入中可用于还贷的比率 × 年金现值系数

式中，复利终值系数中的期数为距离购房的年数，利率为预计收入增长率；年金现值系数中的期数为贷款年限，利率为房贷利率。

【例 9-1】 吴女士预计 5 年后购房，她的年收入 10 万元，目前有积蓄 12 万元，她打算每年将其全部收入的 20% 进行投资，用来支付购房的首付款和还贷款。假设投资收益率为 6%，收入增长率为 3%，贷款期限 20 年，贷款利率 6%。

吴女士可负担的房屋总价计算如下：

可负担的首付款＝12×(F/P,6%,5)＋10×20%×(F/A,6%,5)＝12×1.338
＋10×20%×5.637＝27.33(万元)

$$可负担的房贷总额=10\times20\%\times(F/P,3\%,5)\times(P/A,6\%,20)=10\times20\%\times1.159\times11.470=26.59（万元）$$

$$可负担的房屋总价=27.33+26.59=53.92（万元）$$

（2）可负担房屋单价

可负担房屋单价是家庭能够负担的房产的单位价格。其计算公式为

$$可负担房屋单价=可负担的房屋总价\div需求平方数$$

该指标除了联系购买房屋的总支出外，还反映了家庭对房屋面积的需求状况。

例如，上例中的吴女士准备购买三室两厅的房屋，以面积为120平方米规划，其可负担房屋单价是：

$$539\ 200\div120=4493（元）$$

（3）家庭的支付能力

购房需要支付的房款金额巨大，往往超出大多数家庭的日常负担能力，一般需要采用住房贷款的方式解决资金问题，这可能影响家庭其他财务目标的实现。因此，在进行购房决策时，要分析家庭目前的财务状况、其他理财规划目标和生活方式等，了解家庭的购房决策是否与其他规划目标相矛盾，是否使家庭财务预算出现紧张而导致生活质量明显下降。在此基础上，调整购房预算目标使之合理和可行。

（4）其他非财务因素

房屋的地理位置、交通状况、周边环境以及建筑质量等非财务因素对家庭住房消费规划有一定的影响。房价的高低取决于区位和大小。地理位置优越、周边配套成熟的地段的房价高于相对条件较差的地段的房价。经济能力差的家庭往往只能购买地点相对偏远地段的住房。对于处在成长阶段的家庭，子女就学条件是其进行住房消费决策的重要标准。

3. 租房或购房决策

（1）租房与购房的比较

租房与购房的比较如表9-5所示。

表9-5　租房与购房比较

	租　房	购　房
优　点	1. 用较低成本，居住较大房屋 2. 对未来收入的变化有较大承受能力 3. 留存首期款，用作其他投资渠道和收益 4. 不用考虑未来房屋价格的下跌风险 5. 租房有较大的迁徙自由度和新鲜感 6. 房屋质量或损毁风险由房主承担	1. 提供属于自己的长久居住场所 2. 满足中国人居有定所的传统观念 3. 提高生活品质 4. 强迫储蓄，累积财富 5. 具有投资价值和资本增值机会 6. 可以按自己意愿布置和装饰家居
缺　点	1. 别人房产，主动权在房主 2. 无法按自己意愿装修布置房屋 3. 有房屋租金价格不断上升的风险 4. 有房价上涨，未来购房成本增加的风险	1. 资金动用额大，缺乏流动性 2. 维护成本较高 3. 需要承担房屋价格下跌和损毁的风险

（2）租房与购房决策的影响因素

房价成长率：房价成长率越高，购房越划算。

房租成长率：房租成长率越高，购房越划算。

居住年数：居住时间越长，购房越划算。

利率水平：利率水平越高，租房越划算。

房屋的持有成本：房屋持有成本越高，租房越划算。

租房押金：押金水平越高，购房越划算。

（3）购房与租房成本比较

年成本法就是比较购房和租房的年使用成本从而进行选择的方法。购房的年使用成本由首付款占用资金的机会成本、房屋贷款利息、维护费、物业费及相关税费构成。租房的年使用成本包括房租和房屋押金占用资金的机会成本。

购房年成本＝首付款 × 存款利率＋贷款余额 × 贷款利率＋年维护、物业费及税收费用

租房年成本＝房屋押金 × 存款利率＋年租金

使用年成本法比较购房与租房成本时，还需要考虑以下因素：

未来房租的调整。如果预计未来房租将向上调整，则租房年成本将随之增加。

房价变化趋势。如果未来房价看涨，那么未来出售房屋的资本利得能在一定程度上弥补居住时的成本。

利率水平。利率越低，购房的成本也越低，购房会相对划算；反之，则租房划算。

【案例9-6】 购房或租房选择

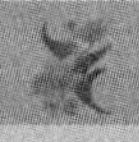

王女士看上了某小区的一套住房，面积100平方米。该房可租可售。如果租住，房租每月4千元，押金1万元。而购买的总价是110万元，需要支付50万元的首付款，另外的60万拟采用商业贷款，利率为6.8%。税费和装修费用及其他相关费用按年平摊，大约每年需要6000元。王女士应该租房还是买房？假设王女士年平均投资回报率是4%。

案例分析：

$$租房年成本＝10\,000×4\%＋4000×12＝48\,400（元）$$

$$购房年成本＝500\,000×4\%＋600\,000×6.8\%＋6000＝66\,800（元）$$

计算表明，租房年成本48 400元＜购房年成本66 800元，因此租房更划算。

理财建议：

目前，租房成本低于购房成本，王女士可以选择租房。当然，在决策时还应结合未来房租的调整、房价变化趋势和利率水平等因素综合考虑。

4．住房消费信贷计划

（1）住房消费信贷的种类

个人住房公积金贷款是指由各地住房公积金管理中心运用职工以其所在单位所缴纳的住房公积金，委托商业银行向缴存住房公积金的在职职工和在职期间缴存住房公积金的离退休职工发放的房屋抵押贷款。相对于商业住房贷款，住房公积金贷款具有利率较低，还款方式灵活，首付比例低的优点。缺点在于手续繁琐，审批时间长。

个人住房商业性贷款是银行用信贷资金向购房者发放的贷款，也称作住房按揭贷款。具体指具有完全民事行为能力的自然人，购买本市城镇自住住房时，以其所购买的产权住房（或银行认可的其他担保方式）为抵押，作为偿还贷款的保证而向银行申请的住房商业性贷款。

个人住房组合贷款是指个人申请住房公积金贷款不足以支付购买住房所需费用时，其不足部分向贷款银行申请住房商业性贷款的两种贷款之总称。

（2）还款方式

等额本息还款法即借款人每月以相等的金额偿还贷款本息，又称为等额法。其特点是每月还款的本息和一样，容易做出预算，初期还款压力减小，但还款初期利息占每月还款的大部分，还款中本金比重逐步增加，利息比重逐步减少，从而达到相对的平衡。此种还款方式所还的利息高，但前期还款压力不大。

等额本金还款法即借款人每月等额偿还本金，贷款利息随本金逐月递减，还款额也逐月递减，因此又称递减法。其特点是每月归还本金一样，利息则按贷款本金金额计算，前期偿还款项较大，每月还款额逐渐减少。此种还款方式所还的利息低，但前期还款压力大。如果家庭现在资金较为雄厚，又不打算提前还款，采用“等额本金还款法”较为有利。

小贴士

贷款计算器

进入网址：www.soufun.com/house/tools.htm，输入你的贷款相关信息，贷款计算器可以迅速计算出每期还贷额。

（3）制定消费信贷计划应注意以下问题

家庭偿债能力评估。在详细分析家庭资产状况的基础上，通过计算资产负债率指标，对家庭的偿债能力进行评估。若一个家庭的资产负债率过高，表明其偿债能力较弱。

归还贷款的财务负担是否过重，财务弹性是否足够。现金比率指标可以反映家庭偿还到期债务的能力，该指标低表明家庭短期偿债能力弱，即归还贷款的财务负担较重。另外，从谨慎的原则出发，家庭要留有一定的财务弹性，以应对意外事件的发生。

要持续关注消费信贷政策和信贷产品的变化。如贷款利率的变化、还款方式的调整等，根据变化及时调整信贷计划。

（二）汽车消费规划

汽车作为消费品其特点是不增值，消费后每年都会有一笔金额不低的现金流出。汽车消费支出的固定费用有：购车款、车辆购置附加费、上牌费、保险费、养路费等，变动费用有：汽油费、停车费、路桥费等。汽车消费规划主要明确以下几点：

1．根据家庭组成、家庭收入、支出及家庭资产状况和消费动机，确定购车目标

确定购车目标时应注意以下方面：

（1）价格档次量力而行

对于经济实力较强的家庭，可以选择价位高，性能先进的车型；而收入一般的家庭，不要追求一步到位，可以选择经济适用的车型，以方便出行，又不增加过多负担为原则。

（2）购车时机灵活选择

没有特别的需要，不要急于在汽车销售旺季购车。可以选择在淡季、年末年初或特殊的销售活动期间购车，因为此时经销商往往可能提供许多促销优惠条件。

（3）付款方式酌情而定

全款买车是最常见的购车方式，除此之外，还有分期付款、置换购车、回购购车、以租代购等多种方式。选择什么样的付款方式，应平衡家庭收入水平、稳定程度及近期大额支出计划等综合因素。

小贴士

汽车消费动机

汽车消费动机主要有三种，一是方便出行，二是身份的象征，三是成功的象征。

2．选择自筹资金或汽车消费贷款

由于汽车消费贷款首付金额高、贷款期限短、每月需偿还本息比较高，手续复杂繁琐，所以，大多数家庭不选择这种信贷方式。但是，从理财等角度来看，如果家庭的投资能力比较强，投资报酬率大于贷款利率，就可以选择贷款，以此转移资金进行投资从而实现更高的增值。

小贴士

汽车消费贷款

汽车消费信贷是对申请购买轿车的借款人发放的人民币担保贷款；是银行与汽车销售商向购车者一次性支付车款所需的资金提供担保贷款，并联合保险、公证机构为购车者提供保险和公证。贷款车辆首付要求一般在30%以上，国产车首付三成，进口车首付四成。它对贷款人条件、收费标准都有明确要求。

（三）教育规划

教育规划是对家庭成员为接受教育而需支付的教育金的计划和安排。教育规划包含个人教育规划和子女教育规划。个人教育规划在消费时间、消费金额等方面具有较大的不确定性，因而在进行家庭教育规划时将子女教育规划作为重点。子女教育规划主要是对高等教育金的筹划。由于教育金支出缺乏时间弹性和费用弹性，因此，教育规划需要尽早进行。

1．教育需求分析

1）影响家庭教育金需求的因素。家庭子女的教育金需求主要受以下因素的影响：

子女的年龄。家庭中子女的年龄是确定教育规划的时间和需求迫切性的依据。如果子女现在 10 岁，则其教育规划的时间是 8 年（假设 18 岁读大学），若子女现在 16 岁，教育规划的时间只有 2 年，后者教育需求的迫切性明显比前者强。

家庭的经济状况。经济收入较高的家庭，其子女教育金准备的压力比较小。而对于经济收入比较低的家庭，子女教育金支出是未来家庭的大额开支，需要尽早进行规划。可以利用教育负担比指标来判断家庭教育规划的迫切性。

教育负担比＝教育支出 / 家庭收入

该指标若高于 30%，表明该家庭需要尽早进行教育金准备。

家庭对子女的教育期望。家庭对子女的教育期望越高，其子女的教育金支出就越多，教育金需求也就越高。如果希望子女读完大学本科以后，再出国接受研究生教育，那么，家庭就需要进行较多的教育金准备。

【例 9-2】 赵女士有一个女儿，刚刚考入国内某大学。赵女士计算出女儿读大学一年的费用，主要包括：全年学费 4000 元，住宿费 1000 元，日常各项开支预计每月 1000 元，全年共需 12 000 元。预计赵女士家庭全年税后收入为 50 000 元。家庭教育负担比计算如下：

教育金费用＝学费＋住宿费＋日常开支

＝4000＋1000＋12 000＝17 000（元）

教育负担比＝教育金费用 ÷ 家庭税后收入 ×100%

＝17 000÷50 000×100%＝34%

计算表明，赵女士家庭教育负担比高于 30%，所以应尽早开始教育金的准备。

2）确定子女的教育目标。如大学、硕士、博士或出国留学。

3）估算教育金需求数额。

在了解相关教育收费情况和预测未来相应增长率的基础上，估算教育金需求数额。由于教育规划的时间跨度大，需要考虑通货膨胀、汇率变化和教育费用增长等因素。基于谨慎考虑，对教育金估算要宁多勿少。

【例 9-3】 张女士的儿子现在 10 岁，她和丈夫计划在儿子 18 岁时送他去美国读大学本科。张女士所选定的美国大学，目前的平均费用为每年 35 万元，学制 4 年。假设美国的通货膨胀率和学费增长率综合为 4%。那么，张女士的教育金需求数额计算如下：

以目前价格水平计算，大学教育费用总额＝35×4＝140（万元）

8 年后，教育金数额＝140×(F/P，4%，8)＝140×1.369＝191.66（万元）

即张女士在儿子 18 岁时需要准备 191.66 万元的教育金。

2．测算教育金缺口

教育金缺口即教育金储备与教育金需求的差额。用公式表示为

教育金缺口＝教育金需求－教育金储备

其中教育金储备是指家庭资产中可用于子女教育金的资产数额。

【例 9-4】 根据例 9-3，张女士家庭教育金需求额为 191.66 万元，目前，她现有的家庭资产中可以留出 50 万元作为教育金储备，假设投资收益率为 6%，张女士家庭教育金缺口计算如下：

教育金储备＝50×(F/P，6%，8)＝50×1.594＝79.7（万元）

教育金缺口＝191.66－79.7＝111.96（万元）

即张女士家庭教育金在儿子 18 岁时还差 111.96 万元。

3．教育金筹集

制定合理和可行的方案筹集资金，弥补家庭教育金缺口是教育规划的重要内容。通常，弥补教育金缺口的方法是用家庭结余弥补。通过对家庭结余进行合理规划，从而获得理想的收益，用以弥补教育金不足。如果家庭结余难以弥补教育金缺口，就要考虑其他资金渠道如学校贷款、政府贷款、资助性机构贷款和银行贷款。

4．教育规划工具

如果家庭教育规划进行的比较晚，而在短期内需要一笔资金支付子女的教育费用，或者教育金缺口太大，那么能够使用的短期教育规划工具有：学校贷款、政府贷款、资助性机构贷款、银行贷款等。若较早进行教育规划，通常会选择长期教育规划工具，它们包括教育储蓄、教育保险以及其他金融投资工具。

(1) 教育储蓄

商业银行的教育储蓄存款是最基本的教育投资渠道，以零存整取的方式分期存入，到期一次支取本息，存期为 1 年、3 年、6 年。与其他投资工具相比，教育储蓄的优点是无风险、收益稳定、免利息税，可享受利率优惠。但它的局限性表现为：一是只能用于非义务制教育，不能满足所有层次的教育需求；二是每一账户本金合计最高限额为 2 万元，金额规模有限，不足以支付全部教育支出；三是办理手续相对繁琐。

(2) 教育保险

教育保险又称教育金保险，是以为子女准备教育基金为目的的保险。教育保险是储蓄性的险种，既具有强制储蓄的作用又有一定的保障功能。

教育保险同时也具有理财分红功能，能够在一定程度上抵御通货膨胀的影响。它一般分多次给付，回报期相对较长。

但是，教育保险短期不能提前支取，资金流动较差，早期退保可能本金受到损失。

相关链接

投保教育保险的注意事项

为孩子投保教育保险要根据自己及家庭的实际状况以及计划孩子未来受教育水平的高低等因素来综合考虑，适合孩子的需要就够了，不宜买太多，以免给自己带来太大压力，造成以后不能连续缴费，会带来损失；

通过教育保险来规划孩子的教育金，越早越好，越小越合适；

在为孩子选择教育保险时，不要单纯只考虑其储蓄功能，也要兼顾其保障功能，可灵活利用附加险，以应付未来可能的疾病、伤残和死亡等风险；

由于教育保险缴费时间较长，因此对保险公司的选择尤为重要，要注意保险公司的实力和信誉等保证；

还可以通过组合方式为孩子教育金作规划，如孩子小学4年级前采用教育保险来做教育规划，待孩子小学4年级以后还可采用教育保险＋教育储蓄的组合方式。

资料来源：价值中国网 http://www.chinavalue.com.

(3) 子女教育金信托

子女教育信托，是指委托人（即子女的父母）将信托资金交付给信托机构（即受托人），签订信托合同，通过信托公司专业管理，发挥信托规划功能。双方约定孩子进入大学就读时开始定期给付信托资金给受益人（子女），直到信托资产全部给付完。这种规划工具比较适合计划子女海外留学、离异家庭及高资产或高收入家庭。

(4) 其他规划工具

还可以根据家庭收入、投资能力等条件，选择投资政府债券、公司债券、大额存单、投资基金和股票等金融产品，以此获得收益，满足教育金储备的需要。

教育规划的重点是合理估算教育费用，充分了解教育规划工具的特点，科学选择教育规划工具，从而保证教育规划目标的实现。

【案例9-7】 李铭家庭教育规划

案例9-1中，李女士夫妻打算让儿子小伟18岁开始在国内上大学，读完四年本科后2024年去国外读研2年。为此他们需要进行教育规划。

案例分析：

(1) 教育费用估算

1) 国内教育费用估算。

假定：通货膨胀率＝生活支出增长率＝3%，大学学费增长率＝5%。

估计：现在（2012年）每年大学生的学杂费为12 000元/人，生活费为8000元/人，其他费用2000元/人。大学4年的费用如表9-6所示。

表9-6　大学4年的费用

项　目	学杂费	生活费	其　他	合　计
费用 / 元	48 000	32 000	8000	88 000
增长率 /%	5	3	3	
8 年后终值 / 元	70 896	40 544	10 136	121 576

2）国外研究生教育费用估算。

假定：通货膨胀率＝生活支出增长率＝3%，大学学费增长率＝5%，汇率＝6.3，研究生两年的费用如表 9-7 所示。

估计：以国外一般水平大学为例，现在（2012 年）每年研究生的学杂费为 25 000 美元 / 人，生活费为 10 000 美元 / 人，其他费用 8000 美元 / 人。

表9-7　研究生两年的费用

项　目	学杂费	生活费	其　他	合　计
费用 / 元	315 000	126 000	100 800	541 800
增长率 /%	5	3	3	
12 年后终值 / 元	565 740	179 676	143 700.8	889 156.8

（2）所需教育费用总额及每年应准备金额计算

假定投资的平均报酬率为 8%。

1）费用总额：8 年后即 2020 年本科教育需要费用 121 576 元；12 年后即 2024 年国外教育费用总额折合人民币 889 156.8 元，将此折算到 2020 年，其资金值＝889 156.8×(P/F,8%,4)＝889 156.8×0.735＝653 530.2（元）；

教育费用总额(2020年)＝121 576＋653 530.2＝775 106.2（元）

2）每年储备金额：N＝8, I＝8%，FV＝775 106.2。

A＝775 106.2÷(F/A，8%，8)＝775 106.2÷10.637＝72 868.9（元）

即从现在开始每年需要积蓄资金 72 868.9 元，进行投资，才能满足教育金需求。

理财建议：

李女士家庭每年税后收入 220 000 元，扣减生活支出 102 000 元，年结余 118 000 元，若保险支出增加 20 000 元，那么，可用于其他投资的资金则为 98 000 元，每年必须将其中的 72 869 元拿出进行投资，收益率达到 8%，才能筹备到所需要的教育金，实现教育规划目标。

第三节　投资获利体系

家庭投资获利体系是由投资规划构成的。实现家庭财富的增值是达到财务自由的重要途径。投资是财富增值的唯一手段，因而投资规划成为家庭理财规划的核心内容。所谓投资规划是根据家庭的财务目标和风险承受能力，通过选择不同的投资工具及投资组合，合理地配置资产，使投资收益最大化，实现家庭投资理财目标的过程。一个完整的投资规划过程包括：投资规划需求分析、制定投资规划方案以及调整优化投资规划方案。

一、投资规划需求分析

投资规划需求分析，是通过分析家庭投资的相关信息，以及家庭未来的各项需求，确定家庭投资的具体目标。

（一）家庭投资相关信息分析

制定家庭投资规划首先需要了解其相关的投资信息，包括家庭所处的家庭生命周期、财务信息、预期收入、风险偏好和风险承受能力、流动性要求等。

1. 家庭生命周期

处于不同生命周期阶段的家庭具有不同的收入水平和风险承受能力，需要根据各个阶段的特点制定相应的投资策略。

独身期：收入少，负担小，积蓄极少，风险承受能力强。

初建期：支出增加，储蓄减少，可积累资产有限，风险承受能力强。

成长期：支出和储蓄趋于稳定，可积累资产增加，负债减少，能够承受较大风险。

成熟期：收入快速增长，支出减少，储蓄快速增加，资产积累达到高峰，能够承受中等风险。

衰老期：收入减少，医疗支出增加，动用储蓄和社会保障，风险承受能力差。

小贴士

家庭财务生命周期

财务生命周期可以分为积累阶段、巩固阶段和消耗阶段。家庭在初建期和成长期的前期处于积累阶段，在成长期的后期和成熟期处于巩固阶段，在衰老期处于消耗阶段。

2. 家庭财务信息分析

家庭财务信息反映了家庭的财务状况，对其进行分析可以判断一个家庭现在的财务状况以及预测未来的财务状况，为投资决策提供依据。根据家庭的财务信息可以编制家庭资产负债表和现金流量表。家庭财务信息分析就是以上述两张表为基础，进行资产负债分析、现金流量分析、偿债能力分析、资产管理能力分析和获利能力分析。

(1) 资产负债分析

资产负债分析是通过对家庭资产负债表项目的分析，了解其资产和负债的性质、种类、结构、价值以及净资产状况。

(2) 现金流量分析

通过对家庭现金流量表的分析，了解在一定时期内家庭现金流入与流出的原因，掌握家庭的现金支付能力和偿债能力，预测家庭未来的现金流入与流出状况。

(3) 财务能力分析

财务能力分析主要包括偿债能力分析、资产管理能力分析和获利能力分析。在进行财务能力分析时，通常采用财务比率分析法，即通过计算家庭的财务比率指标，并与参考值相比较，分析和评价家庭的财务能力。主要指标有：流动性比率、负债收入比率、资产负债率、投资与净资产比率、结余比率等。以下是各个指标的计算公式：

流动性比率=流动性资产 / 每月支出

结余比率=(本期收入－本期支出)/ 本期收入

月负债收入比=月负债 / 月收入

资产负债率=负债 / 总资产

投资与净资产比率=投资资产 / 净资产

小贴士

家庭财务“体检”中的“三高一低”

当家庭财务体检中出现“三高一低”，这说明家庭目前的财务状况不理想，需要有针对性地进行调整。

	指　　标	标　　准
三高	月结余比率=(本月收入－本月支出) / 本月收入	高于 50%
	月负债收入比=月负债 / 月收入	高于 50%
	资产负债率=负债 / 总资产	高于 70%
一低	投资与净资产比率=投资资产 / 净资产	低于 20%

【课堂活动】 请给你的家庭财务做一次“体检”。

3. 家庭预期收入分析

通过对家庭资产负债表、现金流量表和各种财务比率等数据的分析，可以对家庭的预期收入作出一定的预测，从而为投资规划提供依据。

家庭收入由经常性收入和非经常性收入共同构成。经常性收入包括工资薪金、奖金、利息和红利等项目，在一定时期内，这些项目的金额相对稳定，它是未来收入的重要来源。对于非经常性收入项目，需要分析其未来重复出现的可能性，谨慎地将其纳入未来预测中。

4．风险偏好和风险承受能力

风险偏好是指为了实现目标，投资者在承担风险的种类、大小等方面的基本态度。风险就是一种不确定性，投资者面对这种不确定性所表现出的态度、倾向便是其风险偏好的具体体现。所谓家庭的风险偏好是指家庭中对投资起着主导作用的成员对风险的基本态度。不同的人对待风险的态度是存在差异的，一部分人可能喜欢大得大失的刺激，另一部分人则可能更愿意“求稳”。根据投资者对风险的偏好程度，可以将其分为5种类型。

1）保守型。保守型的投资者首要目标是本金不受损失并保持家庭资产的流动性，希望投资收益稳定，不要求资产一定增值。绝不愿意冒高风险换取高收益。

2）轻度保守型。这类投资者希望在保证本金安全的基础上能够获得一定的投资增值收入。

3）中立型。中立型投资者希望投资收益长期稳定增长，可以承受一定的投资收益波动，但不愿承受较大的风险。

4）轻度进取型。轻度进取型投资者为了能够获得较高收益，愿意为此承受较高风险，他们专注于投资的长期增值。

5）进取型。这类投资者的投资目标是资金的高增值，可以接受收益的大幅波动，愿意承受高风险，常常把大部分资金投资于高风险的领域。

风险承受能力是指一个人或一个家庭有足够能力承担的风险程度，也就是能承受多大的投资损失而不至于影响其正常生活。影响风险承受能力的因素包括：家庭主要成员的收入情况及工作的稳定性；家庭主要成员所处的生命周期阶段；家庭成员的健康状况；投资资金占家庭资产（不包括固定资产）的比例；生活费用支出对投资收益的依赖程度；家庭的大额消费支出计划；相关的投资经验等。

风险偏好与风险承受能力并不完全等同，投资者风险偏好高只是表明他愿意承受更多的风险，但这并不等于他实际具有的风险承受能力强。如果一个投资者片面追求高收益，而不考虑自己的风险承受能力，投资一些与自身收益风险特征不相符的理财产品，一旦出现风险损失，将会带来严重后果。

投资者对风险的认知程度直接影响投资的成败。只有充分认清自己的风险承受能力，冷静对待自己的风险偏好，并据此选择与之相匹配的投资工具，才能在有效控制投资风险的前提下，最终实现其投资目标。

5．其他制约因素

除了上述几个方面以外，还存在一些因素制约了家庭的投资活动，影响了投资决策，如财富和收入规模、流动性偏好、投资期限。当财富和收入增加时，家庭就拥有更多的资源用于投资；如果投资者对流动性偏好高，就会选择投资流动性好的投资工具；如果投资期限短，应该持有收益稳定风险小的资产。

相关链接

风险承受能力测试

1）您的年龄：

□20岁以下或65岁以上 （1分）

□51～65岁 （2分）

□21～30岁 （3分）

□31～50岁 （4分）

2）您的教育程度：

□高中以下 （1分）

□专科 （2分）

□本科 （3分）

□研究生或研究生以上 （4分）

3）您的健康状况：

□较差 （1分）

□一般 （2分）

□良好 （3分）

□很好 （4分）

4）您目前的职业状况：

□待业或退休 （1分）

□无固定工作 （2分）

□企事业单位固定工作 （3分）

□私营业主 （4分）

5）您目前的年收入状况：

□2万以下 （1分）

□2万～5万 （2分）

□5万～10万 （3分）

□10万以上 （4分）

6）您进行投资的主要目的是：

□确保资产的安全性，同时获得固定收益 （1分）

□希望投资能获得一定的增值，同时获得波动适度的年回报 （2分）

□倾向于长期的成长，较少关心短期的回报和波动 （3分）

□只关心长期的高回报，能够接受短期的资产价值波动 （4分）

7）您的投资知识：

□缺乏投资基本常识 （1分）

□略有了解，但不懂投资技巧 （2分）

□有一定了解，懂一些的投资技巧 （3分）

□认识充分，并懂得投资技巧 (4分)

8）您的投资经验：

□无证券投资经验 (1分)

□少于2年（不含2年） (2分)

□2～5年（不含5年） (3分)

□5年以上 (4分)

9）您的投资品种偏好：

□债券、债券型基金、货币型基金 (1分)

□外币、黄金、投资型保单 (2分)

□股票、基金（不包括债券、货币型基金） (3分)

□期货、权证 (4分)

10）您进行投资的资金占家庭自有资金的比例：

□15%以下 (1分)

□15%～30% (2分)

□30%～50% (3分)

□50%以上 (4分)

11）您投资某项非保本理财产品时，能接受的投资期限一般是：

□1年以下 (1分)

□1～3年 (2分)

□3～5年 (3分)

□5年以上 (4分)

12）您进行投资时所能承受的最大亏损比例是：

□10%以内 (1分)

□10%～30% (2分)

□30%～50% (3分)

□50%以上 (4分)

13）您进行投资的方法：

□靠直觉和运气，跟着别人操作，没有认真分析 (1分)

□看图形操作，自己懂一点技术分析 (2分)

□技术分析和基本面分析相结合 (3分)

□在专家指导下操作 (4分)

14）您期望的投资年收益率：

□高于同期定期存款 (1分)

□10%左右，要求相对风险较低 (2分)

□10%～20%，可承受中等风险 (3分)

□ 20% 以上，可承担较高风险 (4 分)

15）您如何看待投资亏损：

□ 很难接受，影响正常的生活 (1 分)

□ 受到一定的影响，但不影响正常生活 (2 分)

□ 平常心看待，对情绪没有明显的影响 (3 分)

□ 很正常，投资有风险，没有人只赚不赔 (4 分)

调查评估结果：

您的得分总计为：

评估结果，您的风险承受能力等级为：

积极型□　　稳健型□　　保守型□

参考：风险承受能力等级确定标准

积极型：45 ～ 60 分　稳健型：30 ～ 44 分　保守型：15 ～ 29 分

资料来源：东海证券，东海龙网 http://www.longone.com.

（二）家庭未来需求分析

制定投资规划，除了了解家庭的相关投资信息外，另外一个重要的参考依据就是家庭未来的投资和消费需求，如购房、买车、教育、养老等，这些因素很大程度决定了投资目标的确定。而购房规划、购车规划、教育规划、养老规划对这些问题进行了细致的分析，做出了详细的安排。因此，制定投资规划时必须以其他规划为基础，充分考虑家庭的各种需求，使投资规划能够实现家庭收益的最大化，实现家庭的各项规划目标。

（三）家庭投资目标确定

在详细分析家庭财务信息和未来需求的基础上，确定家庭投资目标是制定投资规划的重要环节，只有确定了正确的投资目标，才能制订正确的资产配置方案，它为整个投资规划指明了方向。不同的家庭有不同的投资目标，同一个家庭在不同的时期也会有不同的投资目标，投资目标随着环境的变化需要不断调整。

1．确定理财目标的原则

(1) 投资目标要区分优先级别

家庭理财目标可分为必须实现的目标和期望实现的目标。必须实现的目标是指在正常生活水平下，家庭必须完成的的计划或者必须满足地支出。如日常生活支出、子女必要的教育费用、自用住宅租赁费等均属于必须实现的目标，这一类目标需要优先考虑。期望实现的目标是指在保证日常生活水平的情况下，家庭期望可以完成的计划或者可以满足的支出。比如，出国旅游、购买豪华别墅、送子女到国外留学等均属于期望实现的目标，这类目标要在前一类目标实现的前提下才能得以实现。

(2) 投资目标要具有合理性和可行性

投资目标的设置要受家庭现有财力资源和未来可获得的财力资源的限制。过于保守的投资目标容易实现，但不利于实现家庭的财富增值和其他目标的实现，那么，这样的目标缺乏合理性。而过于激进的投资目标，因超过投资者的实际承受能力而无法完成，不具有可行性，也就失去了意义。一般投资收益率在 4% ～ 10% 之间为好。

(3) 投资目标必须明确而具体

投资目标越明确，越具体而量化，其操作性就越强，对投资规划的制定越有帮助。切忌投资目标模糊和笼统。

(4) 投资目标要具有内在一致性，相互兼顾

短期目标、中期目标、长期目标之间以及各个分项目标之间是相互联系的，各项目标之间要有连续性和可发展性。同时要相互兼顾，不能只重视某一个目标，而忽视其他目标，例如，在很多情况下投资者看重短期目标的实现而忽略长期目标的完成。

(5) 投资目标要有一定的弹性

要充分考虑影响投资规划的因素的变动情况，制订投资目标要留有一定的余地，保持一定的时间弹性和金额弹性。

2. 投资目标的分类

根据目标实现时间的长短，可以将家庭投资目标分为短期目标、中期目标和长期目标。

(1) 短期目标

在 5 年以内可以实现的目标是短期目标，它需要每年制定和修改。短期目标主要是日常生活中的一些短期需求，如购买电器、国内旅游等，均属于短期目标。实现短期目标所需资金，一般可以采取储蓄存款或者货币基金等收益比较稳定的投资工具获得。

(2) 中期目标

需要 5 ～ 10 年完成的目标属于中期目标，它无需每年修改，在必要时可以进行调整。常见的中期目标有购买住房、子女教育金筹集、中年人退休养老金投资等。对于中期目标，应选择收益较高且成长性也较好的投资工具。如基金、股票。

(3) 长期目标

长期目标是指一般需要 10 年以上才能实现的目标。一个年轻的家庭，为刚出生的子女高等教育投资则属于长期目标。与短期目标相比较，长期目标具有相对稳定性，在进行投资决策时，应选择长期增值潜力大的投资工具，如股票、房地产。

【课堂活动】 为你的家庭设计理财目标，按优先顺序排列。

二、投资规划的制定

投资规划方案制定过程分为四个步骤：确定投资目标、进行环境分析、构建投资组合及选择资产配置策略。

（一）确定投资目标

在深入分析家庭的财务状况、风险承受能力和风险偏好，全面了解家庭未来财务需求的基础上，充分考虑风险和收益因素，确定家庭投资目标。

（二）环境分析

环境分析包括宏观环境分析、行业环境分析和家庭财务状况分析。

1. 宏观环境分析

宏观环境包括经济环境、法律环境和金融环境。经济环境主要涉及经济周期、财政政策、货币政策、利率、税率、经济体制等方面。法律环境是指对投资形成制约和规范作用的法律、法规和规定。如《合同法》、《个人所得税法》、《银行法》、《保险法》、《物权法》、《证券投资基金投资管理办法》。金融环境包括金融机构、金融市场和利率等因素。

2. 行业环境分析

行业分析是介于宏观经济与微观经济分析之间的中观层次的分析。主要对行业的市场类型、行业的生命周期、技术进步、产品更新、行业竞争力、行业政策等行业要素进行深入的分析，从而发现行业运行的内在经济规律，进而进一步预测未来行业发展的趋势，为投资决策提供依据。

3. 家庭财务状况分析

主要包括家庭的职业类型、收入及稳定程度、日常消费水平、已投资项目及收益水平等方面。

（三）构建投资组合

投资者把资金按一定比例分别投资于不同种类的理财产品，这种分散的投资方式就是组合投资。家庭所持有的各种不同种类的理财产品构成了家庭投资组合。通过投资组合可以分散风险，即“不能把鸡蛋放在一个篮子里”。从持有一种资产到投资于两种以上的资产，这是我国家庭投资理财行为成熟的重要标志。具有实际经济价值的家庭投资组合追求的不是单一资产效用的最大化，而是整体资产组合效用的最大化。

理财产品按风险收益进行排序，可以分为备用金、低风险低收益产品、中等风险产品、高风险高收益产品。在投资组合中最前面两种应当是最宽阔的底层，是建立投资规划的基石，包括储蓄、保险、货币市场基金等风险较小的理财产品，中层是时间、风险和回报都在中等水平的，如房产、信托、基金等。顶层是股票、期货等高风险高收益产品。理财产品可以组成“风险收益金字塔”，如图 9-1 所示。

将风险收益金字塔模型中不同层次的理财产品进行组合，可以得到多种投资组合，这些组合具有不同的风险和收益，适用的家庭类型和达到的效果也各不相同。

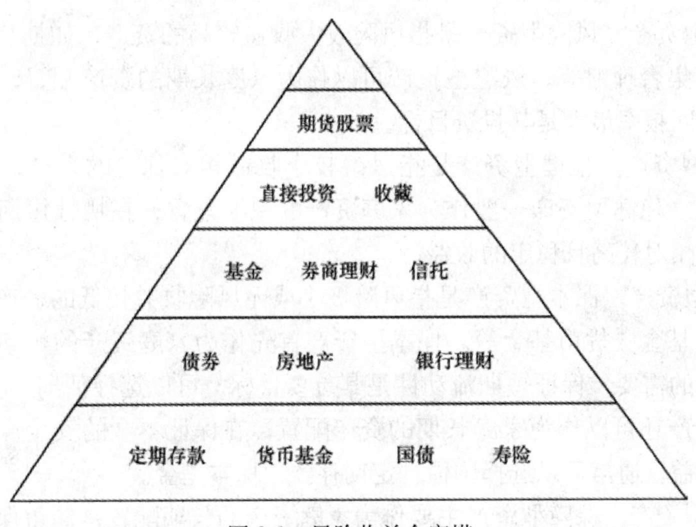

图 9-1 风险收益金字塔

相关链接

中国家庭常用投资工具比较

投资工具	安全性	获利性	变现性
储蓄	★★★★★	★	★★★★★
国债	★★★★★	★★	★★★
公司债	★★★★	★★	★★★
货币基金	★★★★	★★	★★★★
投资基金	★★★	★★★	★★★
股票	★★	★★★★	★★★
期货	★	★★★★★	★★★★
房产	★★★★	★★★★	★
收藏品	★★★	★★★	★

（四）资产配置策略

在确定投资组合的基础上，需要将投资资金在不同类别的资产之间进行分配，如20%的资金购买股票、30%的资金购买债券、40%的资金购买房地产、10%购买保险，这也就构成了家庭的资产组合。

1. 资产类型

以不同的标准，可以把资产分为不同的类型。按照资产风险收益的特点，可以将资产分为四类：风险型资产、稳健型资产、保本型资产和保障型资产。

1）风险型资产。风险型资产是指风险较大收益较高的资产，如期货、股票、股票型基金、券商集合理财等。风险型资产可以作为家庭长期的资产配置，追求一定风险水平下的长期回报率最大是其投资目标。

2）稳健型资产。稳健型资产是指风险较小收益相对稳定的资产，如银行理财产品、信托产品。稳健型资产一般作为家庭资产的中期配置，在牺牲短期流动性的前提下，争取获得相对较高且稳定的收益。

3）保本型资产。保本型资产是指风险极小或无风险收益较低的资产，如国债、银行储蓄、保本基金、货币基金等。保本型资产首先作为家庭资产的短期配置，用来满足家庭备用金的需要，保证短期流动性是其首要目标，可以选择活期储蓄和货币基金。另外保本型资产还可以作为家庭长期的资产配置，在保证本金的安全性的同时也可以获得一定的收益，通常可以选择国债、定期存款、保本基金。

4）保障型资产。保障型资产主要作为家庭资产的长期配置，储蓄保险和实物黄金是最常用的保障型资产。当风险来临时，保障型资产可以给家庭提供一定的生活保障。投资风险分为企业风险（非系统风险）和市场风险（系统风险），通过合理的投资组合可以将企业风险分散掉，而市场风险却无法利用这种方式规避。在未来，如果严重的经济危机和恶性通货膨胀等市场风险发生，保障型资产特别是实物黄金则可以起到家庭资产稳定器的作用。

资产配置就是将以上资产进行合理组合搭配，使家庭资产在收益性、稳定性和流动性之间达到平衡。收益性体现在需要配置一些风险型资产，用以提高整体资产的收益率，使之长期抵抗通胀。稳定性指的是配置一些固定收益的资产，比如稳健型资产、保本型资产甚至部分保障型资产。流动性主要指的是配置变现能力强的资产，比如活期存款、货币基金等可随时变现用来满足家庭日常支出的资产。

无论是哪类资产，都需要进行组合配置。过多地持有一种资产，不利于家庭投资目标的实现，而实行资产组合，家庭所获得的资产效用的满足程度要比单一资产大得多，同时也可以适当的规避风险。当然，资产组合不是简单地将几种投资产品“凑合”在一起，而是要考虑资产如何组合才能做到有比例地相互联系和相互结合，做到长短结合，品种互补，长期投资与短期投机互为兼顾，自有资金与借入资金互相配合，从而使家庭投资理财的效益大为提高。

2. 资产配置策略

资产配置受多种因素的影响，不同的资产配置也会对家庭资产结构、投资收益和风险状况等方面产生不同的影响，因此制定正确、合理的资产配置方案是非常重要的。资产配置主要有以下几种类型：

1）保守安全型。保守安全型的资产配置把资金安全放在首位，不要求高收益，但要保证本金安全。其特点是市场风险较低，流动性较强，能稳定地获得平均收益。具体的资产配置是低风险理财产品60%、中等风险理财产品40%。比如储蓄、保险60%，国债、债券40%。保守安全型的资产配置模式适合收入不高，保守型和轻度保守型的家庭。

2）稳中求进型。稳中求进型的资产配置是在追求稳定的基础上，适当接受风险，希望增加预期收益。其特点是市场风险适中，收益较高。具体的资产配置是低风险理财产品40%、中等风险理财产品40%、高风险理财产品20%。比如储蓄、保险40%，债券、信托30%，黄金10%，基金、股票20%。这种资产配置适用于收入中等以上，风险承受能力较强，风险偏好中立型的家庭。

3）冒险激进型。冒险激进型的资产配置追求的是高风险高收益，适合收入高，资金实力雄厚，风险承受能力强的家庭。其特点是风险收益水平高，有较重的投机成分。冒险激进型的资产配置是低风险理财产品20%、中等风险理财产品40%、高风险理财产品40%。比如保险20%，信托、债券40%，股票、期货、实业投资40%。

三、投资规划调整

投资规划方案不可能是一成不变的，在执行投资规划的过程中，当投资环境发生变化或者家庭自身的财务状况、财务需求发生变化时，投资规划方案就需要随之进行调整。

（一）根据宏观经济环境的变化调整投资规划方案

宏观经济运行与发展的状况主要是通过一系列经济指标和经济政策反映出来的。反映国民经济发展状况的主要指标有：国内生产总值（GDP）、国民收入、物价总指数、通货膨胀率、就业率等。经济政策主要包括：货币政策、财政政策、汇率政策、产业政策等。根据不同时期经济指标的不同，可以对投资规划进行不同的调整。

1. 利率水平

当利率水平较高时，储蓄和债券的收益率较好，而股票市场的风险相对较大，因此，需要提高储蓄和购买债券的比例，相应降低股票持有的比例。同时由于利率的提高导致贷款成本和财务成本的提高，所以也要下调房产投资和实业投资的比例。当利率水平相对较低时，可以反向操作。

2. 通货膨胀水平

当通货膨胀水平较低时，宏观经济保持向好的趋势，企业收益保持增长，因此可以继续保持或者增加股票投资比例，其他投资基本不变。当通货膨胀水平较高时，价格的过度提高会危害经济的稳定运行，企业收益开始下滑，这时可以逐步增加储蓄和债券的比例，减少股票投资比例。房产是抗通胀较好的资产，可以适当加大投资。

3. 经济周期

当经济处于经济周期中的增长期时，市场需求旺盛，投资机会增加，收益水平不断提高，应增加投资。特别是经济复苏阶段，投资成本低，投资风险较小，有利于投资各种证券和实业。但是，当经济进入增长期的后期，即繁荣阶段的后期时，需求开始下降，企业效益停止增长甚至出现下滑，投资风险显著增大，此时应适当减少实业和证券投资。

（二）根据金融市场的变化调整投资规划方案

当金融市场的资金供应充足，投资者信心高涨时，金融市场进入繁荣时期，随着股票价格的上升，储蓄资金更多地流向金融市场。面对金融市场投资的不断升温，保守型投资者通常会改变其保守的投资策略，转向积极的投资策略，减少固定收益的证券比例，增加风险相对高的股票的持有。而进取型的投资者在证券市场交易旺盛的激励下，会采取更加积极的投资策略，常常将大部分资金投入风险较高的品种，如期权、期货等。

相反，当金融市场出现衰退时，股市趋向下跌，更多的资金将流出金融市场。这时保守型投资者不会改变其保守的投资策略，继续持有低风险和中等风险的理财产品如储蓄、债券。而进取型的投资者面对市场的疲软，将会改变其投资策略，将一部分资金投向固定收益的资产，另一部分资金配置在高风险高收益的资产上。

（三）根据投资绩效调整投资规划方案

经过一段时间的投资后，投资者需要对投资业绩进行评估和判断。投资组合业绩评价的基本指标是投资收益率和风险指标。对投资业绩的衡量不仅要看收益大小，还要考虑投资风险的高低，投资收益波动性越大，风险就越高。

1. 投资收益

投资收益是投资者在一定时期内投资活动所取得的报酬。它包括股利收入、利息收入和资本利得。

2. 投资风险

只要投资，就有风险，所以对投资风险的测定，就成为投资必须考虑的问题。风险程度通常可以用收益的标准差及变异系数来测定。期望收益率相等的两项投资，标准差大的其投资风险大；对于期望收益率不相等的两项投资，需要比较变异系数来测定风险大小，变异系数越大表明风险也就越大。

运用一系列指标对投资方案进行评价后，根据评价结果可以把投资组合分为四种类型：高风险高收益、低风险高收益、低风险低收益、高风险低收益。

低风险高收益的投资组合是最佳结果。各类投资者均可以放心的持有。

对于高风险高收益的投资组合，不同类型的投资者的态度是不同的。进取型的投资者，风险偏好较高，追求的目标是高收益，愿意为此承受较高风险，因此，这种投资组合是他们需要的。而保守型投资者，风险偏好较低，比较注重本金安全，不愿意为了获取高收益而承担高风险。因此当面对这种投资组合时，他们会主动降低其风险，选择减少高风险投资产品的比例，相应增加中低风险投资产品的比例。

低风险低收益的投资组合是保守型投资者较好的选择，而对于进取型投资者在面对这种投资组合时，一定会减少低收益产品比例，相对增加高收益产品比例，如增加股票、期货等的比例，以提高收益。

高风险低收益的投资组合是一种较差的组合，必须调整其结构以提高收益降低风险。投资组合出现高风险低收益的状况有多种复杂的原因，比较常见的情况是投资于高风险的产品发生失误，收益受到影响。因此，需要充分分析原因，根据各种投资产品在市场上的具体表现和投资者的风险偏好程度，确定新的投资比例。

（四）根据家庭理财目标的变化调整投资规划

随着家庭生命周期阶段的变化和家庭财务状况的变化，其理财目标也会发生变化，投资规划必须进行相应调整，以保证理财目标的实现。例如，独身期处于财富积累阶段，而且承受风险的能力比较强，可以采取积极的投资策略，多投资于风险大的股票市场，但是需要量力而行。

处于形成期的家庭，理财目标主要是满足生活费用支出、追求收入成长、购置房产、购买汽车等，这类家庭的风险承受能力比较强，因此，在留有备用金的前提下，可以投资高风险高收益的产品。

成长期的家庭，理财目标以准备子女教育金、购买更大的住房、满足保险需求为主要目标，应采取稳健的投资策略，资产配置注意平衡，通过投资组合分散风险。

进入成熟期的家庭，储备养老金是其主要理财目标，需要控制投资风险，适当减少高风险产品的投资比例，增加稳定收益产品的比例。

【课堂活动】 讨论投资规划与其他规划的关系。

【案例9-8】 冯女士投资规划

冯女士生活在小城市，今年38岁，在一家公司当会计，月收入1500元；丈夫是公司的中层技术干部，月收入5000元，年底奖金2万元。冯女士家庭生活比较节俭，每月基本生活费开支1500元。儿子今年15岁，是一名初三学生，学习成绩中等，每年教育费支出1000元。冯女士家现有住房80平米，无贷款，有定期存款10万元、市值15万元股票。冯女士现在看好了一套期房，总房价28万元，2年后交房。另外冯女士的丈夫也想尽快积攒一笔50万元的创业基金，面临儿子升学、养老、供房子、买汽车等现实需求，冯女士如何进行投资规划呢？

案例分析：

1. 家庭财务信息

根据冯女士的家庭财务信息，作出家庭现金流量表（表9-8）和资产负债表（表9-9）。

表9-8　家庭现金流量表　　单位：万元

收入		支出	
本人工资收入	1.8	基本生活费开销	1.8
配偶工资收入	6	父母赡养费	0
年终奖	2	子女教育费	0.1
资产生息收入	0.2	保费支出	0
		非定期休闲大额支出	0
收入合计	10	支出合计	1.9
节余	8.1		

表9-9　家庭资产负债表　　单位：万元

资产		负债	
现金及活期存款		信用卡贷款余额	
预付保险费		消费贷款余额	
定期存款	10	汽车贷款余额	
债券		房屋贷款余额	
基金		其他	
股票	15		
汽车及家电		负债总计	0
房地产投资			
自用房地产	16	净资产	41
资产总计	41	负债及净资产	41

2．家庭财务分析

(1) 家庭财务比率

表9-10　家庭财务比率表

家庭财务比率	定义	比率	合理范围	备注
负债比率	总负债 / 总资产	0	20% ~ 60%	无负债
流动性比例	流动性资产 / 每月支出	0	3 ~ 6	低
净资产偿付比例	净资产 / 总资产	100%	30% ~ 60%	高
年度结余比	年结余 / 总收入	81%	20% ~ 60%	高

从表9-10来看，流动性比例过低，无法满足家庭对资产的流动性需求；零负债说明家庭无负债压力，投资配置管理尚有余地；结余比率过大说明家庭在满足当年

支出以外，还可将50%左右的净收入用于增加储蓄或者投资；净资产偿付比例过大一方面说明家庭无负债压力，同时也说明没有充分利用起自己的信用额度。

可以看出家庭财务情况稳健有余，回报不足；家庭财富的增长过分依赖工资收入，投资性资产占有比例过低，良好的信用额度没有充分利用。因此，应当运用好家庭收支的结余、适当的提高投资性资产以及回报率，是家庭财富快速积累、顺利实现家庭理财目标的关键。

(2) 家庭投资组合及投资收益分析

根据冯女士家庭投资资料编制其投资收益分析表9-11。

表9-11 投资收益分析表

品种	数量/股	单位初始投资成本/元	单位市值/元	单位利息或红利	资本利得/元	收益率/%	初始总成本/元	总市值/元	比重/%
定期存款				2%		2	100 000	100 000	40.50
股票1	2000	30	28	0	−2	−6.67	60 000	56 000	24.30
股票2	3000	15	16	0	1	6.67	45 000	48 000	18.20
股票3	2500	16.8	18.4	0	1.6	9.52	42 000	46 000	17.00
合计							147 000	150 000	100.00

平均收益率＝2%×40.50%＋(−6.67%)×24.30%＋6.67%×18.20%＋9.52%×17.00%＝2.02%

由上述计算可以看出，在冯女士的家庭投资组合中，尽管浮动收益品种（股票）的比重高于固定收益品种（存款），但其中占有较大比重的股票收益不理想，结果导致平均收益率较低，只有2.02%。其投资组合属于高风险低收益型，必须加以改进和调整。

(3) 其他财务分析

保障缺失：作为家庭经济支柱的冯女士的丈夫没有保险保障，这将威胁到整个家庭的财务安全，一旦发生意外，该家庭将会出现较为严重的经济问题，因此在理财规划中应首先满足好他的保障需求。

财务目标优先性：由于子女教育在时间和费用上没有弹性，因此该家庭的首要理财目标应该是为儿子准备教育费用。

家庭生命周期：处于家庭成长期，子女教育负担增加，保险需求达到高峰，生活支出平稳。

3．理财需求分析

（1）冯女士的理财目标

冯女士的理财目标如表9-12所示。

表9-12　理财目标　单位：元

目标顺序	目标内容		距今年限	所需金额现值/年	持续年数	总计（现值）
1	子女教育	中学	0	1000	4	4000
		大学	4	10 000	4	40 000
1	保险		0	7000	20	140 000
1	养老		0	11 000	20	220 000
1	购房		0		20	280 000
2	购车		2		0	100 000
3	创业基金		尽快		0	500 000

（2）风险评估

根据投资者的具体情况，设计风险能力测试题列表如表9-13所示。

表9-13　风险承受能力测试表

项目	10分	8分	6分	4分	2分	得　分
年龄	总分50分，25岁以下者50分，每多一岁少1分，75岁以上0分					37
就业状况	公务员	上班族	自由职业	个体	失业	8
家庭负担	未婚	双薪无子女	双薪有子女	单薪有子女	单薪养三代	6
置产状况	投资不动产	自宅无房贷	房贷<50%	房贷>50%	无自宅	8
投资经验	10年以上	6～10年	2～5年	1年以内	无	4
投资知识	专业人士	财金类毕业	自修有心得	懂一些	一片空白	4
总分						67

注：风险承受能力强：80～100分；风险承受能力中等：50～79分；风险承受能力弱：10～49分。

从测算结果来看冯女士风险承受能力中等偏上。

从投资组合来看，冯女士已有一定的理财意识和资产配置组合管理的意识，风险偏好属于中度偏高的范围。

综上所述，冯女士无论是从经济能力还是心理上完全可承担中等以上的风险，应采取较为积极的投资规划，早日达到财务自由。根据目前中国经济发展状况，结合冯女士自身情况，冯女士的投资组合重点应以基金为主。

4．其他理财规划目标

根据冯女士的财务状况和财务目标制定了详细的现金规划、保险规划、教育规划、养老规划、购房规划和创业规划，在此基础上，制定投资规划目标。

1）现金规划：备用金1万元。

2）保险规划：年保费支出1万元。

3）教育规划：3万元用于投资，预期收益率8%。

4）养老规划：0.8万元养老储蓄，0.3万元医疗准备金。

5）购房规划：新房首付8.4万元，每年还贷款1.8021万元。

6）购车规划：购车款10万元。

7）创业规划：5年积蓄50万元创业款。

5．资金供需分析

根据冯女士家庭现金规划、保险规划、教育规划、养老规划、购房规划和家庭日常生活支出的资金需要，以及家庭的年税后收入和可变现的金融资产编制家庭资金供需表（如表9-14所示）。从表中可以看出，目前，冯女士家庭可用于投资的资金约为168 000元。由于房款首付和教育金投资是一次性支付，在以后各年中没有此项支出，家庭结余会相应增加，可以利用每月的结余进行指数型基金定投，注意需要长期投资。

表9-14 资金供需分析表 单位：元

资金来源		资金需求	
工资	78 000	生活支出	18 000
奖金	20 000	备用金	10 000
活期存款		教育支出	1000
定期存款	100 000	保险支出	10 000
利息收入	2000	养老金准备	11 000
其他生息资产	150 000	房贷支出	18 021
		教育金投资	30 000
		房款首付	84 000
合计	350 000	合计	182 021
余额	167 979		

6．投资建议

通过对冯女士家庭基本情况的分析可以看出，冯女士家庭目前保险需求达到高峰，教育负担较重，养老和购房需求比较迫切，要保证这些理财目标的实现，其投资收益率要达到8%以上，而从控制风险的角度考虑，不能将太多的投资放在风险资产上，故将收益率定为8%。冯女士风险承受能力中等偏上，可以选择收益较高的浮动收益产品，但是，她的投资经验不足，不宜选择股票投资，应选择以基金和信托理财产品为主的投资组合，尽量进行长期投资。投资组合建议如表 9-15 所示。

表9-15　投资组合建议

投资理财产品	金额 / 元	比重 /%	预期年化收益率 /%	风险水平	流动性
信托理财	40 000	23.80	7	适中	低
平衡型基金	50 000	29.76	8	适中	较强
债券型基金	30 000	17.86	6.4	适中	较强
偏股型基金	48 000	25.58	11	较高	较强
合计	168 000	100.00	8.0	适中	较强

第四节　家庭财产传承体系

家庭财产传承体系是为了保障家庭财产安全承继，对遗产实施管理的一系列方法，它由财产传承规划构成。财产传承规划是指当事人在其健在时通过选择遗产管理工具和制定遗产分配计划，将拥有或控制的各种资产或负债进行安排，确保在自已去世或丧失行为能力时能够实现其特定目标。财产传承规划是家庭理财规划的重要内容。

一、财产传承的目标

财产传承规划是家庭理财规划中不可缺少的一部分，是家庭的财产得以世代相传的切实保证，该规划可以实现以下目标。

（一）实现遗产的合理分配

通过遗嘱继承的方式，财产所有人可以根据其家庭成员的具体条件来确定他自己认为最合理的遗产分配方案，为有特殊需要的受益人提供遗产保障，为受瞻（扶）养人留下足够和适当的生活资源，直接体现了财产所有人的意愿。

（二）构建和谐的家庭关系

据法院统计资料显示，70% 的遗产继承纠纷案件是由于被继承人生前未立遗嘱或未制定遗产计划引起的。财产拥有者若在律师的帮助下，提前制定遗产计划，拟好遗嘱，就会消除家庭或家族的财产纷争，建立和谐的家庭关系。

（三）顺利完成家业传承

设计周全的财产传承规划，能够巧妙地安排家庭财产，使之在未来可以创造最大的财富。在继承人不具有经营企业的能力或家庭关系非常复杂的情况下，可以采取遗嘱信托的方式进行家业传承，以避免“富不过三代”的尴尬。

（四）减少遗产税和遗产传承费支出

在许多西方国家，遗产税高达50%甚至70%，尽管我国现在没有开征遗产税，但从长远来看，遗产税开征是必然趋势。传承费主要指遗产、遗嘱认证及相关费用，包括法院的鉴定和判决手续费，数额根据遗产的价值确定。通过制定合理的财产传承规划，能够合法地减少遗产税支出和遗产继承的手续费支出。

二、财产传承的主要工具

（一）遗嘱

遗嘱是家庭财产传承规划中最重要的工具。遗嘱是指遗嘱人生前在法律允许的范围内，按照法律规定的方式对其遗产或其他事务所作的个人处分，并于遗嘱人死亡时发生效力的法律行为。

1．遗嘱关系人

(1) 遗嘱订立人

遗嘱订立人也称为遗嘱人，是指通过制定遗嘱将自己的遗产分配给他人的个人。

(2) 受益人

受益人是指当事人在遗嘱中指定的接受其财产的个人或团体。受益人可以是遗嘱订立人配偶、子女、亲友或某些慈善机构等。

(3) 遗嘱执行人

遗嘱执行人是指有权按照遗嘱的规定对遗嘱订立人的财产进行分配和处理的人。遗嘱执行人分为三种：一是遗嘱人在遗嘱中指定的遗嘱执行人；二是遗嘱中没有指定遗嘱执行人，或者遗嘱中所指定的人患有重病、丧失行为能力，拒不接受指定等，而不能执行遗嘱的，应由全体法定继承人作为遗嘱执行人；三是遗嘱人未指定遗嘱执行人，也没有法定继承人，或者虽有法定继承人，但其不能执行遗嘱时，遗嘱应由遗嘱人生前所在单位或继承开始地点的基层组织，如居委会、村委会等执行。

2．遗嘱的形式

我国法律规定了5种遗嘱形式：自书遗嘱、公证遗嘱、录音遗嘱、口头遗嘱和代书遗嘱。每种遗嘱形式都有法律规定的相应的生效要件，如自书遗嘱要求立遗嘱人有行为能力；口头遗嘱要求必须在紧急情况下采用；公证遗嘱要求立遗嘱人必须亲自到公证处办理。录音遗嘱、口头遗嘱和代书遗嘱均要求有见证人见证。

3．遗嘱验证

遗嘱验证是指当事人去世后，有关部门对其遗嘱进行检查并指定遗嘱执行人的法定过程。在进行遗嘱验证后，遗嘱执行人将根据遗嘱有关条款对遗产进行处理。

4．遗嘱的撤销或更改

在遗嘱没有生效之前，遗嘱人可以撤销、变更自己所立的遗嘱。但是撤销、变更遗嘱必须按照法定程序和要求进行。

小贴士

法律有效遗嘱

法律上有效的遗嘱必须符合以下条件：

1）在设立遗嘱时，遗嘱人必须具有遗嘱能力。在中国，遗嘱能力指民事行为能力。

2）遗嘱人的意思表示必须真实。

3）遗嘱的内容必须符合法律和社会道德。

4）遗嘱须具有一定的形式。

（二）遗产委托书

遗产委托书是家庭财产传承规划的工具，它授权当事人指定的一方在一定条件下代表当事人指定其遗嘱的订立，或直接对当事人的遗产进行分配。人们通过遗产委托书，可以授权他人代表自己安排和分配其财产，而不必亲自办理有关手续。被授予权力代表当事人处理其遗产的一方称为代理人。在遗产委托书中，当事人一般要明确代理人的权力范围，后者只能在此范围内行使其权力。

（三）遗产信托

遗产信托是一种法律契约，当事人将自己的遗产设立成专项信托基金，并把它委托给受托人管理，基金收益则由受益人享有。受益人既可以是继承人，也可以是慈善机构或者任何个人或组织。此外，当事人还可以根据自己的需要为基金的管理和支配设定各种条件和要求。遗产信托可以有效地进行财产传承，使基业永续。同时它还有助于减少家庭的财产纷争，使遗产的清算和分配更公平。遗产信托还能起到避免将来巨额的遗产税的作用。

遗产信托分为生前信托和遗嘱信托，前者是指当事人健在时设立的遗产信托；后者是根据当事人的遗嘱条款设立的，在当事人去世后成立的遗产信托。遗嘱信托是遗嘱人以立遗嘱的方式规定，在遗嘱生效时，将遗产转移给受托人，由受托人依据已签订的遗产信托文件的内容，管理和处分信托财产（遗产）。遗嘱信托是遗嘱与信托的结合，可以以立遗嘱的方式设立，在这种情况下，必须遗嘱先有效成立，信托部分才能成立。也可以由委托人在生前签订以死亡为生效要件的信托契约而设立。

相关链接

明星青睐遗嘱信托

“流行乐天王”迈克尔·杰克逊生前立下的遗嘱，将其名下全部财产交由一个信托基金统一管理。与迈克尔的选择相同，众多名人在去世前会选择遗嘱信托管理自己的资产。

梅艳芳在她病逝前27天订立了一份遗嘱，她并没有把财产一次性留给母亲，而是委托给受托人汇丰国际信托有限公司成立专项基金予以管理、投资。这份遗嘱信托自她去世后立即生效。梅艳芳的母亲可以从专项基金收益中每月得到一定金额的生活费直至终老，余下的遗产分别给予外甥、侄儿、刘培基等其他受益人。直至母亲去世后，余下的遗产会捐给有关机构。

“肥肥”沈殿霞同样选择了遗嘱信托。她去世时留下的资产除了香港、加拿大等地的不动产，还有银行户口资产、投资资产和首饰等，金额十分庞大。在去世前，她已订立信托，将名下资产以信托基金方式运作，去世后郑欣宜面对任何资产运用的事宜，最后决定都要由信托人负责审批、协助，而首选信托人就是沈殿霞的前夫、郑欣宜的生父郑少秋。其他人选包括陈淑芬、沈殿霞的大姐和好友张太太。

（四）人寿保险

财产传承规划中的人寿保险是指遗产规划人以本人死亡为保险标的，指定其遗产继承人为保险受益人的保险。人寿保险作为财产传承规划的工具，其优点主要有：保险赔偿金免税，且受法律保护，不需要用于偿还债务；投保人可以事前指定受益人，包括各自受益比例，财产划分明确，能购避免纠纷；保险期内，投保人还可以修改受益人，使得财产继承权充分掌握在投保人手中。

（五）赠与

赠与是指当事人在生前将自己的财产无偿给与受益人，该项财产不再属于遗产范畴。赠与的主要目的是减轻税负，因为在许多国家遗产税远高于赠与税。但是，财产一旦赠与他人，当事人就不再对该财产拥有控制权，将来也无法收回。

小贴士

遗嘱继承与法定继承

我国实行遗嘱继承优先于法定继承的原则。对公民个人遗产的继承，如果财产所有权人生前立有遗嘱，只要该遗嘱是合法有效的，必须按遗嘱继承，而不能按法定继承，若没有立遗嘱则按法定继承。法定继承是指按法律规定的继承人范围、继承顺序和遗产分配原则进行的继承。遗嘱继承是指按被继承人生前所立遗嘱中指定的继承人继承其遗产所进行的继承。

三、财产传承规划流程

财产传承规划流程包括五个方面。

（一）计算评估遗产价值

确定财产传承人拥有的可继承的财产的范围。遗产是指当事人在去世时所拥有的全部资产和负债。资产包括现金、证券、公司股权、房地产和收藏品等。负债则包括消费贷款、抵押贷款、应付医药费和应付税费等。遗产范围确定后，编制遗产目录，对各项遗产进行价值评估，了解与遗产有关的费用和税收支出，这是进行财产传承规划的前提。

（二）明确财产传承规划目标

财产传承规划目标主要体现了财产传承人的长期责任，包括为有特殊需要的受益人提供遗产保障，为受瞻（扶）养人留下足够和适当的生活资源，家庭特殊资产的继承以及其他的需要，直接体现了财产传承人的意愿。这是选择财产传承工具和策略的依据。

（三）选择财产传承工具合理处置遗产

财产传承人根据自己的财产状况和受益人的年龄、职业、能力及家庭成员关系等具体情况，选择合适的财产传承工具和遗产分配策略。下面介绍几种不同情况的家庭的财产传承方案。

1．子女已成年的家庭

子女已成年的家庭，家庭财产通常由夫妻共同拥有，传承规划一般将传承人的遗产留给其配偶，待配偶去世后再将遗产留给子女或其他受益人。留给配偶的财产可采用赠与的方式，既可以减少税负又可以避免家庭纠纷。

2．子女尚未成年的家庭

子女尚未成年的家庭，传承规划可以利用遗嘱信托工具，由托管人管理传承人的遗产，并根据子女的需要进行遗产分配。

3．单亲家庭

单亲家庭的传承规划相对简单，如果传承人的子女已成年，而且遗产数额不大，可以直接通过遗嘱将遗产留给受益人。如果遗产数额较大，可以采用遗嘱信托或赠与的方式传承遗产。如果受益人尚未成年，那么应该使用遗嘱信托工具进行管理。

有下列情况的家庭适合选择遗嘱信托的方式：遗产庞大而家庭关系复杂，或担心所有遗产均给继承人会因浪费或被骗而败家，或希望跨世纪传承遗产。

（四）挑选合适的执行人

挑选合适的财产传承规划执行人是非常重要的。执行人必须愿意而且有能力处理和执行与遗产有关的许多复杂的工作，如清理资产、回收应收账款、支付债务、规划遗产避税及增值、分配遗产、提交相关报告等。执行人可以是家人、朋友、律师、会计师或理财规划师。

（五）财产传承规划的调整

家庭财产传承规划并不一定马上发生效力，在生效之前，由于家庭的财产状况和传承规划目标往往处于变化之中，所以需要根据变化的情况及时调整和修改家庭财产传承规划。首先，根据相关法律制度的变化调整财产传承规划。如果与制定遗嘱、遗产税和赠与税相关的法律发生变化，财产传承规划必须进行调整。其次，根据家庭成员和财产状况变化调整财产传承规划。家庭成员发生变化包括：子女死亡或出生、配偶或其他继承人死亡、结婚或离异、本人或亲友身患重病及家庭成员成年；家庭财产状况变化主要有：拥有财富发生变化、房地产出售和遗产继承。在发生以上情况时，需要对家庭财产传承规划进行调整。最后，根据传承人的意愿变化调整财产传承规划。传承规划完全体现传承人的意愿，当本人的意愿发生变化时，原有的传承方案就要随之调整，调整可采用变更或撤销两种方式。

【案例9-9】 陈女士家庭财产传承规划

陈女士今年38岁，无职业，10年前与罗先生结婚，育有一女今年8岁。罗先生今年48岁，是一家公司的主管。罗先生与前妻生育的儿子现已成年，但身有残疾，与前妻一起生活。陈女士家庭现有可动用的财产800万元，另外还有两套房屋，一套自住，市值150万元，一套出租，市值100万元。罗先生的朋友有一个投资项目，约其共同投资，预计项目收益良好。面对家庭和事业，陈女士夫妻有些顾虑，现在罗先生准备订立财产传承规划，解决子女抚养、财产传承等后顾之忧。

案例分析：

1. 评估遗产价值

目前家庭财产价值为1050万元，是夫妻共同财产。陈女士与罗先生之前没有财产约定，按法律规定，夫妻双方各拥有一半，罗先生的遗产为525万元。

2. 财产传承规划目标

根据罗先生家庭的实际情况确定目标如下：

1）为未成年女儿准备抚养费、未来教育金。

2）为残疾儿子准备生活费、医疗费等。

3）为陈女士准备生活费、养老费等。

理财建议：

根据罗先生财产传承规划目标、其他理财目标和家庭实际情况考虑，罗先生可以先与陈女士签订一份财产约定协议书，约定自住房产归陈女士所有，可动用资产200万元归陈女士所有。设立两个遗产信托，分别是用100万元现金和100万元房

产设立遗产信托Ⅰ，受益人罗先生女儿；用200万元设立遗产信托Ⅱ，受益人罗先生儿子。这样罗先生可以用300万元进行投资，今后发生的债务不会影响归陈女士所有的财产，同样，在存续期内的遗产信托资产也不会受到影响。

本章重点

1. 家庭理财就是运用规范、科学的方法管理个人（家庭）的财富，从而提高财富的效能，最终实现个人（家庭）的终身财务安全和财务自由。

2. 财务安全是指家庭或个人现有的财富完全可以满足未来的财务支出和实现其他生活目标的需要。

3. 财务自由是指家庭或个人的收入主要来源于投资而不是被动工作，而且投资收入可以完全覆盖家庭或个人发生的各项支出。

4. 家庭理财的基本财务体系，它包括风险防控体系、消费管理体系、投资获利体系和财产传承体系。

5. 现金规划主要是对家庭财产的流动性风险进行管理，是为满足家庭短期需求而进行的管理日常的现金及现金等价物和短期融资的活动。其中现金等价物通常是指流动性比较强、价值变动风险很小、易于转换成已知金额现金的资产。一般包括：活期储蓄、各类银行存款和货币市场基金等金融资产。

6. 保险规划是对家庭财产的风险和家庭成员的生命健康风险进行的管理，通过社会保险、企业补充保险和商业保险的适当组合，达到转移和分散风险的目的。

7. 税收规划是对家庭收入面临的重复收税、税负过重风险的管理。

8. 退休养老规划是对家庭主要经济收入的来源者因退休而引起家庭经济收入减少风险的管理。它是指人们为了在将来拥有高品质的退休生活，而从现在开始进行的财富积累和资产规划。

9. 大额消费支出规划包括：住房消费规划、汽车消费规划及教育规划。

10. 年成本法就是比较购房和租房的年持有成本的计算方法。购房的年持有成本由首付款占用资金的机会成本、房屋贷款利息、维护费、物业费及相关税费构成。而租房的年持有成本是房租和房屋押金占用资金的机会成本。

11. 教育规划是对家庭成员为接受教育而需支付的教育金的计划和安排。主要包括预测教育金需求、估算缺口和制定筹集方案。

12. 投资规划是根据家庭的财务目标和风险承受能力，通过选择不同的投资工具及投资组合，合理地配置资产，使投资收益最大化，实现家庭投资理财目标的过程。一个完整的投资规划过程包括：进行投资规划需求分析、制定投资规划方案以及调整优化投资规划方案。

13．风险偏好是指为了实现目标，投资者在承担风险的种类、大小等方面的基本态度。包括：保守型、轻度保守型、中立型、轻度进取型、进取型。

14．风险承受能力是指一个人或一个家庭有足够能力承担的风险程度，也就是能承受多大的投资损失而不至于影响其正常生活。

15．财产传承规划是指当事人在其健在时通过选择遗产管理工具和制定遗产分配计划，将拥有或控制的各种资产或负债进行安排，确保在自己去世或丧失行为能力时能够实现其特定目标。

复习思考题

一、名词解释

1．财务自由　2．现金规划　3．保险规划　4．养老规划
5. 等额本息还款法　6. 等额本金还款法　7．遗产信托

二、简答题

1．家庭基本财务体系由哪几部分构成？包括哪些规划？

2．如何分析和评价家庭的财务状况？

3．请比较租房和买房的优缺点，并说明如何做出住房规划。

4．制定家庭保险规划应考虑哪些因素？

5．调查了解近年来我国大学本科四年学生的学费及生活费支出情况，估算10年后为本科教育准备的资金数额。

6．现金规划的基本目标是什么？如何通过规划实现该目标？

7．遗产规划的工具主要有哪几种？西方富有家庭财产传承最常用的方式是什么？

8．风险偏好和风险承受能力有什么区别？请为一个风险承受能力中等的稳健型投资者选择合适的投资组合。

三、案例分析题

1．许女士，某企业会计，年龄26岁，刚刚结婚，丈夫30岁，在外企工作，经常出差，夫妇月税后收入12 000元。在单位办理了“五险一金”，拥有家用轿车一辆，每月养车费用平均1500元，另有按揭贷款住房一套，房贷还有3年还清，每月还贷额3000元。此外，月均生活费用3000元。该夫妻现有定期存款5万元，并计划两年后要小孩。请你为这对年轻夫妇规划一下，他们的家庭应该如何理财？

2．赵女士夫妻同龄，今年都是40岁，计划60岁退休，预期寿命80岁。赵女士夫妇有社会养老保险，预计退休时可以每年得到10万元退休金。当前家庭月收入15 000元，有自住房一套，价值70万元，住房贷款48万元，每月还贷3500元；有基金10万元，股票5万元，定期存款5万元，活期存款2万元。赵女士夫妇目前生活费用和退休后生活费用如表9-16所示。假设今后20年通货膨胀率（费用增长率）为3%，退休后年

费用增长率 5%，投资收益率 5%。

表9-16 目前生活费用和退休后生活费用 单位：元

费用项目	目前支出	退休后支出
饮食	24 000	19 200
服饰	6000	3000
应酬等杂费	8000	5600
交通费	10 000	5000
医疗保险	6000	12 000
旅游	10 000	15 000
娱乐	3000	6000
子女教育	15 000	0
按揭贷款	42 000	0
总计	124 000	65 800

请为赵女士家庭制定养老规划，回答以下问题：

(1) 测算退休第一年的生活费用支出数额。

(2) 测算退休期间养老总费用数额。

(3) 分析养老金来源，测算养老金收入。

(4) 计算养老金缺口。

(5) 提出弥补养老金缺口的建议。

第十章

典型家庭的理财实务

学习目标

知识目标

※ 掌握家庭资产负债表、现金流量表的编制

※ 掌握家庭主要财务指标的计算方法

※ 掌握家庭财务分析的方法

※ 掌握家庭综合理财规划的内容和制定步骤

能力目标

※ 能够根据家庭的财务信息，客观全面地分析家庭的财务状况，提出理财建议

※ 能够根据家庭的财务状况和理财目标，为家庭作出合理的理财规划

导入案例

女性在人生的不同阶段如何理财？

孙晓今年24岁，大学毕业后在一家中型企业从事会计工作，工作已经2年，每月工资收入3500元，单位为其缴纳“五险一金”。孙晓的男朋友徐林26岁，是一家科技公司的电脑技术员，每月收入5500元，他们计划再过2年结婚。孙晓的父母是县城的退休工人，徐林的父母在农村务农。

面对未来的人生和家庭，孙晓既充满了憧憬又感到了压力，有许多现实问题摆在她的面前。

1）积蓄资金，自己办简单的婚礼，并打算去海南结婚旅行。

2）婚后租房居住，预计每月支付租金1200元，租金每年将会上涨5%。

3）参加继续教育培训，提升职业技能水平，培训教育费大约需要10000元。

4）计划结婚3年后生小孩，孩子每月生活费约1200元。

5）孩子的教育费用估计为：幼儿园每年15 000元、小学及中学每年4000元，大学每年20 000元，特长班每年4000元。

6）计划结婚10年内购买100平方米左右的住房，预计房屋总价为80万元。

7）女方父母养老有保障，医疗保障一般。男方父母养老和医疗保障都有较大欠缺。

以上问题涉及人生的不同阶段，孙晓怎样进行合理的理财规划，才能实现她的理财目标呢?

第一节　单身阶段家庭理财

一、单身阶段家庭理财特点

单身阶段是指参加工作至结婚的时期，一般为1～5年。这时的收入比较低，消费支出大。资产比较少，可能还有负债（如贷款、父母借款），甚至净资产为负。这个时期的理财重点是培养未来的获利能力。

二、单身女白领的理财规划

我们以案例的形式来讲述。

【案例10-1】　单身家庭理财

宋小姐今年26岁，大学毕业参加工作已4年，目前在一大型企业从事财务工作。每月税后工资约5000元，年终奖金约6000元。单位为宋小姐交“五险一金”，除此之外，她没有购买其他商业保险。宋小姐父母有稳定工作。平时宋小姐花钱基本没有计划，每月结余大约500元。她没有房产，现在租房住，每月租金800元。目前宋小姐有40 000元定期存款和10 000元活期存款，准备两年内积蓄8万元购房首付款。宋小姐应该如何进行理财规划呢?

案例分析：

1．财务信息

根据宋小姐的家庭财务信息，编制家庭现金流量表10-1和资产负债表10-2。

表10-1　家庭现金流量表　　单位：元

收　入		支　出	
本人工资收入	60 000	生活支出	44 400
奖金收入	6000	租金支出	9600
其他收入		保险支出	
收入合计	66 000	支出合计	54 000
年度结余	12 000		

表 10-2 资产负债表 单位：元

资产	金额	负债及净资产	金额
现金		负债	0
活期存款	10 000	信用卡透支	0
定期储蓄	40 000	负债合计	0
		净资产	50 000
资产合计	50 000	负债及净资产	50 000

2．财务分析

从表 10-3 来看，宋小姐收入不算低，没有家庭负担，月结余比率和年度结余比率却比较低，说明她的生活支出偏高，应当注意节约开支，增加积蓄。与合理范围相比较，宋小姐家庭资产流动性比率较低，但是鉴于她工作稳定，年轻且身体健康、无家庭负担，目前的流动性也属于安全范围。

表 10-3 家庭财务比率

家庭财务比率	定义	比率	合理范围	备注
负债比率	总负债 / 总资产	0	20%~60%	无负债
流动性比率	流动性资产 / 每月支出	2.22	3~6	低
净资产偿付比率	净资产 / 总资产	100%	30%~60%	高
月结余比率	月结余 / 月收入	10%	20%~60%	低
年度结余比率	年结余 / 总收入	18.18%	20%~60%	较低

宋小姐没有负债，也没有投资，仅有的 30 000 元定期存款流动性不强，收益率也低，可见其资产的获利能力是比较低的。除“五险一金”外，她没有配置任何其他商业保险，保障能力一般。

3．理财目标

1）控制消费，月结余达到 2000 元。

2）购买重大疾病险。

3）两年内准备 8 万元购房首付款。

理财建议：

(1) 制定日常消费规划，控制消费支出

根据宋小姐的理财目标、收入水平及消费需求，编制收支预算表 10-4。

表 10-4 收支预算表 单位：元

每月收入		每月支出	
工资	5000	饮食	800
其他收入		日用品	150
		交通	100
		租房	800

续表

每月收入		每月支出	
		服装、服饰	600
		旅游、休闲	250
		其他	300
合计	5000	合计	3000
每月结余	2000		
年度性收入		年度性支出	
年终奖金	6000	保险费	5000
其他		其他	
合计	6000	合计	5000
年度性结余	1000		
全年结余总计	25 000		

宋小姐收入不低，基本没有家庭负担，结余却不多，主要是她平时花钱没有计划而造成的。对于工薪阶层，只有通过逐步积累资金，增加投资，提高资产收益，才能实现理财目标，制定合理的消费规划尤为重要。

(2) 制定现金规划，增加收益

一般情况下，以家庭每月支出总额的 3 ～ 6 倍作为备用金。由于宋小姐收入稳定，而且没有家庭负担，预留 5000 元备用金即可，其中 3000 元存银行活期卡，另外 2000 元购买货币基金。这样即可以保证资产的流动性，也可提高现金资产的收益性。若发生突然情况，现金不足，可以用信用卡透支消费，满足暂时的流动性需要。

(3) 制定保险规划，加强保障能力

家庭风险防控体系的基石是保险，而健康险又是所有保险中最重要的。宋小姐除医疗社会保险外，没有配置其他健康型保险，建议投保分红型健康险。每年的保费支出 5000 元左右，保额约 30 万元。该类保险不但有对重大疾病的保险，另外每年还可以获得现金分红。

(4) 制定投资规划，提高资产的获利能力

定期储蓄收益低，而且缺乏流动性。建议宋小姐将目前的 40 000 元定期储蓄，改为投资混合型基金，预期收益率 8% ～ 15%。由于宋小姐缺乏投资经验，不建议直接投资股票。另外，每月结余的 2000 元可以做基金定投。预期收益率 6% ～ 8%。资产配置见表 10-5。

表 10-5　资产配置　　单位：元

理财目标	资产配置			预期收益率
	金额		方式	
备用金	5000	3000	活期	0.4%
		2000	货币基金	3%
保险	5000		分红型健康险	3%

续表

理财目标	资产配置		预期收益率
	金　额	方　式	
购房首付款	40 000	混合型基金	10%
	2000/月	基金定投	6%
合计	74 000		

小贴士

分红型健康险

所谓分红型健康险，就是在保障重大疾病的健康险基础上附加分红功能，投保人除享受原有的大病保障外，还能根据保险公司的经营情况额外获得红利分配。

小贴士

基金定投

基金定投是定期定额投资基金的简称，是指在固定的时间（如每月10日）以固定的金额（如1000元）投资到指定的开放式基金中，类似于银行的零存整取方式。这样投资可以平均成本、分散风险，比较适合进行长期投资。

第二节　婚内家庭理财

典型的婚内家庭主要包括：两人世界的家庭、三口之家、中老年家庭。

一、两人世界的家庭理财规划

从结婚到新生儿诞生，家庭处于形成期，一般为1～5年。这一时期的家庭经济收入增加而且生活稳定，家庭已经有一定的财力和基本生活用品。为提高生活质量往往需要较大的家庭建设支出，如购买一些较高档的用品、贷款买房等。另外，为将来出生的孩子准备育儿基金也是家庭的重要任务。这时的家庭承受风险的能力较强。

【案例10-2】　两人世界的家庭理财

方女士今年28岁，是一名幼儿教师，税后月收入3000元，年终奖金5000元。丈夫刘先生在一家医药公司任销售代表，经常出差，税后月收入8000元，年终业绩奖金大约2万元（税后）。两人都有“五险一金”，没有其他商业保险。有活期存款5万元，即将到期的定期存款35万元。1年前购买了一辆8万元的轿车，夫妻俩每月的生活开支大约4000元，汽车相关费用1000元。他们希望近期购买一套价值100万元的房子，双方父母可以支援10万元。计划两年内要孩子。

案例分析：

1．财务信息

根据方女士的家庭财务信息，作出家庭现金流量表10-6和资产负债表10-7。

表10-6 家庭现金流量表

单位：元

收入		支出	
方女士工资收入	36 000	生活支出	48 000
丈夫工资收入	96 000	汽车费用支出	12 000
奖金收入	25 000	保险支出	
其他收入		其他支出	
收入合计	157 000	支出合计	60 000
年度结余	97 000		

表10-7 资产负债表

单位：元

资产	金额	负债及净资产	金额
现金		负债	0
活期存款	50 000	信用卡透支	0
定期储蓄	350 000	负债合计	0
汽车	80 000	净资产	480 000
资产合计	480 000	负债及净资产	480 000

2．财务分析

从表10-6～表10-8可以看出，方女士家庭月结余比率、年结余比率均较高，而且结余主要存入银行，收益太低，家庭流动性比率过高，造成家庭资源浪费，限制了资产的增值能力。财产的家庭保障能力不强，特别是对作为家庭经济支柱的刘先生风险保障欠缺。从整体而言，方女士家庭资产配置方式过于单一，家庭财务稳定性有余，而收益性不足。

表10-8 家庭财务比率

家庭财务比率	定义	比率	合理范围	备注
负债比率	总负债/总资产	0	20%～60%	无负债
流动性比率	流动性资产/每月支出	10	3～6	高
净资产偿付比率	净资产/总资产	100%	30%～60%	高
月结余比率	月结余/月收入	54.5%	20%～60%	高
年度结余比率	年结余/总收入	61.8%	20%～60%	高

3．理财目标

1）近期购买100万元住房一套。

2）在两年内准备5万元育儿基金。

3）购置不低于20万元保额的大病险和60万元保额的意外险。

理财建议：

(1) 现金规划

方女士家庭收入稳定，备用金可预留每月支出的3倍，即15 000元。可将其中6000元存入银行卡，其余9000元购买货币市场基金。货币市场基金除具有较强的流动性外，还具有一定的收益性。一般情况下，货币市场基金的年化收益率为2%～3%。

(2) 保险规划

方女士的丈夫刘先生是家庭的经济支柱，他是家庭保险规划的重点。刘先生除“五险一金”外，没有购买其他商业保险，保障明显不足。可以购买重大疾病险，保额不低于20万元，保费支出约4500元/年。由于工作需要，刘先生经常出差，出事故的可能性较大，所以还应该购买意外险，保额不低于60万元，保费支出约1000元/年。方女士本人可以购买重大疾病险。另外，购房后还应考虑购买家庭财产险。总保费支出10 000元左右。

(3) 购房规划

方女士准备购买一套100万元左右的房子，建议首付款40%，即40万元，总贷款60万元。方女士公积金贷款额度是50万元，剩余的10万元用商业贷款。采用等额本息还款法，假设贷款期限20年，5年以上公积金贷款利率是4.5%，5年以上商业贷款利率是6.55%，综合计算，方女士组合贷款的月还款额为3912元。以其家庭月收入11 000元计算，负债收入比为35%，属于合理范围（20%～50%）。

(4) 教育规划

方女士需要在两年内准备5万元育儿基金，同时还应考虑未来孩子的教育基金储备。建议拿出每月结余2000元做基金定投。假设预期收益率达到7%，两年后投资收的本利和可达到5万元。如果为孩子教育基金储备做长期投资，可以根据市场的具体情况定投指数基金或其他基金。

(5) 投资规划

方女士家庭资金需求及来源分析，如表10-9所示。

从表10-9可以看出，方女士家庭还有10万元可动用资金用于投资。由于方女士家庭处于形成期，工作稳定，收入也会逐渐增长，风险承受能力中等偏上，但是没有投资经验。建议投资股票基金，预期收益率8%～10%。

表10-9 资金需求及来源分析表 单位：元

资金来源		资金需求	
工资	132 000	生活支出	48 000
奖金	25 000	汽车费用支出	12 000
活期存款	50 000	备用金	15 000

续表

资金来源		资金需求	
定期存款	350 000	保险支出	10 000
其他	100 000	房贷支出	3912/月
		育儿金投资	2000/月
		房款首付	400 000
合计	657 000	合计	555 944
余额	101 056		

二、三口之家理财规划

小孩从出生直到上大学前，家庭处于成长期，一般为9～15年。在这一阶段里，家庭收入增加，支出稳定，储蓄随之逐渐增加。家庭成员固定不再增加，年龄逐渐增大，家庭的最大开支是保健医疗费和教育支出。同时，随着子女的自理能力增强，父母精力充沛，又积累了一定的工作经验和投资经验，投资能力大大增强。这一时期家庭理财的重点是子女教育金储备和增加保险投入以及改善居住条件。

【案例10-3】 三口之家理财

杨女士35岁，是一名普通企业职工，税后月收入1900元，丈夫37岁，是一家公司的职员，税后月收入3500元。此外他们每月有700元的房租收入。有一个女儿12岁。

一家三口生活比较节俭。家庭每月基本生活开支为1500元左右。每月女儿的特长班费及辅导费合计1000元。家中有活期存款1万元，定期存款6万元，公司内部股15万元，一年各种存款利息收入3000元，公司内部职工股分红25 000元，夫妻年终奖合计1万元。另外，杨女士家中黄金收藏品大约5000元，还拥有两套住房，一套自住房市值约80万元，另有一套市值约50万元用于出租，该房产收益不理想。

杨女士为女儿购买了一份少儿教育金保险，年缴费5000元。除“五险一金”外夫妻两人各有一份3万元保额的分红型终身寿险，年缴保费合计4800元。

杨女士希望能在3～5年内，卖出现有的这套投资性房产，然后再购买一套80万元的房产。请为其作出理财规划。

案例分析：

1. 财务信息

根据杨女士家庭财务信息，编制表10-10～表10-12。

表 10-10　月现金流量表　　单位：元

月收入		月支出	
杨女士	1900	房屋贷款	0
丈夫	3500	基本生活支出	1500
其他收入	700	教育费	1000
		其他	0
合计	6100	合计	2500
月结余	3600		

表 10-11　年度现金流量表　　单位：元

收入		支出	
年终奖金	10 000	保险费	9800
存款利息	3000		
股利、股息	25 000		
其他		其他	0
合计	38 000	合计	9800
年度性结余	28 200		

表 10-12　家庭资产负债表　　单位：万元

家庭资产		家庭负债	
现金及活期存款	1	房屋贷款	0
定期存款	6	汽车贷款	0
公司内部股	15	消费贷款	0
房产（自用）	80	信用卡透支	0
房产（投资）	50	其他	0
黄金及收藏品	0.5		
其他	0		
资产总计	152.5	负债合计	0
净资产	152.5		

2．财务分析

从杨女士家庭财务比率（表 10-13）和其他财务信息可以看出，家庭资产流动性合适，1 万元作为家庭备用金额度合理。家庭无任何负债，没有利用财务杠杆作用。6 万元定期存款收益低，缺乏流动性。房产投资收益率较低，仅为 1.7%，需要尽快调整。家庭风险保障不足，除“五险一金”外，只增加了寿险，无法有效覆盖风险。

表 10-13　家庭财务比率

家庭财务比率	定　义	比　率	合理范围	备　注
负债比率	总负债 / 总资产	0	20%～60%	无负债
流动性比率	流动性资产 / 每月支出	4	3～6	合理
平均投资报酬率	年投资收入 / 投资额	5%	3%～10%	合理
月结余比率	月结余 / 月收入	59%	20%～60%	合理
年度结余比率	年结余 / 总收入	64.2%	20%～60%	较高

3．理财目标

1）近期将投资房变卖，另购买 80 万元房产。

2）储备子女高等教育金。

3）购买意外险、重大疾病险。

理财建议：

（1）现金规划

目前家中的 10 000 元备用金数额不变，但是不需要都以现金和活期存款的形式持有，可将其中 5000 元存入银行卡，另外 5000 元购买货币市场基金，需要时可随时变现。如果遇到紧急情况，备用金不足时，还可以利用信用卡透支消费。

（2）保险规划

杨女士目前的家庭收入属于中等水平偏下，保障方面又不足，因此，在家庭经济承受能力之内，做到“少花保费，多得保障”是关键。

收入不高的家庭，在选择保险产品时，最好选择“消费型”的纯保障或偏保障型产品，而不是购买偏重储蓄功能或带有投资性质的产品。

对于杨女士家庭而言，夫妇俩购买的 3 万元保额的分红型寿险，保障功能不强，依靠其收益也解决不了家庭财务困难，反而增加了家庭的支出。杨女士可以为丈夫选择 10 年左右的定期寿险，保额 20 万元，每年缴费大约 800 元。意外险可以选择保额 22 万～ 30 万元，年缴费 400 ～ 600 元的产品。根据自身的健康状况和生理特点，选择针对性较强的基本的重大疾病险，不要单纯追求保障的疾病种类多，这样既可以节省保费，又可以在一定范围内有效覆盖风险。此外，杨女士还应该为自己购买重大疾病险。

（3）购房规划

建议杨女士近期就可以寻找合适房源，将现有投资房变卖，所得 50 万元，拿出其中 40 万元做首付，购买 80 万元的房产。公积金贷款 40 万元，贷款 25 年，采用等额本息还款法，每月还贷 2200 元左右。

5 万元暂时以通知存款的方式存放，用于新购房的简单装修，配备必要生活设施。将其出租，每月可获得租金收入大约 2000 元。这样杨女士基本不需要增加贷款支出，实现“以房养贷”。剩余5万元卖房款用于增加金融投资。

(4) 投资规划

由于定期存款收益低，缺乏流动性，因此杨女士应在损失最小的情况下，将家中的6万元定期存款进行金融投资。

这样，杨女士有11万元资金可用于金融投资。杨女士家庭处于成长期，负担比较重，她的家庭收入不高，金融投资经验不足，风险承受能力中等，因此，可以采用稳健型投资策略。建议杨女士增加基金投资，可以选择3～4只开放式基金，包括债券基金、混合型基金、偏股型基金，构建基金组合。一般根据市场情况动态调整投资比例，在股市看好的情况下，增加偏股型基金比例，相反行情，则增加债券基金比例。将以后每月的结余，采用定投的方式投资开放式基金，以此增加家庭财富的积累。

杨女士家庭资产配置调整方案如表10-14所示。

表10-14　家庭资产配置调整表　　单位：万元

资产项目	调整前	调整后
活期存款	1	0.5
货币市场基金	0	0.5
通知存款	0	5
定期存款	6	0
股票（公司内部股）	15	15
房地产（自用）	80	80
房地产（投资）	50	80
债券型基金	0	2
混合型基金	0	4
偏股型基金	0	5
黄金及收藏品	0.5	0.5
个人住房贷款	0	－40
净资产合计	152.5	152.5

三、中老年家庭理财规划

从子女完成学业到夫妻均退休，这时的家庭处于成熟期。在这一阶段里，家庭成员的数量随子女独立而逐步减少，事业发展与收入均达到高峰，由于家庭成员的减少使得家庭支出降低，随之储蓄额大幅增加，家庭负债也基本还清，家庭净资产达到最大值。这一时期家庭理财的重点一是扩大投资，二是为未来准备好大部分退休养老金，因此该阶段的主要理财目标是稳定、高效的投资和为退休积累财富。另外，要做好家庭财产传承规划。

【案例10-4】 中老年家庭理财

董女士今年55岁，医院职工，月税后收入5000元左右。丈夫今年55岁是一家央企的中层管理者，月税后收入8000元左右，5年后退休。

夫妻二人均有社会医疗保险和退休金，无其他商业保险。预计退休时可以得到每月6000元退休金。他们的女儿28岁，已经出嫁，收入等经济情况比较好，不需要父母补贴，但是每月也没有给予父母补贴。

董女士现有自住房一套价值75万，定期存款20万，活期存款5万，股票市值5万。每年股息和利息税后收入6000元。

理财目标：

1）退休后能维持现有的生活水平，月生活支出6000元左右；

2）退休时能出国旅行一次，届时需要消费5万元。

假设通货膨胀率为4%，退休前采用较积极的投资策略，收益率为6%，退休后转为保守的投资策略，投资收益率为4%。

案例分析：

1. 财务信息

根据董女士家庭财务信息，编制家庭现金流量表10-15和家庭资产负债表10-16。

表10-15　家庭现金流量　　单位：元

收　入		支　出	
董女士工资收入	60 000	生活支出	72 000
丈夫工资收入	96 000	汽车费用支出	
奖金收入		保险支出	
股息、利息收入	6000	其他支出	
收入合计	162 000	支出合计	72 000
年度结余	90 000		

表10-16　家庭资产负债表　　单位：万元

资　产	金　额	负债及净资产	金　额
现金		负债	
活期存款	5	信用卡透支	
定期储蓄	20	负债合计	
自住房	75	净资产	105
股票	5		
资产合计	105	负债及净资产	105

2. 财务分析

根据表10-17可以看出，董女士家庭年结余比率较高，反映了家庭储蓄能力和再投资能力比较强；流动性比率过高，流动性虽好，但限制了资产的增值能力，需要改进。家庭风险保障能力不强，夫妻双方风险保障欠缺。定期存款数额较大，其收益性较低，所投资的股票风险大，但是收益却不理想，导致了家庭资产收益水平较低。

表 10-17　家庭财务比率

家庭财务比率	定　义	比　率	合理范围	备　注
负债比率	总负债 / 总资产	0	20% ~ 60%	无负债
流动性比率	流动性资产 / 每月支出	8.33	3 ~ 6	高
净资产偿付比率	净资产 / 总资产	100%	30% ~ 60%	高
年度结余比率	年结余 / 总收入	55.6%	20% ~ 60%	高
平均投资收益率	年收益 / 投资额	2%	4% ~ 10%	低

董女士家庭处于典型的家庭“空巢”（成熟）期。子女已各自离巢成家，教育费和由子女带来的生活支出明显减少。

3．理财目标

1）准备退休养老金，实现所设计的退休生活目标。

2）改进家庭风险保障能力。

3）制定家庭财产传承规划。

理财建议：

(1) 现金规划

一般来说，备用金应该是每月消费的 3 ～ 6 倍，为安全起见，为董女士夫妇预留备用金 3 万元，可以按照现金 2000 元、活期存款 4000 元、货币基金 24 000 元配置。

(2) 保险规划

虽然董女士夫妻俩都有社会医疗保险，但是依然要防备这个年龄的重大疾病支出。建议二人均投保带有重大疾病提前给付条约的终身寿险。这样，既减少了一旦发生重大疾病的经济风险，又可以完成未来遗产的有效继承。

现在投保终身寿险，一旦疾病发生时理赔不受年龄限制，而相对应的定期寿险虽然保费较低，但每次交费只保一年。而年龄越大发生疾病的概率越高（一般重大疾病保险的被保险人年龄要求在 60 周岁以内），即便是疾病不发生也有现金价值和分红可以累积资产，可谓一举多得。

建议年保费支出约为 1.3 万元左右。

(3) 退休养老规划

养老金需求测算：

按目前价格计算退休后第一年生活费用是 0.6×12＝7.2（万元）。

已知通货膨胀率＝费用增长率＝4%，现在距退休还有5年，

即：I＝4%，N＝5年，PV＝7.2万元，那么

终值FV＝7.2×(F/P，4%，5)＝7.2×1.217＝8.76（万元）

预计董女士夫妇寿命为80岁，退休后养老金投资收益率与通货膨胀率都为4%

退休养老需求金额＝8.76×(80－60)＋5＝180.2（万元）

养老金来源测算：

退休金＝0.6×12×20＝144（万元）

养老金缺口＝180.2－144＝36.2（万元）

现在开始董女士每年拿出结余6.42万元进行投资，收益率达到6%，退休时就可以弥补养老金缺口。计算如下：

N＝5年，I＝6%，FV＝36.2万元，那么，

A＝36.2÷(F/A，6%，5)＝36.2÷5.637＝6.42（万元）

（4）投资规划

董女士夫妇的年龄偏大，风险承受能力一般，是轻度保守型投资者，所以建议：

卖掉股票，得到现金5万元，投资基金；将20万元定期存款中的5万元继续存定期1年，10万元购买一年期的银行理财产品，5万元投资基金；2万元活期存款投资基金；基金投资共计12万元，按照60%债券型基金，40%混合型基金的比例配置。预计投资平均收益率6%左右。

另外，用于养老金筹集的每年6.42万元，可以以基金定投的方式进行投资，每月拿出结余5400元定投基金，按照60%指数型基金，40%债券型基金的比例配置。

当金融市场行情发生变化时，投资组合要随之进行适当调整。

（5）财产传承规划

尽管国内可能比较避讳该问题，但是在国外中年人甚至青年人制定遗产计划是非常普遍的事情。一旦出现意外，为了避免不必要的家庭财产纷争以及规避高额遗产税，制定财产传承规划是必要的。

董女士家庭成员关系简单，没有明显的家庭矛盾，家庭财产数额不大，因此财产传承规划相对简单。董女士夫妇可以设立遗嘱处置遗产，涉及法律问题要请教专家。在此之前，董女士需要做的事情是建立详细的家庭资产负债明细台账及秘密信息清单，随家中贵重物品一起妥善保管。

【课堂活动】 董女士退休后如何调整其投资组合？

本 章 重 点

1．单身阶段家庭理财特点是收入比较低，消费支出大，资产比较少，可能还有

负债（如贷款、父母借款），甚至净资产为负。这个时期的理财重点是培养未来的获利能力。

2. 两人世界的家庭理财规划特点是家庭经济收入增加而且生活稳定，家庭已经有一定的财力和基本生活用品。为提高生活质量往往需要较大的家庭建设支出，如购买一些较高档的用品、贷款买房等。另外，为将来出生的孩子准备育儿基金也是家庭的重要任务。这时的家庭承受风险的能力较强。

3. 三口之家理财规划特点是家庭收入增加，支出稳定，储蓄随之逐渐增加。家庭成员固定不再增加，年龄逐渐增大，家庭的最大开支是保健医疗费和教育支出。同时，随着子女的自理能力增强，父母精力充沛，又积累了一定的工作经验和投资经验，投资能力大大增强。这一时期家庭理财的重点是子女教育金储备和增加保险投入以及改善居住条件。

4. 中老年家庭理财规划特点是家庭成员的数量随子女独立而逐步减少，事业发展与收入均达到高峰，由于家庭成员的减少使得家庭支出降低，随之储蓄额大幅增加，家庭负债也基本还清，家庭净资产达到最大值。这一时期家庭理财的重点一是扩大投资，二是为未来准备好大部分退休养老金，因此该阶段的主要理财目标是稳定、高效的投资和为退休积累财富。另外，要做好家庭财产传承规划。

复习思考题

一、名词解释

1. 基金定投　2. 分红型健康险

二、简答题

1. 家庭生命周期包括哪些阶段？对家庭理财活动有什么影响？

2. 处于成长期的家庭理财的特点及重点是什么？

3. 各种单项理财规划之间有怎样的联系？如何处理它们的关系？

三、案例分析题

钱女士，今年45岁，是会计师，在某公司任主管会计，同时在外兼职。月税后工资5000元，兼职收入每月1000元（税后）。丈夫张先生今年也是45岁，是某公司的部门经理，月税后工资8000元，年终奖50 000元（税后）。他们的儿子张峰今年18岁，现在私立学校读高中，每年教育费用支出45 000元。钱女士夫妇准备在儿子高中毕业后送他去美国读大学，并希望在退休后仍然能够保持现有的生活水平。

目前，钱女士家有按揭自住房一套，价值60万元，还有10万元银行贷款未还清，每年需偿还2万元。他们还贷款购买了一辆轿车，价值20万元，每年需还贷款1.9万元，还有9.5万元未还清。钱女士准备了1万元现金，用来支付日常生活费用开销，在银行有活期存款5万元，一年定期存款10万元。现在持有市值10万元的股票。购买了一年期企业债券5万元，年收益率3.5%；一年期信托产品8万元，年收益率4.8%。

钱女士家一年饮食费用4万元，通信费用1万元，交通费用2万元，水、电、煤气费用支出8000元，服饰购置费用1万元，旅游费用3万元。张先生信用卡透支消费2万元未偿还。

钱女士夫妇除了有“五险一金”外，没有购买任何商业保险。另外，钱女士夫妇60岁退休，退休后按生存20年计。由于家庭人口减少、房贷、车贷还清、教育支出减少等因素，钱女士夫妇退休后第一年生活费用支出可以缩减50%，预计退休时每月可得到退休养老金8800元。

要求：请根据钱女士家庭的具体情况和理财目标，为其作出合理的理财规划方案。

主要参考文献

边智群，朱澎清．2012．理财学．北京：中国金融出版社．

财政部会计资格评价中心．2011．财务管理：2012 年中级会计资格考试教材．北京：中国财政经济出版社．

曹晔晖．2010．现代女性理财术．北京：金盾出版社．

柴效武．2012．个人理财．北京：清华大学出版社．

陈玉菁．2011．财务管理实务与案例．2 版．北京：中国人民大学出版社．

计金标．2012．税收筹划．4 版．北京：中国人民大学出版社．

靳小蕾．2009．我国上市公司股利分配政策的实证研究．西北大学硕士论文．

荆新，王化成，刘俊彦．2009．财务管理学．北京：中国人民大学出版社．

李心合，赵华．2006．会计报表分析．北京：中国人民大学出版社．

李亚培．2011．我国上市公司股利政策影响因素实证研究．华南理工大学硕士论文．

刘正兵．2008．财务成本管理．北京：经济科学出版社．

梅子．2011．给女孩的第一本理财书．黑龙江：黑龙江科技出版社．

千山雪．2008. 女人有钱更幸福．北京：中国言实出版社．

乔磊．2011．男女金钱 DNA 大不同．理财周刊，13．

裘益政．2006．失败的教训：中国上市公司财务失败案例．北京：中国人民大学出版社．

人力资源和社会保障部教材办公室．2012．理财规划师．北京：中国劳动社会保障出版社．

盛秋生．2012．温州民营企业民间借贷的风险防范．经济导刊．

盛亦工．2012．个人理财．北京：科学出版社．

孙茂竹．2009．管理会计学．北京：中国人民大学出版社．

王继晨．2011．中小板上市公司股利政策影响因素的实证研究．江苏大学硕士论文．

王建华，韩艳华．2008．财务管理．北京：科学出版社．

王玉春．2008．财务管理．南京：南京大学出版社．

王在全．2008．一生的理财计划．北京：北京大学出版社．

杨义群．2009．投资理财实用简明教程．北京：清华大学出版社．

叶青藤．2012．女人最想要的投资理财书．北京：企业管理出版社．

张红丽．2010．女性理财误区．卓越理财，3．

张玉明．2010．财务管理：原理、案例与应用．北京：北京交通大学出版社．

中国注册会计师协会．2011．财务成本管理．北京：中国财政经济出版社．

周淑屏．2006. 职业女性理财攻略．北京：机械工业出版社．

邹燕．2010．全面收益信息及其决策相关性研究．西南财经大学博士论文．